론웍스 기반의

유비쿼터스 홈네트워크 구현 및 응용

남상엽 · 이성창 · 김석중 공저

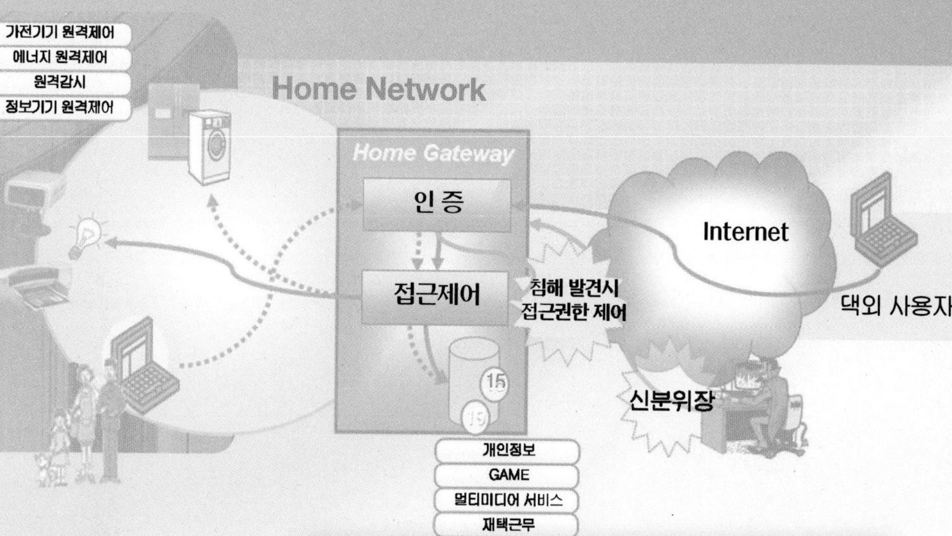

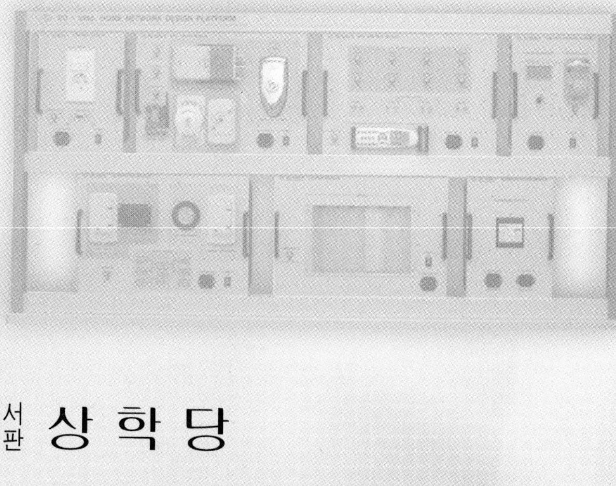

도서출판 상 학 당

■ 머리말

현재 이용할 수 있는 유비쿼터스 홈네트워크 기술은 전력선 통신(PLC : Power Line Communication), 무선(RF : Radio Frequency), 유선의 3가지로 나누어 볼 수 있다. 현재까지 가장 원활한 홈네트워크 시스템 구축의 네트워크 매체는 전력선 통신이다. 가장 많은 구축 실적과 안정성이 이미 입증되었고, 향후 대부분의 유비쿼터스 홈네트워크 제어장치에는 대표적으로 전력선 통신을 사용될 것으로 예상된다.

유비쿼터스 홈네트워크 시장은 상당한 매력적인 분야로서 대한민국에서 지금 현실화시켜 세계와 미래로 발전해 나가는 새로운 시장이며, 최근 화두가 되었던 블루오션 전략 차원에서도 우리에게 많은 관심을 갖게 하는 분야라 할 수 있다.

이 교재는 론웍스 기술기반의 전력선 통신을 사용한 유비쿼터스 홈네트워크의 구현방법과 응용분야를 서술하였다.

론웍스 기술은 이 세상의 모든 디바이스에게 지능을 부여하고 상호 운용에 대한 호환성을 보장하면서 Peer-to-Peer 방식으로 개방형 표준에 따라 서로 네트워킹이 가능하도록 하며, 이러한 유비쿼터스 디바이스가 언제 어디서나 접근 가능하게 구성해 주는 기술이다.

론웍스 네트워크는 상호 운용에 대한 호환성을 항상 염두에 두고 발전된 기술이고, 지능 분산에 따른 네트워킹 기술이다. 이러한 론웍스 기술은 빌딩 자동화와 산업분야의 자동제어에 포함되는 디바이스와 제어기술에 사용되고 있다. 최근에는 여러 산업의 자동화 분야 및 홈네트워크, 교통/철도 분야 등 여러 분야에서 구현하려고 노력을 하고 있으며, 각종 산업표준(ANSI, IEEE, SEMI … etc)이자 업계표준으로서 여러 분야의 여러 업체로부터 많이 사용되고 발전되고 있는 기술이다.

론웍스는 정보기반 방식이고 새로운 디바이스 추가가 용이하고 제조업체에 대한 의존성이 개방적으로 인하여 상호 운용성을 갖게 되고, 센서나 각종 제어용 디바이스가 여러 시스템에 의해 공유되기 때문에 보다 적은 수의 센서나 컨트롤 디바이스가 필요해진다는 특성이 있다. 이에 따라 전체적인 제어 시스템 비용이 감소한다. 빌딩 자동화 시스템에 있어서 한 개의 상호 운용 가능한 모션 센서가 해당 구역 안의 난방 시스템, 출입관리 시스템, 보안 시스템 등에 두루 사용될 수 있는 장점을 갖고 있다.

그러므로 유비쿼터스 홈네트워크의 론웍스 기술은 다가올 유비쿼터스 사회에서 사회적 기반 환경이 될 중요한 기술 중의 하나로서 소형, 경량화, 저전력화, 안정화, 네트워크화, 멀티미디어 지원, 실시간 처리하는 시스템 등의 주요한 특징을 가지고 있으며 이를 통해 전반적인 산업구조 및 시장구조의 큰 변화를 주도할 기술이 될 것이다.

국내의 유비쿼터스 홈네트워크의 개발동향은 최근 차세대 성장동력 10대 과제, IT839와 같이 IT 신기술 확보의 중요성이 인식되면서 ETRI, KETI 같은 연구기관 및 대학 그리고 산업체에서 유비쿼터스 홈네트워크 관련 연구를 활발히 진행하고 있다.

이러한 유비쿼터스 홈네트워크 시대에 기초적인 론웍스 시스템 기술력이 필요해짐에 따라 《**유비쿼터스 홈네트워크 구현 및 응용**》을 이론과 사례 중심으로 구성하여 발간하게 되었다.

특히 이 교재는 각 과정의 핵심적인 기본이론을 숙지하고 기초적인 론웍스 시스템 설계방안 및 환경설정을 이해를 통하여 이론을 검증하는 데 주안점을 두었다.

또한 컴퓨터, 전자, 제어, 통신 분야의 관련 학생 및 초보 개발자를 대상으로 한 론웍스 시스템에 대한 기본학습을 위한 교재로서, 처음 론웍스 기반 유비쿼터스 홈네트워크 시스템을 접하는 학생에게 쉽고 빠르게 접근할 수 있도록 하는 데 초점을 맞추어 편찬되었다.

따라서 론웍스 시스템 개발 및 환경구축에 대한 이론을 통해 유비쿼터스 홈네트워크 시스템의 작동원리에 대한 이해와 감각을 키우는 데 부족함이 없을 것이라 생각된다.

단지 전반적인 이해를 통하여 해당 유비쿼터스 홈네트워크 실습 타깃 시스템인 ED-5965를 통해 구성과 응용을 접목해 보면 보다 많은 이해 및 능력향상에 도움이 될 것으로 판단된다.

이 교재의 주요 구성은 다음과 같다.

Part I은 유비쿼터스 홈네트워크의 개론으로 제1장 유비쿼터스 홈네트워크의 개요 및 기술, 제2장 유비쿼터스 홈네트워크 보안 및 표준, Part II는 유비쿼터스 홈네트워크 응용 시스템 개요로서 제3장 론웍스 시스템의 개요, 제4장 론웍스 디바이스의 개요, Part III은 유비쿼터스 홈네트워크 디바이스로서 제5장 론웍스 디바이스 개발 개요, 제6장 론웍스 디바이스 인터페이스 구축, 제7장 디바이스 응용구축, 제8장 네트워크 전이 및 론메이커 구축, 제9장 디바이스 H/W 설계의 환경구축, Part IV는 유비쿼터스 홈네트워크 설계로서 제10장 유비쿼터스 홈네트워크 응용 시스템의 구성, 제11장 MiniEVK 환경구축, 제12장 전이 및 바인딩 응용, 제13장 각 디바이스간의 제어, 제14장 론웍스를 이용한 유비쿼터스 홈네트워크의 제어로 구성되어 있다.

끝으로 이 책을 집필하는 데 많은 도움을 주신 (주)ED의 박용후 사장님, 김창일 전무님 그리고 국내사업본부의 양영규 이사님, 홍준석 이사님, 이관희 부장님, 권순갑 부장님, 김성태 차장님, 곽석민 과장님, 백승명 과장님, 이세진, 고객지원팀의 이억환 부장님 등 관계자 여러분, 도서출판 상학당의 관계자 여러분과 강민영, 황정남에게 감사의 마음을 전한다.

저 자 씀

■ 차 례

part Ⅰ — 유비쿼터스 홈네트워크의 개론

part Ⅱ — 유비쿼터스 홈네트워크 응용 시스템 개요

part Ⅲ — 유비쿼터스 홈네트워크 디바이스

part Ⅰ

유비쿼터스 홈네트워크의 개론

제1장_유비쿼터스 홈네트워크 개요 및 기술

제2장_유비쿼터스 홈네트워크 보안 및 표준

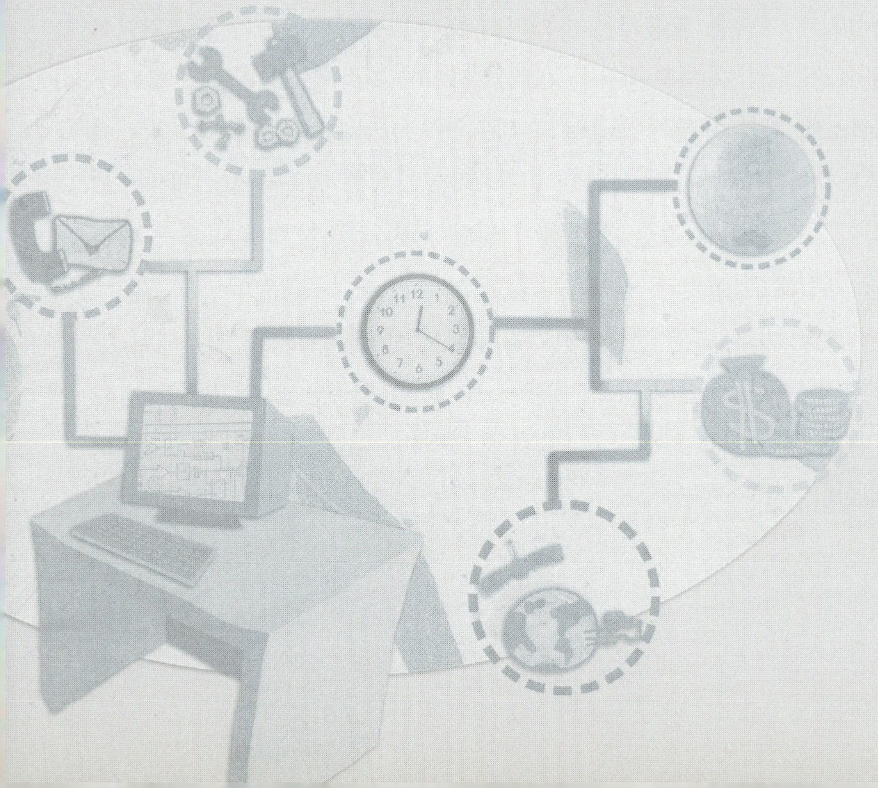

제 1 장 유비쿼터스 홈네트워크 개요 및 기술

1-1 유비쿼터스 홈네트워크의 개요

1-1-1 유비쿼터스 홈네트워크의 개요

1990년대 후반부터 가전, 방송, 통신, 컴퓨터가 서로 결합하는 디지털 컨버전스(Digital Convergence) 추세가 빠르게 확산되면서 전통산업과 IT 산업이 융합화하여 언제, 어디서나 IT 기술을 활용하는 IT의 생활화(IT everywhere)가 급진전되어 경제, 사회 전반에 걸쳐 IT 기술을 응용한 새로운 산업이 지속적으로 창출될 것이다.

디지털 컨버전스에 따라 새롭게 창출된 홈네트워크 산업은 하드웨어의 단순 결합이 아닌 소프트웨어를 포함하는 형태로 인간 생활 자체를 변화시키는 방향으로 발전하여 미래 가정인 디지털 홈을 실현하여 일반 국민의 디지털 라이프 시대를 열기 위한 기술 개발로 이어지고 있다.

홈네트워크는 가정 내의 모든 정보가전기기가 유무선 네트워크로 연결되어 누구나 기기, 시간, 장소에 구애받지 않고 다양한 서비스를 제공받을 수 있는 가정환경으로 국민들에게 편리하고, 안전하고, 즐겁고, 윤택한 삶을 제공할 수 있는 IT 기술 이용 환경이다.

또한 홈네트워크는 디지털 TV, 지능형 로봇, 차세대 이동통신, 디지털 콘텐츠, S/W 솔루션 분야와 연계되어 새로운 수요와 부가가치를 창출할 것으로 예상된다.

이에 따라 정부에서는 초고속 인터넷, 이동통신 등 세계 최고수준의 통신 인프라를 바탕으로 홈네트워크 관련 기술 개발 및 표준화, 시범사업, 홈네트워크 인프라 구축을 위한 융자사업 등 산업 활성화를 위한 다양한 지원정책을 추진하여 홈네트워크 시장을 조기에 활성화하고 세계 최고수준의 홈네트워크 국가를 건설할 계획이다.

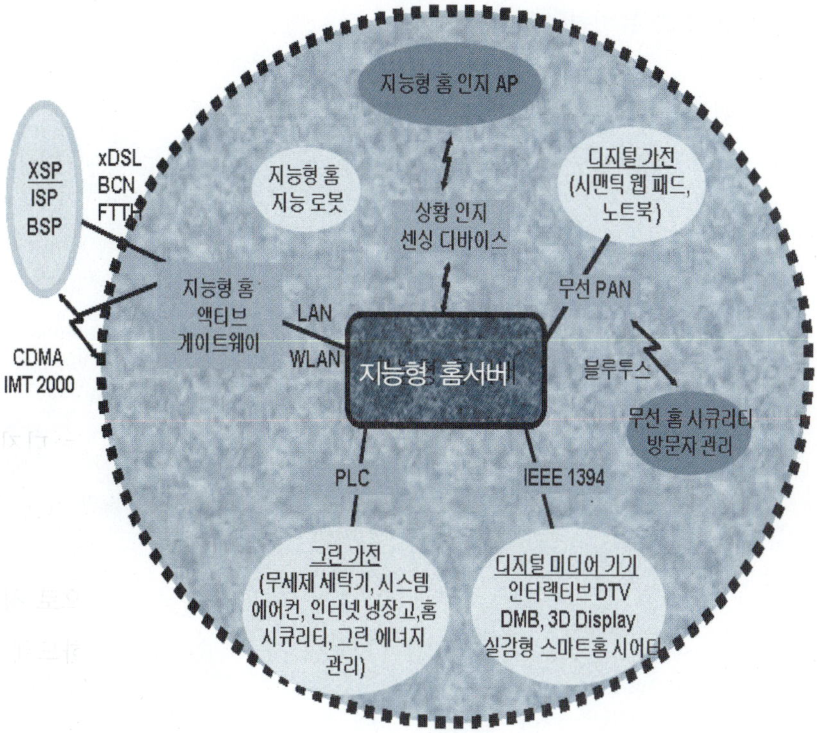

[그림 1-1] 유비쿼터스 홈네트워크 시스템

홈네트워크 산업은 단순히 기존 가전기기를 네트워크화하여 정보가전단말 및 관련 서비스 시장만을 활성화시키는 것을 뛰어넘어 PC와 초고속 인터넷 보급이 사이버 공간에서의 정치, 경제, 문화 및 생산/소비 활동을 활성화시킨 주요 기반이 된 것처럼 홈네트워크 환경에서 일상생활과 밀접한 다양한 비즈니스 모델을 창출하고 다른 신성장 산업 활성화의 동인 역할을 수행하여 새로운 수요와 부가가치를 창출하여 세계 시장 선도 및 국민 소득 2만 달러 시대 달성을 선도할 수 있는 한국의 대표적인 산업군이 될 것으로 전망되고 있다.

특히, 양적으로 팽창해 온 국내 초고속 정보통신 인프라가 외형적으로 세계 최고 수준의 IT 국가로 도약하는 발판을 제공하였다면, 홈네트워크 산업은 다양한 서비스를 활성화시킬 구동력을 제공하여 내실을 갖춘 명실상부한 IT 강국으로 입지를 확고히 할 수 있는 초석이 될 것으로 예상하고 있다.

(1) 유비쿼터스와 유비쿼터스 홈

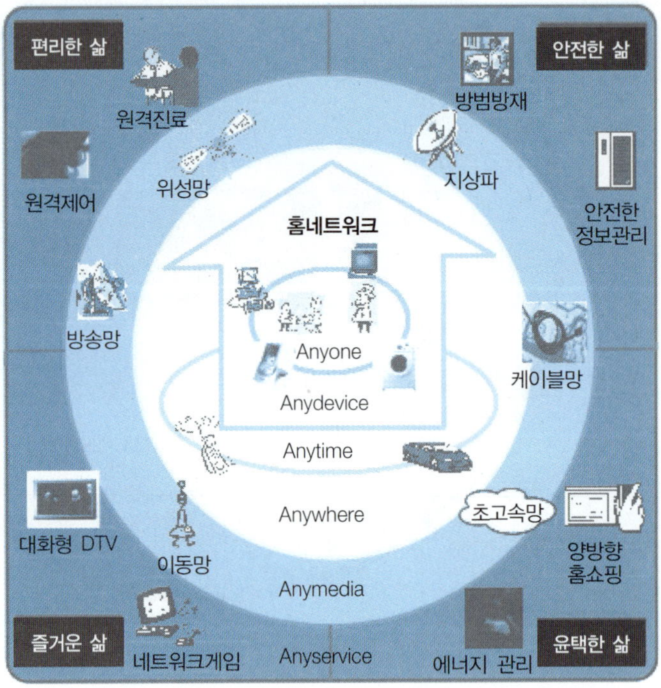

[그림 1-2] 유비쿼터스의 개념이 적용된 유비쿼터스 홈

유비쿼터스 측면에서 유비쿼터스 홈네트워크는 다음의 두 가지 특징을 갖게 된다.

첫째, 자동 제어 네트워킹 주거 공간이다. 네트워크를 이용해서 가전기기 스스로 사용자가 원하는 대로 동작하는 것이다.

둘째, 유비쿼터스 홈네트워크는 내장 컴퓨터 상시 서비스 주거공간이다. 왜냐하면 항상 접속 중(alway log on)인 상태를 유지하고 있으므로 시간과 장소에 제약 없이 가정 내의 정보와 서비스를 얻을 수 있기 때문이다.

홈네트워킹은 이더넷(Ethernet)을 비롯한 전화선, 전력선, 그리고 무선을 포함하는 다양한 네트워킹 프로토콜을 통해 구현되며, 네트워크화된 가정 내 디지털 정보기기들 간의 기능공유, 데이터 공유, 원격제어 등을 가능하게 한다.

또한, 인터넷 액세스와 오디오/비디오 스트림, 홈 컨트롤 어플리케이션 및 서비스를 비롯하여 기타의 네트워크화된 장비에 어플리케이션과 서비스를 분배해 주는 기능을 수행한다.

홈네트워크는 초고속 인프라를 기반으로 네트워크, 정보처리 등 다양한 IT 기술이 접목되어 서비스를 창출하는 복합 산업분야로, 가정 내의 정보가전기기가 네트워크로 연결되어 기기·시간·장소에 구애받지 않고 다양한 서비스를 제공할 수 있는 미래의 가정환경이다.

(2) 유비쿼터스 홈네트워크 개념 및 정의

[그림 1-3] 유비쿼터스 홈네트워크의 개념도

유비쿼터스 홈네트워크는 집안의 가전기기 및 시스템을 상호 또는 외부 인터넷 상의 정보 기기와 연결하여 각각의 기기 및 시스템에 대한 원격접근과 제어가 가능하고, 음악, 비디오, 데이터 등과 같은 콘텐츠를 사용할 수 있도록 양방향 통신 서비스 환경을 구현하는 기술로 정의하고 홈 시큐리티 확보, 홈케어 지원 등을 목표로 한다.

(3) 유비쿼터스 홈네트워크의 요구조건

아직은 시장이 개발되고 있는 초기 단계로 볼 수 있고, 기술적인 면에서도 정형화 되어 있지는 않지만 무엇보다도 중요한 것은 고객이 홈네트워크를 꼭 필요한 장치로 받아들일 수 있을 것인가 하는 점이다. 이와 같은 관점에서 요구 조건을 살펴보면 다음과 같다.

- 저비용 제어 대상기기 : 제어기(Controller)간 시설비가 저렴해야 한다.
- 효율성 : 가정 내에서 기기 이동 시 간단하게 설치 변경할 수 있어야 한다.
- 편리성 : 복잡한 설치 및 설정 과정이 없이 Plug & Play가 이루어져야 한다.
- 간편성 : 원하는 장소에 설치할 수 있는 설치의 간편성이 보장되어야 한다.

이와 같은 점이 충분히 만족되어야만 사용자에게 만족을 줄 수 있는 홈네트워크 시스템이 될 것이다.

(4) 유비쿼터스 홈네트워크 서비스

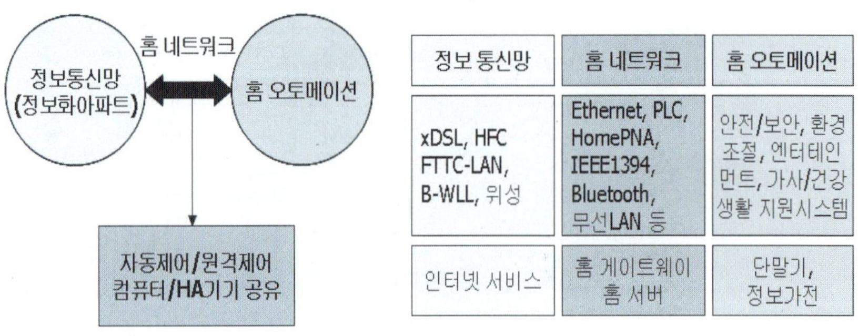

[그림 1-4] 유비쿼터스 홈네트워크 서비스

가정 내의 모든 가전기기, 즉 단순 제어 장치(조명, 보안, 커튼, 가스, 난방 등) 디지털 가전(냉장고, 세탁기, 전자레인지, 가스 오븐 등)을 네트워크화하여 지금까지와는 전혀 다른 서비스를 제공할 수 있게 된다.

디지털 가전의 경우 지금까지는 제품이 고장이 난 경우에 서비스를 신청하는 A/S 형식을 취하고 있으며 얼마나 빨리 달려와서 이미 일어난 고장을 신속하게 복구시켜 줄 것인가가 관건이었다면 이제는 제품에 이상이 나타나면 제품 스스로가 서비스 센터에 이상점을 통보할 것이고 문제점을 발견한 서비스 센터는 고객에게 전화나 이메일 등으로 그 내용을 알려서 사전에 수리를 받을 수 있도록 하는 사전 서비스 형태로 바뀔 수 있다.

또한 냉장고나 세탁기 전자레인지, 가스 오븐 레인지 등은 새로 나온 음식의 요리 방법이나 새로운 세척제를 이용한 적정한 세탁 방법을 다운로드받아 사용할 수 있게 될 것이다.

유비쿼터스 홈네트워크를 통해 제공되는 서비스(customer needs)는 다음과 같다.

- 편리한 생활 : 원격제어, 원격의료, 원격제어, 원격교육 등
- 안전한 생활 : 방범, 방재 등의 각종 재해에 대한 예지, 예방 등
- 즐거운 생활 : VOD, 대화형 DTV, 네트워크게임, 인터넷 등
- 윤택한 가정 : 홈쇼핑, 홈뱅킹, 에너지 관리 등

〈표 1-1〉 유비쿼터스 홈네트워크의 서비스 분류 및 활용

서비스 분류	활용 내역
양방향 DTV 서비스	- T-Commerce - T-Banking - T-Education
홈 오토메이션 서비스	- 정보가전 제어/지능형 로봇 - 침입탐지/방문자확인 - 재난방지/원격검침
헬스 케어 서비스	- 원격 의료 상담 - 원격 체력/건강 진단
공공서비스	- 민원발급 - 전자 투표
텔레메틱스	- 교통정보/위치 정보 - 주변정보/길안내

1-2 유비쿼터스 홈네트워크의 구성요소

유비쿼터스 홈네트워크의 구성요소별 분류는 [그림 1-5]처럼 분류하였다. 3가지의 네트워크인 엔터테인먼트 네트워크, 컴퓨터 네트워크, 오토메이션 네트워크로 구분하고 항목별로는 요구사항, 데이터 처리속도, 표준 네트워크, 서비스 등으로 구분하여 정리하였다.

- 홈네트워크 망(댁내망) : 이더넷, 전력선, 무선랜, 블루투스 등
- 액세스(Access) 망(댁외망) : xDSL, FTTC, FTTH, Cable 등
- 정보단말기 : 홈서버, 게이트웨이(Home G/W), PAD, 정보가전, 감지기, 원격 제어기
- 콘텐츠(Contents) : 인터넷, VOD, 원격교육, 원격진료 등

	Entertainment Network	Computer Network	Automation Network
요구사항	• 고속의 멀티미디어 데이터 처리 • A/V 기기 연결	• 인터넷 연동 • 다수의 컴퓨터 및 OA 기기 연결	• 동작 안정성 • 기기들 상호 동작성 • 저가 네트워크 비용
데이터 전송속도	100 – 400 Mbps	1- 100 Mbps	1 Mbps 이하
표준 네트워크	• IEEE1394a/b • Same as Computer Network	• IEEE802.3 Ethernet • IEEE802.11b/a	• PLC(LonWorks, EiB) • Bluetooth
서비스	• Video-On-Demand • Interactive A/V for Edutainment	• Internet Access • Cyber Community • 재택근무, 원격진료	조명, 냉난방, 가전기기, 검침기 등의 모니터링 및 제어

[그림 1-5] 홈네트워크의 구성요소별 분류

1-2-1 물리적인 네트워크의 구성

우리 집에 홈네트워크를 구성한다면 어떻게 해야 할까? 고민이 될 수밖에 없다. 홈네트워크의 설치는 앞으로 지어질 집뿐 아니라 현재의 각 세대에도 설치할 수 있어야 한다. 그러므로 [그림 1-6]처럼 물리적인 네트워크 구성은 광역 네트워크, 지역 네트워크, 홈네트워크로 구성된다.

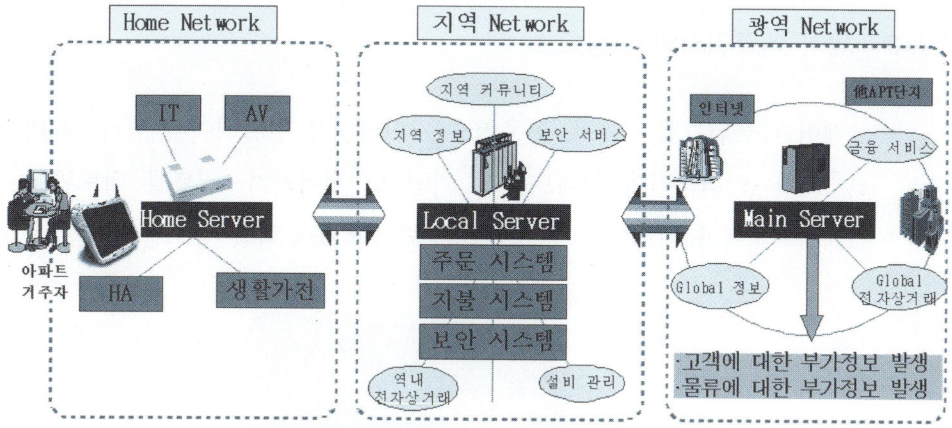

[그림 1-6] 물리적인 네트워크의 구성

1-2-2 네트워크를 위한 매체 비교

현재 이용할 수 있는 네트워크 기술을 통해 살펴보면, 전력선 통신(PLC : Power Line Communication), 무선(RF : Radio Frequency), 유선의 3가지로 나누어 볼 수 있다. 각각의 장단점을 〈표 1-2〉의 비교표에 나타내었다. 표에서 보는 바와 같이 가장 매력적인 방법이 전력선을 이용하여 홈네트워크를 구축하는 것임을 쉽게 알 수 있다.

전 세계 홈네트워크의 시장을 리드한다고 할 수 있는 국내의 여러 회사들은 다양한 접근 방법으로 홈네트워크 시장 진입을 했거나 준비를 하고 있다. 하지만 현재까지 가장 원활한 홈네트워크 시스템 구축의 네트워크 매체는 전력선제어(PLC : Power Line Control)이다. 가장 많은 구축 실적과 안정성이 이미 입증되었고 향후 대부분의 홈네트워크 제어 장치에는 PLC가 사용될 것으로 예상된다.

〈표 1-2〉 네트워크별 매체비교

구 분	특 징	설치의 편의성	이동의 편의성	장비 가격	설치 비용	제품의 상용화
PLC	기존의 전력선을 이용 구성	좋음	좋음	저가	저가	시판 중
무선	주파수 간섭에 의한 오동작 가능성	보통	좋음	고가	저가	가능
유선	각 장치 간 통합 배선 복잡	나쁨	나쁨	저가	고가	가능

1-2-3 제어 네트워크의 구성요소

제어 네트워크의 요소는 최종적으로 인터넷에 연결되어야 한다. 홈네트워크는 AV 기기-엔터테인먼트 네트워크, 가전 및 제어기기-컨트롤 네트워크, 컴퓨터, 스캐너-데이터 네트워크 등으로 구분되지만 최종적인 장소는 인터넷이 된다.

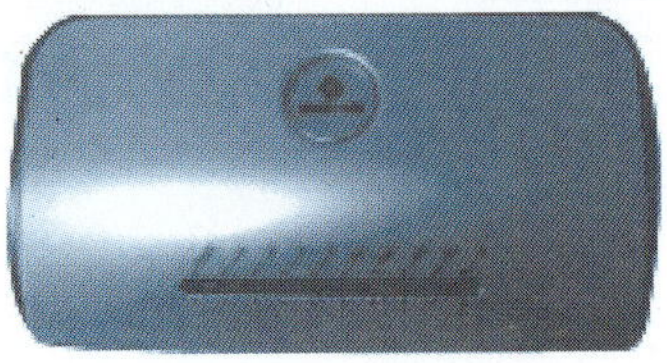

[그림 1-7] 게이트웨이

우리가 관심을 갖고 있는 가전 및 제어기기에 대해서 구성 요소들은 집안과 집 밖은 게이트웨이를 이용해서 인터넷과 하나로 연결되고 가정 내에는 비디오폰을 대신하면서 각 네트워크 기기를 제어할 장치가 필요하다. 이 역할을 수행하는 장치가 홈 패드 또는 월 패드가 된다.

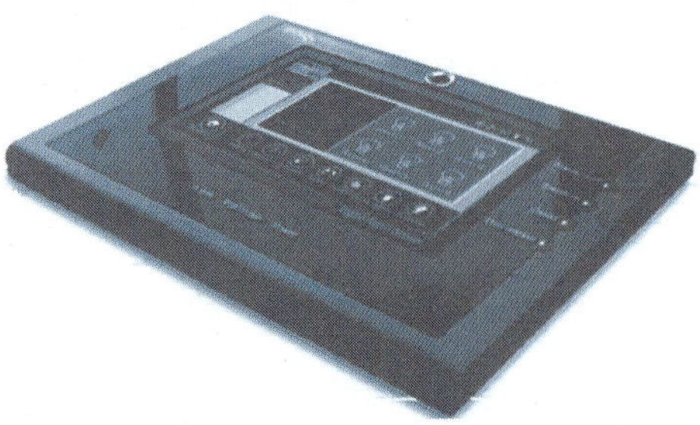

[그림 1-8] 7인치 터치스크린의 월 패드

다음 제품은 가스 밸브를 원격에서 차단시킬 수 있으며 가스 누출 시에는 자동으로 밸브를 차단하고 가스 누출 사고가 났음을 입력된 휴대폰으로 문자 메시지를 전송한다. 물론 외부에서 휴대폰으로 밸브의 상태 확인 및 잠금이 가능하다.

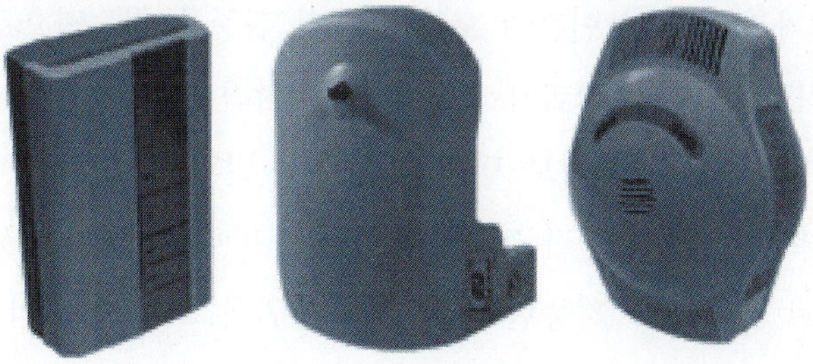

[그림 1-9] 가스 원격 차단기 및 사고 전송장치

이 제품은 콘센트 모듈과 조명 스위치 그리고 가정 내 모든 제어 장치를 제어할 수 있는 리모컨이다.

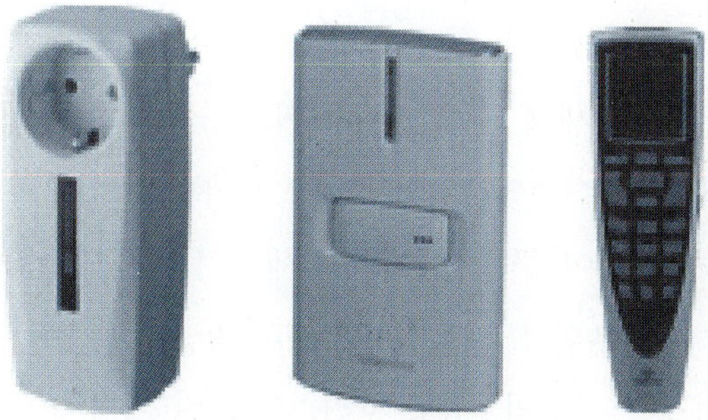

[그림 1-10] 콘센트 모듈, 조명 스위치 및 리모컨

각 스위치에는 리모컨 수신 장치가 내장되어 있어 어느 조명 기기의 수신 장치를 이용하더라도 제어가 가능하며, 조명 스위치는 원격지에서 조명의 상태를 알 수 있게 하고 콘센트 모듈은 불필요한 전원을 원초적으로 차단함으로써 누설전류를 최소화할 수 있다.

1-3 유비쿼터스 홈네트워크 기술 개요

최근 디지털기술의 컨버전스화 추세에 있어서 가정 내의 사물들 및 집 자체가 지능화되어 가정 내에서 인간의 모든 생활과 활동을 지능적으로 처리하는 기반 환경을 갖춘 거주공간인 유비쿼터스 홈 환경이 여러 관련 분야에서 크게 대두되고 있다.

사용자환경 및 개인 정보 단말의 급격한 발달로 인한 광의의 정보공유(컨트롤, 관리, 정보이용 등) 욕구가 다양화되어짐에 따라 가정 내에서 인간이 중심이 되는 유비쿼터스 서비스가 가능한 환경이 유비쿼터스 홈 기술이다.

유비쿼터스 홈 기술은 IT, BT, NT, ET, CT, 건축기술, 디지털 가전, 에너지 기술, 보안기술 등의 여러 산업 기술들이 유기적으로 연결되어 주택산업, 서비스 산업(원격 건강 컨설팅) 등에서 새로운 시장을 창출함과 동시에 관련된 새로운 직업을 창출하여 전문 인력의 양성 및 고용 확대에 크게 기여하는 등의 다양한 파생 효과를 유발하므로 우리나라 산업 · 문화 전반에 걸쳐 고르게 영향을 주는 혁신적인 산업 융합 기술 분야이다.

국내에는 이미 세계 최고의 유비쿼터스 홈 관련 산업기반 개별 인프라 기술 보유 및 세계 최고 수준의 IT 인프라를 보유하고 있으므로 이를 활용한 시스템 기술 개발 및 산업기반이 구축될 경우 차세대 신개념의 복합 기술의 총체인 유비쿼터스 홈 시장의 비교우위를 점유할 것으로 예상된다.

홈네트워크란 정보의 처리, 관리, 전달 및 저장에 있어 가정 내에 설치되어 각종 계산, 관리, 감시 및 통신기능을 수행하는 기기들을 연결하고 통합할 수 있게 해주는 구성 요소들의 집합으로 그 목적은 인간에게 가정에서의 편안함과 즐거움을 제공하기 위한 기술이다.

즉, 홈네트워크 기술은 가정 내외에 머물고 있는 사용자들이 편안하게 댁내의 디바이스들을 제어 및 관리하고 다양한 서비스를 공급받고자 하는 데 있다.

이러한 홈네트워크는 초고속인프라를 다양한 IT기술을 활용하여 원격교육, 엔터테인먼트, 건강검진(Healthcare), 정보가전기기의 제어 등 다양한 서비스들을 창출하는 신산업 분야로 가정 내부와 외부 네트워크의 연계를 통해 다양한 콘텐츠를 확보하고 실수요자 중심의 서비스를 개발하여 산업 경쟁력을 키울 수 있다.

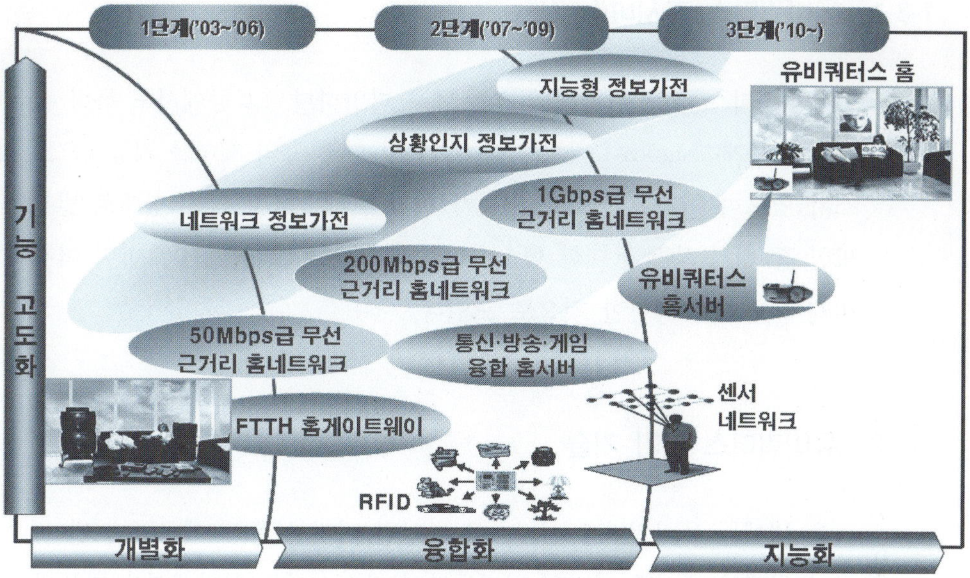

[그림 1-11] 유비쿼터스 홈네트워크 기술발전 단계

유비쿼터스 홈서비스의 개발을 위해서는 유비쿼터스 홈과 관련된 요소 기술을 파악하고 각 요소 기술을 어떻게 활용하는가에 대한 분석이 필요하다. 또한 선진국의 기술 동향 파악을 통해 앞으로 우리가 나아가야 할 방향을 모색하며, 정책 방향도 함께 살펴볼 필요가 있다.

유비쿼터스 홈은 21세기 한국의 미래를 끌고 나아갈 차세대 성장 동력산업 중의 하나로 유비쿼터스 컴퓨팅을 이용한 생활환경의 지능화, 환경친화적 주거생활, 그리고 삶의 질 혁신을 추구하는 지능화된 가정 내의 생활환경과 주거공간을 만들어 내는 것이라고 말할 수 있다.

이와 관련된 구체적인 서비스는 크게 에너지 절약, 보안, 건강진료, 오락, 교육, 전자상거래, 재택근무 등 다양한 형태로 나타날 수 있으며, 이를 뒷받침하는 기술로는 유비쿼터스 홈서비스 기술, 유비쿼터스 홈기기, 네트워크, 건축/환경 분야로 나눌 수 있다.

1-3-1 유비쿼터스 홈서비스 기술

유비쿼터스 홈을 위한 서비스는 매우 다양하다. 그 중에서도 특히 홈 내의 제어를 순조롭게(Seamless) 하고 각종 기기 및 환경 등의 제어를 지능적으로 하는 서비스가 있으며 이러한 서비스는 점차 인간이 개입하지 않는 형태로 발전할 것이다. 또한 홈 내의 사람에 대한 헬스케어에 대한 서비스 또한 중요하며 이것이 점차 실버케어 형태를 포함할 것으로 보인다.

1-3-2 유비쿼터스 기기 기술

홈 내에는 유비쿼터스 서비스를 다양한 기기를 통해 제공하게 된다. 이때 여러 가지 형태와 플랫폼 기반의 기기들간의 자연스러운 인터렉션을 가능하게 하기 위해서는 기기간의 공통 인터페이스 및 미들웨어의 표준화가 필요하며 아울러 각각의 기기가 가져야 할 기능 및 사양에 대한 세부기술 및 통합 프레임워트 표준화를 수행한다.

1-3-3 유비쿼터스 홈네트워크 기술

홈 내에는 유비쿼터스 서비스를 가능케 하는 핵심기능이 네트워크이다. 홈 내의 다양한 제어 및 서비스를 위한 네트워킹에 관한 것으로써 홈오토메이션을 위한 통신네트워크, 게이트웨이 서버, 그리고 이를 통합하는 네트워킹 프레임워크 표준화를 담당한다.

1-3-4 유비쿼터스 건축·환경 기술

유비쿼터스 홈의 커다란 구조물과 에너지절약, 생활쓰레기 처리, 전기, 가스 등 각종 환경관련 컨테이너가 건축/환경 분야에서 다루어야 할 대상이다.

건축에서는 유비쿼터스 홈을 위한 건축 자재, 구조물 등의 가이드라인을 제시하고 환경적 측면과 에너지 절감측면이 결합된 건축/환경 모델을 제시하고 이를 표준화한다.

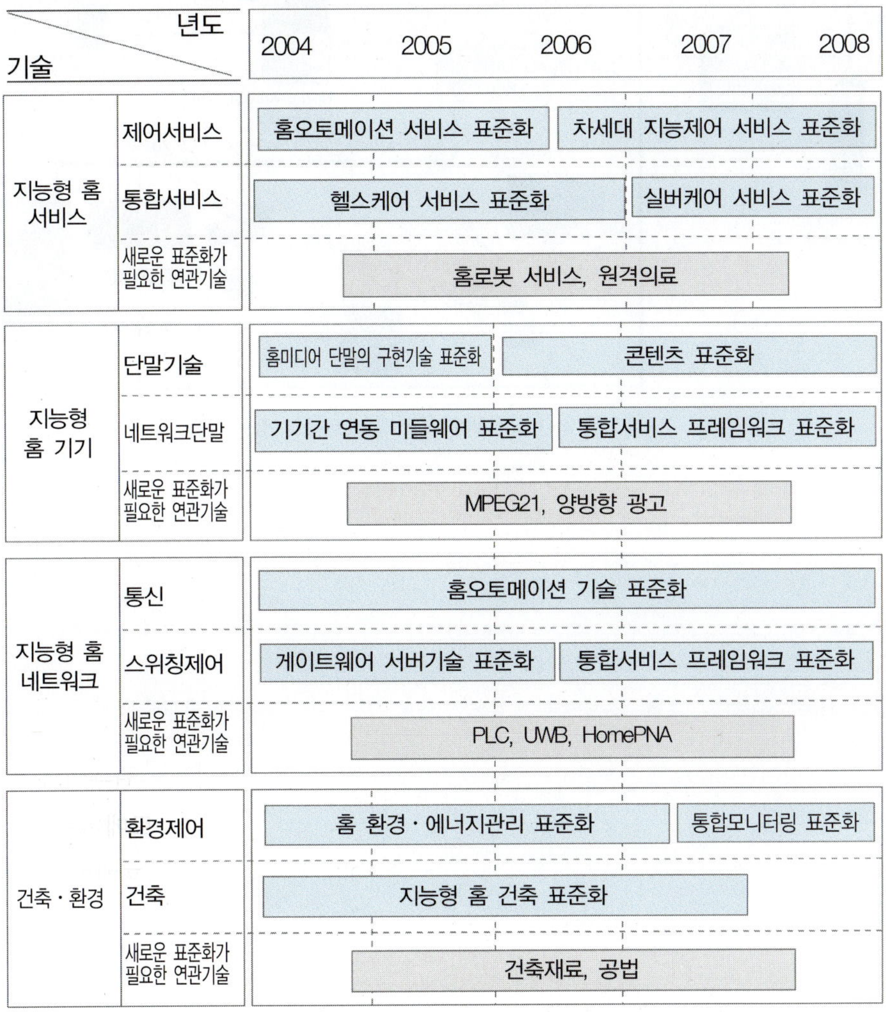

[그림 1-12] 유비쿼터스 홈 관련 기술

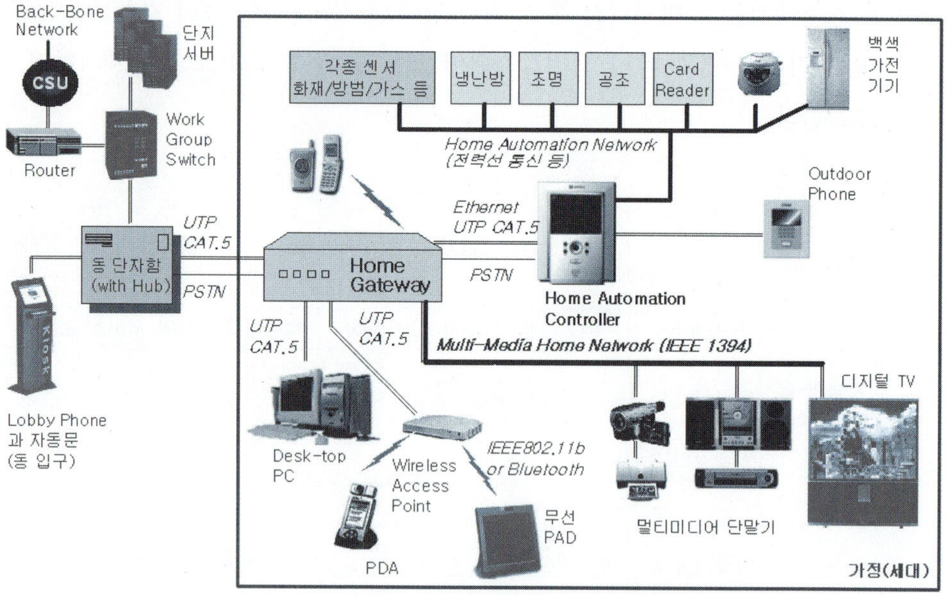

[그림 1-13] 유비쿼터스 홈네트워크 적용기술

1-4 유비쿼터스 홈네트워크 분야별 기술

유비쿼터스 홈네트워크 기술은 유선 기술로 전화선, 전력선, 이더넷, IEEE1394, USB, 무선기술로 IEEE802.11x 계열의 무선 LAN, HomeRF, Blue-tooth, UltraWideBand (UWB), Zigbee, HiperLAN 등 물리적인 네트워크를 구성하는 기술과 홈네트워크를 구성하는 가전기기, 센서 간의 통신 프로토콜 기술, 구성된 홈네트워크 상에서 단말간의 상호 발견, 구성, 관리를 위한 미들웨어 기술, 그리고 이러한 미들웨어를 기반으로 하는 서비스 기술들로 구분할 수 있다.

홈네트워크는 상황을 인지하여 각각의 구성원에게 적합한 서비스를 차별화하여 제공할 수 있는 네트워크 환경 및 서비스를 가능하게 하도록 발전하면서 상황인지 지식기반의 멀티모달 인터랙션에 의한 새로운 비즈니스 모델이 파생되는 사회 인프라 성격의 기반기술로 인식되고 있다.

유비쿼터스 홈네트워크 기술은 크게 4가지의 중점 기술로 분류된다.

〈표 1-3〉 유비쿼터스 홈네트워크 기술 분류

1단계	2단계	3단계
유비쿼터스 홈네트워크 기술	홈플랫폼 기술	홈서버/홈게이트웨이 기술
		홈네트워크 보안
		개방형 서버 기술
	유·무선 홈네트워킹 기술	유선 홈네트워킹 기술 (Ethernet, PLC, IEEE1394, USB, HomePNA)
		무선 홈네트워킹 기술 (WLAN(802.11a/b/g/n), WPAN(UWB, ZigBee))
	정보가전 기술	지능형 정보가전
		홈센서 기술(센서, RFID)
	지능형 미들웨어 기술	홈네트워킹 미들웨어 기술
		상황적응형 미들웨어 기술
		멀티모달 인터페이스 기술

① 홈플랫폼 기술

홈플랫폼 기술은 외부망과 가정을 연결하고 가정 내 다양한 서비스를 관장하여 유무선 통합 홈네트워크 환경 및 고품질·융합형서비스를 가능하게 하는 홈서버/홈게이트웨이, 홈네트워크 보안 및 개방형 서버 기술로 구성된다.

② 유·무선 홈네트워킹 기술

유·무선 홈네트워킹 기술은 이더넷, PLC, IEEE1394, HomePNA, 광홈랜 등의 유선 홈네트워킹 기술과 무선랜, ZigBee, UWB, Wireless1394, WirelessUSB 등의 무선 홈네트워킹 기술로 구성된다.

③ 정보가전 기술

정보가전 기술 분야는 기존 백색가전기기들과 센서들을 네트워크로 연결하여 새로운 서비스를 창출할 수 있는 유비쿼터스 정보가전 기술과 홈센서 기술로 구성된다.

④ 미들웨어 기술

미들웨어 기술 분야는 매체 및 OS에 상관없이 정보 기기의 제어 및 감시를 수행하고 다양한 상황에 대한 적응력을 제공하여 유비쿼터스 서비스를 가능하게 하는 홈네트워크 미들웨어, 상황적응 미들웨어 및 멀티모달 인터페이스 기술로 구성된다.

홈네트워크 제품은 홈게이트웨이와 같이 홈네트워크와 액세스망을 연결시켜주는 단순 네트워크 기능 중심의 제품으로부터 점차 네트워크에 연결되는 모든 기기와 서비스를 관장하여 방송, 통신과 게임 융합형 홈서버 제품군으로 발전해 나가고 있다. 또한, 홈네트워크 확산을 위해 유선 홈네트워크 기술 중심에서 무선 홈네트워크 기술 중심으로 발전하고 있으며, IPv6, 센서네트워크와의 접목 등 유비쿼터스 사회의 기반을 구축할 수 있는 제품 개발이 진행되고 있다.

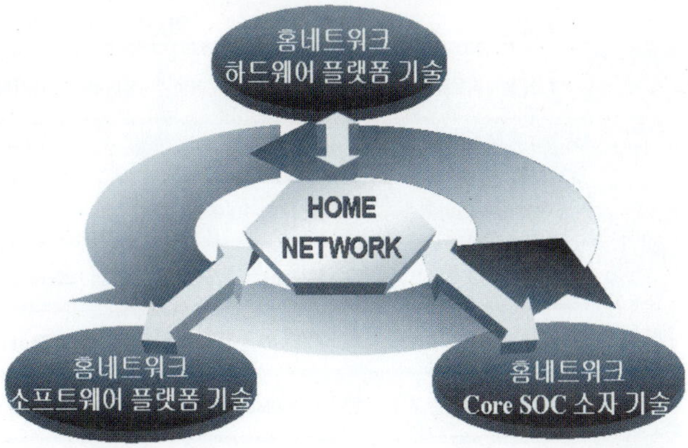

[그림 1-14] 홈네트워크의 주요 기술군

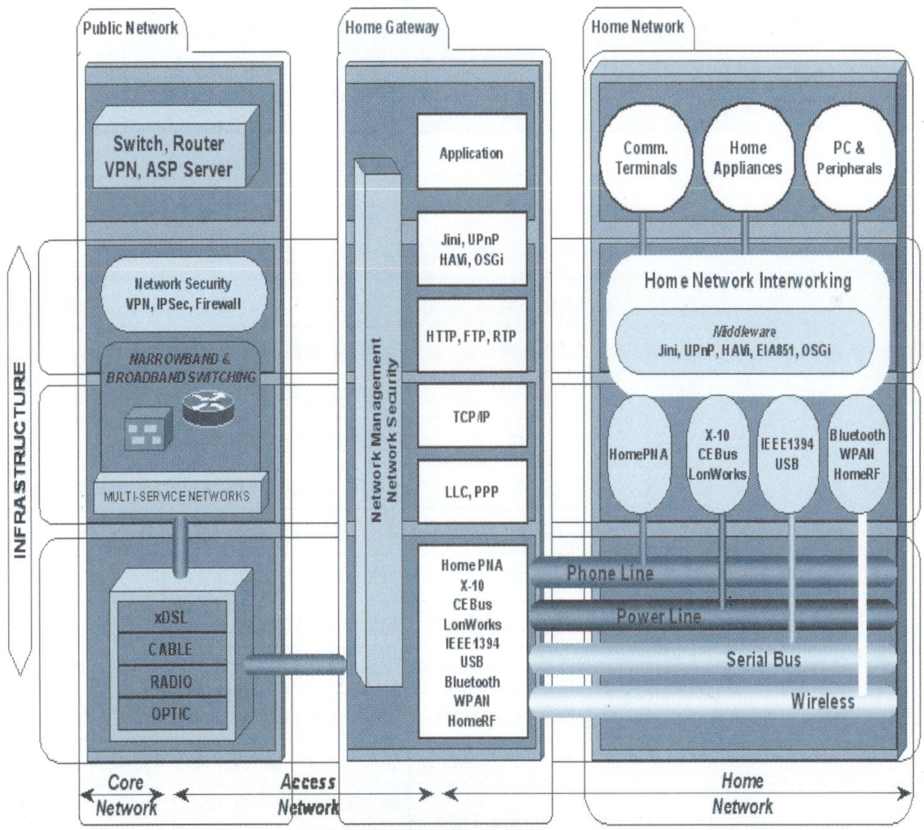

[그림 1-15] 홈네트워크 기술 구성

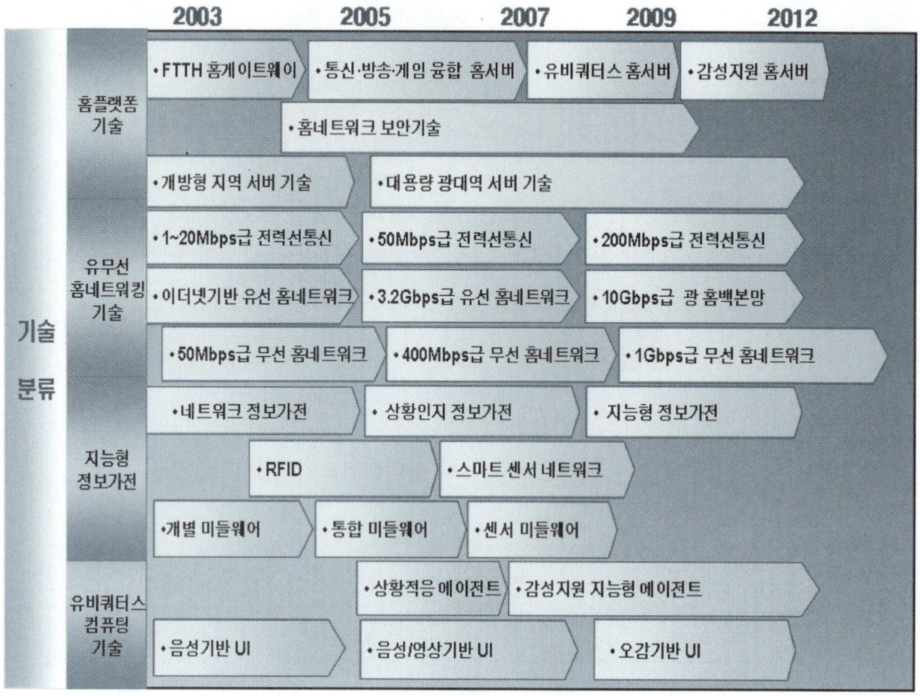

[그림 1-16] 홈네트워크 기술 분류

〈표 1-4〉 홈네트워킹 분야별 관련 기술(1/2)

분야	기술		내 용
홈네트워킹 기술	유선	이너넷	기업 내 표준 네트워킹 방식
		홈 PNA	전화선을 이용한 홈네트워킹 기술
		PLC	전력선을 이용한 홈네트워킹 기술
		IEEE 1394	디지털 오디오 · 비디오 기기간 디지털 데이터 전송 표준
	무선	IEEE 802.11 WLAN	무선 네트워킹 표준(WIFI)
		홈 RF	가정 내 로컬 무선 네트워킹
		IEEE 802.15.1 블루투스	정보가전 연결용 무선 네트워킹
		IEEE 802.15.3 HR. WPAN	오디오 · 비디오용 고속 무속 네트워킹 기술
		IEEE 802.15.3a LIWB	오디오 · 비디오용 초고속 근거리 무선 네트워킹 기술
		IEEE 802.15.4 LB WPAN	센서 네트워크를 위한 저속 저전력 무선 네트워킹 기술
		Wireless 1394 기술	IEEE 1394 기기들을 무선 네트워킹 기술을 이용하여 AV 신호의 장거리 전송을 가능하게 하는 기술

〈표 1-4〉 홈네트워킹 분야별 관련 기술(2/2)

분 야	기 술	내 용
정보가전 기기	홈게이트 웨이	인터넷과 유무선 홈네트워킹 기기들을 연결하는 장치
	홈서버	가정 내 홈네트워크 기기들을 통합 관리하는 서버
	디지털 TV	디지털 HDTV, PDP EMD
	정보가전 제품	인터넷 냉장고, 전자레인지, DVD
	게임기	PS2, XBOX 등 게임기
	휴대용 정보단말	PDA, 이동전화, 노트북 등
기반소프트웨어	RTOS	정보가전용 홈서버용 실시간 OS
	정보가전 제어 및 스트리밍 미들웨어	Jini, UPnP, HAVi, HWW, VHN, LonWorks, CEBus, OSGi 등
	시스템 미들웨어	JAVA Virtual Machine, KVM 등
	시스템 유틸리티	가전보안, 유저 인터페이스, DB 등

1-4-1 홈플랫폼 기술

유·무선 통합, 통신·방송의 융합 등 디지털 컨버전스의 급속한 진전으로 FTTH, 이동망 등의 차세대 초고속 유무선 인터넷과 연계되어 가정에서 다양한 통신·방송·게임이 융합된 서비스를 제공할 수 있는 환경으로 발전하고 있다. 따라서 가정용 디지털 허브로서의 홈서버 기능이 부각되면서, 엔터테인먼트 서비스를 제공할 수 있는 개방형 서비스 프레임워크 및 서비스 통합관리 솔루션 확보를 위한 기술 개발이 활발히 추진되고 있다.

국외에서는 인텔, 모토로라 등이 미래 홈플랫폼 분야에서 우위를 점유하기 위해 차세대 홈서버용 SoC 기술을 개발 중이며, 소니와 MS는 자사가 경쟁 우위를 갖고 있는 PSX와 미디어센터 등을 기반으로 홈플랫폼을 구축함으로써 홈네트워크 조기시장 선점 전략을 추진하고 있다. IBM, Prosyst, GateSpace는 OSGi를 준수하는 개방형 서비스 프레임워크를 상용화하였으며, 일본은 HSAC(Hikari Service Architecture Consortium)을 구성하여 광케이블을 이용한 광대역 통신망을 기반으로 고품질의 홈서비스 제공을 위한 개방형 서비스 플랫폼 구축을 본격 추진중이다.

외국 동향

- 홈네트워크 중심인 홈서버 시장선점을 위한 업계간 경쟁 치열
  - 소니 : DVD, PVR 서비스 등을 홈서버 기능이 추가된 게임기(PSX) 개발
  - MS : PVR과 홈네트워크 기능이 추가된 미디어 센터 PC 발표
  - 미쯔비시 : DTV/DTV-STB 중심의 홈서버 개발
- 개방형 서비스 프레임워크 기반의 홈서비스 플랫폼 구축 경쟁
  - Prosyst, IBM 등은 OSGi 기반 서비스 플랫폼 및 통합 관리 솔루션 개발

개발 방향

- 홈오토메이션, 양방향 멀티미디어 등 통신/방송/게임 융합 서비스를 지원하고 기기간 상호운용성을 보장하는 홈플랫폼 원천 기술 개발
- 개방형 서비스 프레임워크 상용화를 위해 DLNA, OSGi 등 기존 표준기술을 발전시킨 국내 홈서비스 플랫폼 기술 개발

개발 계획

[1단계]

- 개방형 서비스 지원 플랫폼 개발
- 통신, 방송, 게임 융합 서비스 기술
- 홈네트워크 암호 및 생체기반 인증 기술
- 유무선 복합 스트리밍 기술

[2 · 3단계]

- Invisible 서비스 지원 플랫폼 개발
- 모바일, 감성형 융합 서비스 기술
- 지능화된 인증 서비스 기술
- 적응형 스트리밍 기술

[그림 1-17] 홈플랫폼 기술

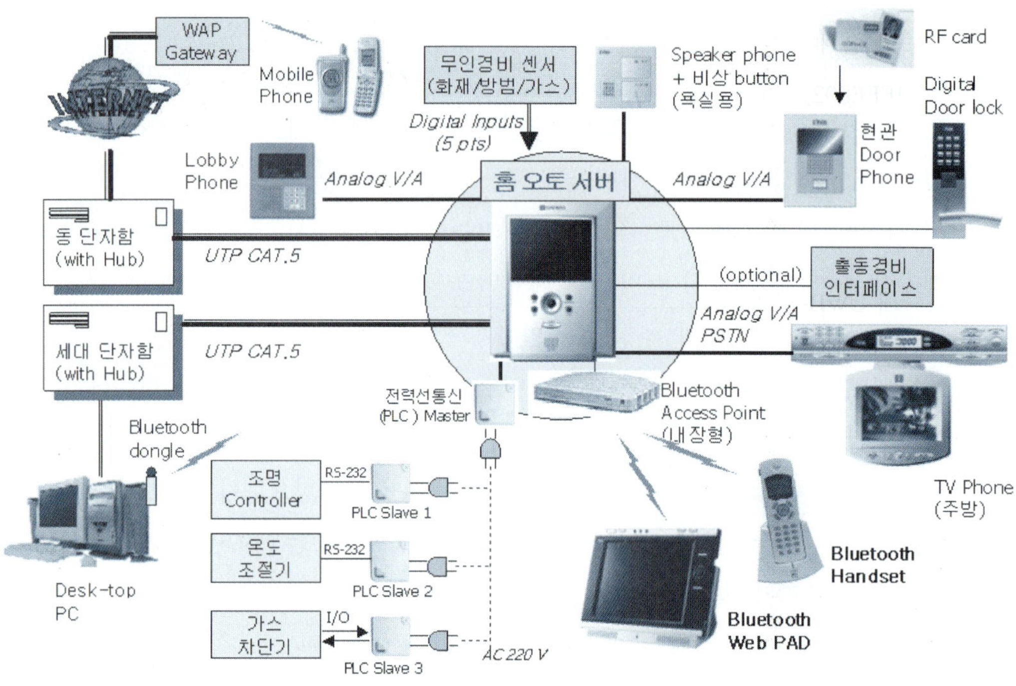

[그림 1-18] 홈서버의 구축 사례

국내에서는 DTV 보급과 연계하여 통신 · 방송이 융합된 홈플랫폼 상용화 기술 개발을 추진하고 있으며, VOD와 실시간 스트리밍 방송, 홈뷰어 서비스 등이 가능한 홈서버를 개발 중에 있다.

이와 더불어 가정 내 다양한 가전기기들에 대해 홈플랫폼을 통한 정보보호 및 보안성 확보 연구가 진행되고 있다.

1-4-2 유 · 무선 홈네트워킹 기술

초고속 인터넷과 연계한 이더넷, 가전기기 제어를 위한 전력선 통신, AV 기기를 위한 IEEE1394 등 유선 기술과 Wi Media 및 IEEE WPAN(Wireless Personal Area Network) 등 무선 홈네트워크 기술의 표준 경쟁이 심화되고 있다.

특히, 홈네트워크 확산을 위해 선 없이 대용량의 멀티미디어 서비스를 제공할 수 있는 고속 무선 홈네트워크의 중요성이 확산되면서 무선 홈네트워크 기술간 경쟁이 치열하게 전개되고 있다.

무선 홈네트워크는 기존 IEEE 802.11x 기술의 대역폭을 확장하고 QoS를 추가하는 IEEE802.11e/n 규격의 표준화가 진행 중이며, HDTV급 전송이 가능한 UWB(Ultra Wide Band)와 같은 광대역 무선 기술과 ZigBee 등 위치기반의 저속 센서기술이 등장하는 등 유선보다는 무선 기술이 시장을 지배할 것으로 전망되고 있다.

현재 UWB는 모토로라(Motorola) 진영의 다이렉트 시퀀스 CDMA(Direct Sequence CDMA) 방식과 미국의 인텔, TI 중심의 멀티밴드(Multiband) OFDM 방식이 표준 경쟁을 벌이고 있다. 국내에서도 50Mbps급 이상의 전력선 통신 기술을 개발 중에 있으나, 480Mbps급 UWB 칩과 250kbps급 ZigBee 칩의 개발 등 무선 기술 개발에 많은 기술력이 집중되고 있다.

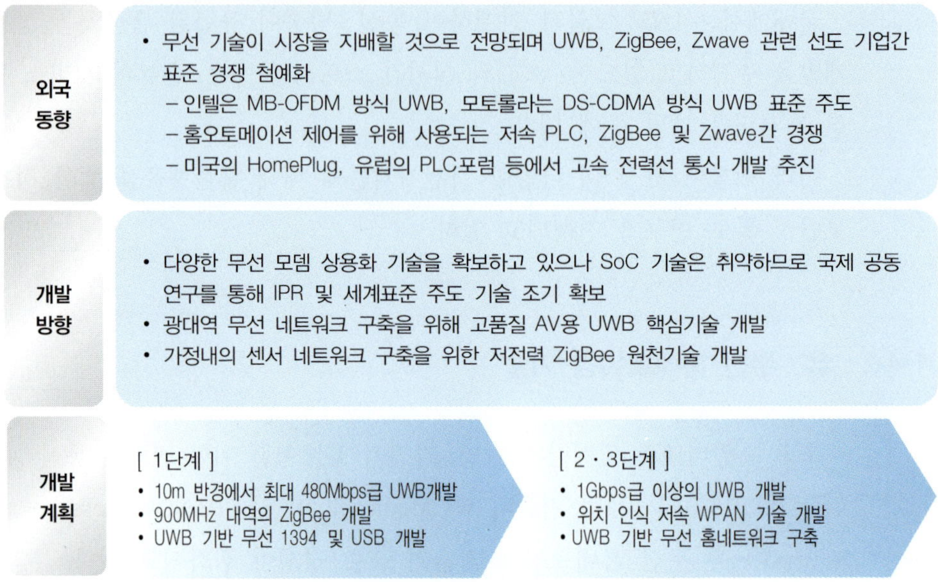

[그림 1-19] 유 · 무선 홈네트워킹 기술

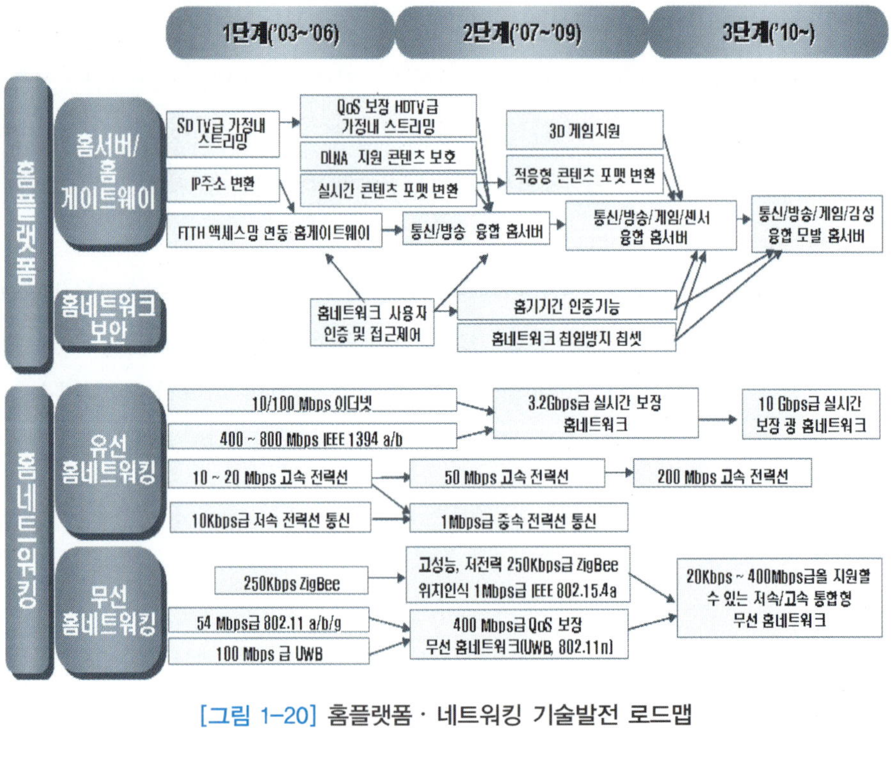

[그림 1-20] 홈플랫폼 · 네트워킹 기술발전 로드맵

1-4-3 정보가전 기술

기존의 백색가전기기들이 정보가전으로 진화되어 홈네트워크에 연결되고 있으며, 오디오, 비디오 등 AV 기기들의 지능화가 빠르게 진행되고 있다. 이태리의 Meloni사 및 국내 삼성전자, LG전자는 전력선을 이용한 냉장고, 에어콘 등을 상용화하였으며, AV 기기들이 IEEE1394를 기본적으로 지원하고 있다.

미쯔비시사 등에서 HAVi 기반의 HDTV와 VTR을 상용화하였으나, 2003년 이후 홈네트워크 기기간의 상호운용성 제공이 홈네트워크 활성화에 중요한 요소로 인식됨에 따라 향후 DLNA(Digital Living Network Alliance) 기반 AV 기기들이 주류를 이룰 것으로 전망된다.

또한 유비쿼터스 홈이 가시화되면서 홈센서간 정보교환이 가능하도록 홈센서가 지능화되고 착용 가능한 형태로 발전할 것으로 전망된다.

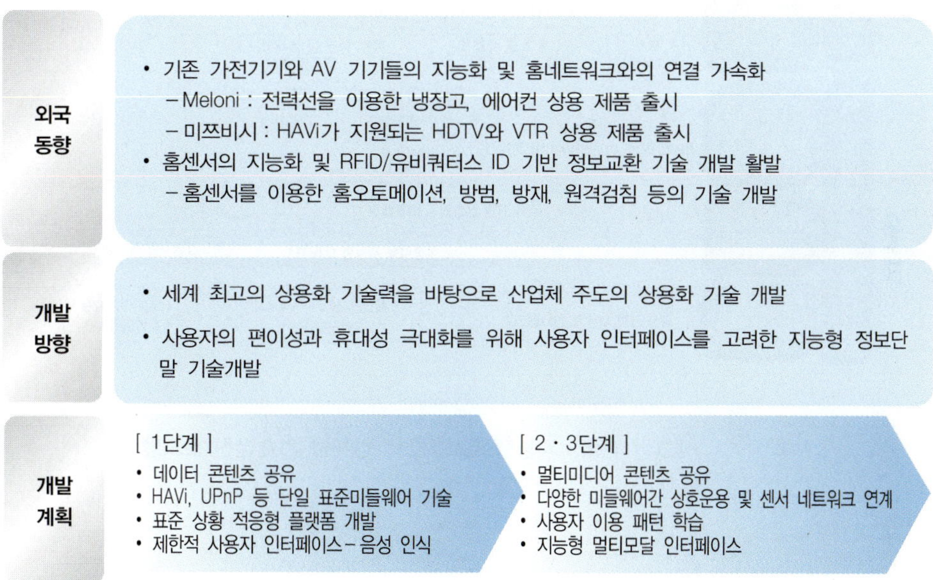

[그림 1-21] 지능형 정보가전 기술

센서는 홈오토메이션 서비스의 필수 구성요소로써 주로 방범 · 방재, 실내 환경 조절, 원격검침 등에 사용되고 있으며, 향후 센서 기술은 마이크로 미케니컬 센서(미소기계 소자), 바이오 센서 등으로 발전해 나갈 것으로 예상된다.

국내의 홈네트워크 솔루션인 삼성전자 homevita와 LG전자 LnCP도 전력선 통신을 이용한 냉장고, 세탁기, 에어컨 등의 상용화 제품을 개발하였으며, 온도, 습도 센서 기술은 일부 홈오토메이션 업체에서 개발하였으나 지능화된 홈센서 및 RFID의 핵심 기술에 대한개발은 초기단계이다.

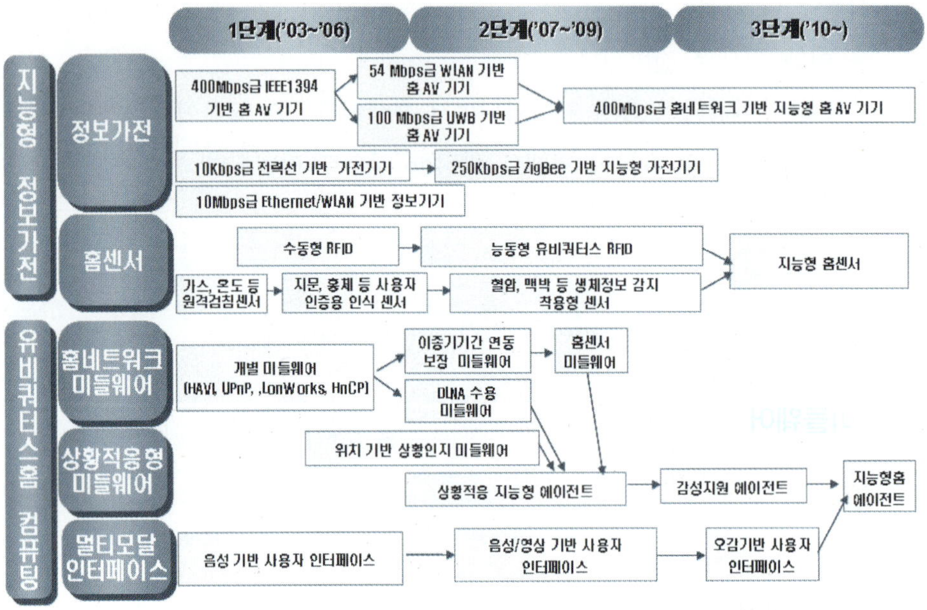

[그림 1-22] 지능형 정보가전 · 컴퓨팅 기술발전 로드맵

1-4-4 유비쿼터스 컴퓨팅 기술

외국 동향	• 유비쿼터스 홈과 센서의 지능화 추세에 따라 상황 적응형 미들웨어 개발 – MIT, IBM, MS, SONY 등은 다양한 가전기기들을 연결하여 주변상황에 따라 동적 제어 서비스가 가능한 상황 적응형 미들웨어 기술 개발 중 • 센서간 정보 교환을 위한 스마트 센서 네트워크 및 홈센서 기술 개발 – Washington, 조지아 대학 : 위치 센서 입력의 통합처리 방법 연구 – 월마트 등에서 RFID 기반 물품관리 적용, 인텔은 바다자원 관리에 적용
개발 방향	• 무선 및 센서 네트워킹 기술과 연동하여 상황기반 지식 서비스를 제공하는 유비쿼터스 홈 컴퓨팅 원천기술 개발 • 주위 환경 및 사용자 특성에 따라 지능적 서비스가 가능한 지능형 에이전트 핵심기술 개발
개발 계획	[1단계] • 소규모 네트워크 구성 라우팅 프로토콜 • 센서 내부 저전력관리 • 능동형 센서 태그와 유무선망 연동 • 마이크로 암호화 기술 개발 [2 · 3단계] • 대규모 네트워크 구성 라우팅 프로토콜 • 센서 네트워크 저전력 관리 • 지능형 센싱 태그간의 연동 • 지능형 상황 처리

[그림 1-23] 유비쿼터스 컴퓨터 기술

1-4-5 미들웨어 기술

미들웨어 기술은 UPnP(Universal Plug and Play), Jini 등 다양한 단체 표준이 혼재되고 있다.

점차 무선 홈네트워크 환경이 확산됨에 따라 무선 홈네트워크에 연결되는 디바이스를 안전하고 자동으로 구성, 관리할 수 있는 미들웨어 기술에 대한 연구가 활발히 진행되고 있으며, 다양한 이종 미들웨어간에 상호호환성 부재가 홈네트워크 확산의 걸림돌로 인식되면서 이들 간 상호호환과 연동을 보장하려는 기술개발이 시작되고 있다.

2003년 6월 인텔, MS, 소니, 삼성전자 등은 디바이스 간에 상호호환성을 보장하는 미들웨어를 정의하기 위해 DLNA를 결성하고 2004년 6월에 버전 1.0을 발표하였다. 또한, MIT, IBM, MS, 소니 등은 유비쿼터스 홈 환경구현을 위해 홈센서 미들웨어 기술과 상황 적응형 미들웨어 기술개발을 진행 중이다.

국내에서는 이종 홈네트워크 환경에서 정보가전기기간 상호연동을 제공하는 기술을 개발하고 있으며, DLNA와 UPnP 등의 표준화 활동을 통해 원천기술 확보에 노력하고 있다.

(1) UPnP

UPnP는 혼합된 미디어(Mixed-Media) 멀티밴더(Multi-Vendor) 홈네트워크 환경에서 운영체제, 언어 및 하드웨어에 독립적인 서비스 환경을 구축하기 위해 1999년 6월 마이크로소프트, Intel, Compaq, 미쯔비시, 필립스, 소니 등 150여 개 기업이 참여한 가운데 PC 중심의 가전기기 제어 소프트웨어로서 표준을 정의한 것이다.

UPnP는 TCP/HP, HTTP, GENA, SOAP, SSDP 등 IETF 표준 인터넷 프로토콜을 기반으로 하고 있으며, DA(Device Architecture), AVA(Audio Video Architecture), 보안구조(Security Architecture) 등 3개의 구조로 이루어져 있다.

2004년 7월 0UPnP AV 1.0 스펙이 공개되었고, 조만간 UPnP AV 스펙이 발표될 것으로 기대된다. DLNA DLNA는 홈네트워크 상호운용 프레임워크의 제공을 목적으로 2003년 6월에 결성된 표준단체이다.

2004년 8월 8개의 BoD(Board of Director) 멤버들, 즉 HP, Intel, Microsoft, Nokia, Panasonic, Philips, 삼성, Sony를 중심으로 160개 여개의 업체가 참여하고 있다. 1.0 스펙에서 UPnP DA와 AV를 기본 프로토콜로 활용하면서 UPnP의 입지는 향후 홈네트워크 미들웨어의 De-Facto 표준으로 자리잡을 전망이다.

그러나 취약한 시큐리티 문제와 더불어 상기한 표준 인터넷 프로토콜의 부담, non-IP로 구성될 것으로 보이는 가전 및 센서 · 액추에이터 네트워크와의 연결방법 등이 향후 풀어야 할 숙제로 남아 있으며, 1.0 스펙이 발표된 DLAN의 요구사항을 만족하기 위해 보조를 맞추어야 하는 부담이 있다.

미들웨어 기술은 UPnP(Universal Plug and Play), Jini, LonWorks 등 다양한 단체 표준이 혼재되고 있다. 점차 무선 홈네트워크 환경이 확산됨에 따라 무선 홈네트워크에 연결되는 디바이스를 안전하고 자동으로 구성, 관리할 수 있는 미들웨어 기술에 대한 연구가 활발히 진행되고 있으며, 다양한 이종 미들웨어간에 상호호환성 부재가 홈네트워크 확산의 걸림돌로 인식되면서 이들간 상호호환과 연동을 보장하려는 기술개발이 시작되고 있다.

2003년 6월 인텔, MS, 소니, 삼성전자 등은 디바이스간에 상호호환성을 보장하는 미들웨어를 정의하기위해 DLNA를 결성하고 2004년 6월에 버전 1.0을 발표하였다.

또한, MIT, IBM, MS, 소니 등은 유비쿼터스 홈 환경구현을 위해 홈센서 미들웨어 기술과 상황 적응형 미들웨어 기술개발을 진행 중이다. 국내에서는 이종 홈네트워크 환경에서 정보가전기기간 상호 연동을 제공하는 기술을 개발하고 있으며, DLNA와 UPnP 등의 표준화 활동을 통해 원천 기술 확보에 노력하고 있다.

(2) HAVi

HAVi는 1998년, 전 세계 AV 시장의 70% 이상을 점유하는 기업들, 즉 소니, 톰슨, 필립스, 도시바, 샤프, 히타치 등 8개 가전기기 제조사가 중심이 되어 다양한 디지털 오디오/비디오 기기간의 상호운용성을 보장하기 위한 표준 제정을 위해 조직한 단체로서, 1998년 11월 1.0 스펙을 발표하였고 2000년 4월에 소니와 필립스사에서 프로타입 시스템을 데모하였다.

HAVi 기술은 IEEE1394 인터페이스 및 프로토콜과 JVM을 기반으로 하며, 디지털 TV를 중심으로 홈엔터테인먼트 기기들을 구성 관리하는 미들웨어이다. HAVi의 일부 기술은 DVB-MHP(Digital Video Broadcasting-Multimedia Home Platform)에 포함되고 있고, 미국 케이블 방송표준인 Open Cable에서 IEEE1394를 채택하면서 많은 기대를 모이는 면도 있으나, IP over 1394 기술이 실제 필드에 적용되면서 IP를 기반으로 하는 UPnP 미들웨어에 많은 부분이 잠식되어 가고 있다. 실제로 초기의 8개 핵심 멤버 중에서 소니 등 4개사가 탈퇴하는 등 홈네트워크 표준으로서 다소 입지를 잃어가고 있다.

(3) Jini

Jini는 네트워크 상의 모든 종류의 디바이스와 소프트웨어 자원의 통합체를 구성하여 서비스와 자원을 공유하고 사용자의 위치변화에 관계없이 네트워크상의 자원에 대한 용이한 접근 및 네트워크의 개설, 갱신, 변경작업의 단순화를 목표로 하는 기술로서 1998년 썬 마이크로시스템즈사에서 발표한 분산 환경의 홈네트워크 자원 공유 플랫폼이다.

홈네트워킹의 미들웨어 관점에서 본 Jini의 강점은 Plug and Play 기능에 의한 간단한 시스템 구성과 실행코드의 이동성에 의한 가변성, 그리고 기존의 IP를 기반으로 하는 네트워크에 대한 자연스러운 확장성 및 Java 연관 제품 및 시스템과의 호환성 확보 등이다.

단점으로는 Jini 시스템에 JVM을 도입함으로써 수행 속도가 느리고 많은 양의 메모리를 차지하므로 시스템의 단가가 높아진다. 또한 Lookup Server에의 의존도가 높아 홈네트워크 시스템에 종종 발생하는 기기의 착탈 시 Lookup Server가 이탈할 경우 전체 네트워크가 동작을 하지 않을 위험성도 있다.

Jini가 안고 있는 고민 중의 하나는 Jini을 창안한 썬 마이크로시스템즈(Sun Microsystems)사가 마이크로소프트(Microsoft)의 UPnP처럼 강력하게 Jini를 지원할 수 없는 상황에 있다는 것이다.

썬 마이크로시스템즈의 주력 시장은 현재 Server 부문인데 Alpha 칩을 개발한 DEC 사가 이 칩의 권한을 컴팩사에 매도하였으며, 컴팩사는 이 칩을 개발한 후 서버 시장에 진입하려 하였으나 어려움을 겪자 이 칩의 생산권을 인텔(Intel)에 인도하였다.

이에 따라 인텔과 컴팩이 손을 잡고 서버 시장에 도전장을 낸 격이 되었으며, 썬 마이크로시스템즈사는 역사상 가장 커다란 경쟁자를 만난 셈이 된 것이다.

따라서 서버 시장의 수성에 대부분의 자원을 사용하여야 하므로 Jini를 프로토션하는 데에는 당연히 한계를 느낄 수밖에 없고, 인하여 Jini의 시장은 활성화하는 데에 다소 어려움을 겪을 것으로 보인다.

(4) 론웍스(LonWorks)

론웍스는 미들웨어 기술이 아니다. 보통 미들웨어는 게이트웨이에서 이기종 네트워크와 접속하는 플랫폼을 의미하므로 론웍스는 미들웨어가 연동해야만 할 수 있는 많은 네트워크 중의 하나이다. 그래서 LonWorks/UPnP 브리지가 있고, OSGi용 LonWorks Network Bundle가 있다.

국내 ETRI나 KETI(전자부품연구원)에서 개발한 미들웨어에도 모두 론웍스와 인터페이스가 가능하도록 인터페이스 드라이버를 포함하고 있다. 다만, 론웍스가 주목받는 이유는 이러한 미들웨어가 연결해야만 하는 수많은 네트워크 기술 중에서 가장 정돈이 잘 되어 있기 때문이다.

① 프로토콜 완성도가 높다(개별 디바이스에서 7계층 서비스 수행).

② 멀티벤더 제품 간의 상호 호환성에 대한 규격이 있다(NV, LonMark 가이드라인, program-id).

③ 설치/네트워크 유지보수(추가/삭제/변경)에 대해 표준 시나리오가 존재한다.

④ 가장 중요한 것은 실제로 많은 업체에서 론웍스를 탑재한 네트워크 제품을 제조하고 있는 것이다.

⑤ 미국(ANSI/CEA), 유럽(EN), 중국(GB/Z) 등에서 제어 네트워크의 표준으로 채택하고 있다.

이런 장점 때문에 론웍스 기술에 대해 많은 업체나 개발자가 관심과 사랑을 주고 있다.

빌딩 · 홈오토메이션을 목적으로 전력선을 활용한 저속 통신 기반의 미들웨어 연동되는 것으로는 론웍스, CEBus 등의 표준 관련 단체(LonMark, CEBus 등) 통해서 1990년대에 이미 표준화되었다고 이 중 론웍스 프로토콜은 ANS/CEA 709.1 표준으로 등록되었다고 유럽, 미주, 일본 등지에서 많은 제품을 시장에 선보여 빌딩 자동화의 산업 표준 수준으로 인정되고 있으며, 현재 홈네트워크 서비스로의 진화를 위해 론마크(LonMark) 등에서 지속적인 활동을 보이고 있다.

론웍스 기술은 론토크(LonTalk)라고 하는 네트워크 프로토콜과 디바이스 개발 프로그램 환경 등을 하드웨어적으로 구현한 뉴런 칩을 공급함으로써 디바이스 개발자가 손쉽게 론 네트워크 프로그래밍을 개발할 수 있는 환경을 제공하고 있다.

또한, LNS라고 하는 윈도우즈 운영체제 기반의 강력한 관리 시스템을 제공하여 자동화 서비스의 생성 및 관리를 할 수 있는 토대로 제공하고 있다.

현재 론마크에서는 센서와 액추에이터 등에 편향적으로 구성된 론웍스의 응용 표준에 백색가전기기에 적합한 표준을 추가하기 위하여 표준화 작업을 진행 중에 있으며 국내 삼성전자가 적극적으로 참여해 주도하고 있다.

1-5 유비쿼터스 유선 및 무선 홈네트워크 기술

1-5-1 유선 홈네트워크 기술

가전 장비의 연결을 위한 방식은 크게 유선에 의한 방식과 무선에 의한 방식으로 나눌 수 있다. 유선 방식은 이용하는 선로에 따라 전화선을 이용하는 방식, 전력선을 이용하는 방식, 이더넷(Ethernet)을 이용하는 방식, IEEE-1394, 구조적 배선(Structured Wiring) 방식으로 나눌 수 있다.

〈표 1-5〉 홈네트워킹을 위한 장비간 연결 기술

연결방식		관련기술
유선방식	전화선을 이용한 방식	HomePNA
	전력선을 이용한 방식	HomePlug, LonWorks, HNCP
	Ethernet을 이용한 방식	802.3
	Structured Wiring 방식	TIA 570-A
무선방식		Bluetooth, WLAN

〈표 1-6〉 유선전송기술규격

	IEEE 1394	IEEE 1394b	MOST	Home PNA2.0	Ethernet 100BASE	USB 2.0	Home Plug1.0
Qos	Isochronous		Synchronous	8 Priority	× (802.1p)	Isochronous-like	4 Priority
전송배체	STP	UTP, POF, GOF, STP	POF	Phone Line	UTP, MMF	USB cable	Power Line
최대 전송속도	400 Mbps	3.2Gbps	24.8Mbps	10Mbps	100Mbps	480Mbps	10Mbps
전송거리	4.5m	4.5m(STP) 50m(POF) 100m(UTP, GOF)	250m	300m	100m	-3m	-

(1) 전화선을 이용하는 방식

전화선을 이용하는 방식(HomePNA: Phoneline Network Alliance)은 가정에 설치된 전화선로의 특성과 관련되어 있다. 대부분의 가정에서는 1개의 전화번호를 사용한다. 또한, 모든 방이나 주거공간에서 전화를 송수신할 수 있도록 해야 하기 때문에 집안의 대부분의 주거공간에는 전화를 꽂을 수 있는 연결단자가 1개 이상 나와 있다. 물론 주거공간에 따라 다른 번호를 사용할 수도 있기 때문에 건설업자는 MDF, 국선 단자함, 세대 단자함 등을 이용하여 각 주거공간으로 연결되는 전화선에 대한 배선을 처리하도록 하고 있다. 그러나 대부분의 가정에서 1개의 전화번호를 사용하고 있기 때문에 모든 주거공간의 전화선로는 함께 연결이 되어 하나의 독립된 망을 형성하고 있다. 가정별로 독립된 전화선 망이 형성되어 있고 대부분의 주거공간에서 이를 이용할 수 있도록 배선이 되어 있기 때문에 전화선 연결방식을 사용하면 추가적인 배선이 거의 필요 없게 된다. 이러한 점에서 전화선 연결방식이 홈네트워킹 사업자들에게 매력적인 연결방식으로 등장한 것이다.

특히, 전화선 연결방식은 다른 표준기술과는 달리 많은 경쟁 업체들이 기술규격에 합의하여 공동으로 기술을 개발하고 있다. 선도적으로 기술을 보유한 업체들간의 소유권이나 사용권에 대한 다툼이 적었기에 통일된 표준의 결정도 용이하였다. 그러나 전화선 자체가 고속의 통신을 고려한 것이 아니기 때문에 대용량의 고속 데이터 전송에 한계가 있고, 오래된 집에서는 주거공간의 일부에만 전화선 연결이 가능하며, 한 가정에서 2개 이상의 전화를 사용하는 경우에는 전화선 망이 분리되기 때문에 최근에는 그 사용 빈도가 점차 줄어드는 편이다.

전화선 연결방식에 대한 표준화를 위한 산업체의 자발적인 모임이 HomePNA (Phoneline Network Alliance)이다. 이 모임에서는 1Mbps와 10Mbps를 지원하는 네트워킹 기술 규격을 발표하였으며, 사용자를 위한 교육에 심혈을 기울이고 있다. HomePNA 자체는 공인 로고로서 상호 연동성에 대한 승인의 표시로도 사용되고 있다. HomePNA에서는 최근 10Mbps 이상의 속도 지원을 위한 논의를 진행하고 있다.

홈네트워크의 백본 기술로 대두되고 있는 HomePNA는 기존의 댁내 전화선로를 이용하여 정보통신 기기들을 하나의 망에 연결하고 허브나 라우터 등의 별도 장비

없이도 LAN환경을 구축할 수 있으며, 현재 최대 데이터 전송속도 10Mbps인 HomePNA 2.0이 표준이 되고 있다. 최근에는 전송률 향상과 QoS(Quality of Service)를 강화시킨 128Mbps의 HomePNA 3.0이 발표되었는데, 2004년 중반경에는 HomePNA 3.0을 사용하는 선도제품이 시장에 출시될 예정이다. 기존의 댁내 전화회선을 사용한다는 장점을 바탕으로 유선 홈네트워킹 기술 가운데 비교적 안정적인 위치에 있기는 하나 최근 경쟁기술로 부각되고 있는 무선계 기술과 거의 맞먹는 가격과 사용상의 편의성, 보안 및 QoS 문제 등에서 확실한 해결책을 필요로 하고 있다.

(2) 전력선을 이용하는 방식(LonWorks/HomePlug)

홈네트워킹의 전신인 홈오토메이션이 시작된 계기는 X-10이라는 전력선 통신기술의 등장에 기인한다. 전력선 통신은 가정의 어느 곳에나 산재되어 있는 전기 배선 자체를 통신수단으로 이용함으로써, 사용자가 장비의 사용을 위해 자연스럽게 전기를 꼽는 행위만으로 통신망을 연결시켜 주고, 전력선을 통해 장비간의 통신이 가능하게 해주는 기술이다. 이 기술이 무엇보다도 관심을 끄는 이유는 전력선이 가정내의 거의 모든 곳에 연결되어 있고, 대부분의 가전장비 사용을 위해서는 전기가 필요하기 때문이다. 비교적 저속의 연결인 전력선 연결기술은 가전장비의 제어를 위한 데이터의 양이 많지 않았기 때문에 계속적인 관심을 얻고 있으며, 최근에는 LAN 정도의 속도로 데이터를 전송할 수 있는 기술이 개발되어 점차 그 사용영역을 넓혀가고 있다.

PLC는 가정이나 사무실에 포설된 전력선을 이용하여 통신신호를 100kHz~30MHz의 고주파 신호로 바꾸어 전송하고, 수신시에는 고주파 필터를 이용하여 신호를 수신하는 방식으로서 데이터 전송에 활용된 것은 이미 20년 가까이 된다.

저속(60bps)의 X-10 플랫폼이 초기 제품으로 출발하였으나 느린 속도 때문에 단방향이었으며 어플리케이션이 제한적이었다.

전력선 통신기술에 관련된 모임으로 HomePlug라는 것이 있는데, 이 모임은 3Com, Cisco, Compaq, Intel, Motorola, TI 등의 회사들이 모여 가정을 위한 전력선 네트워크의 공동표준 개발을 위해 2000년 4월에 결성한 것으로서 첫 번째 결과로 10Mbps급 규격을 발표하여 가전장비의 제어뿐만 아니라 본격적인 데이터 통신을 위한 전력선 통신의 길을 열어 주었다.

최근에는 HomePlug 1.0이 2001년 말에 선보인 이래 2003년초에 열린 CES에서 버전 2가 재설계되어 출시되었으며, 차세대 스펙인 HomePlug AV이 개발 중이다. 이 표준은 HDTV 및 SDTV 포함해서 데이터와 멀티스트림 엔터테인먼트에 초점이 맞추어 지고 있으며, 제품군은 2005년 초에 시장에 나올 것으로 전망하고 있다.

전력선을 이용한 홈네트워킹 기술은 아직까지 이더넷(Ethernet)이나 무선계 기술보다 상대적으로 가격이 높은 편이다. 장기적인 관점에서 볼 때 QoS 문제에 영향을 받지 않는 가전제품이나 데이터 전송분야를 지원하는 편에 속하게 될 것으로 보인다.

〈표 1-7〉 전력선 통신의 분류

속도에 따른 분류	전송속도	전용 Carrier 주파수	사용방안	비고
저속 전력선 통신	60bps~10kbps	10kHz~450kHz	인터넷 정보가전을 포함한 방법, 방재 등의 Automation Network	X-10 CEbus(EIA600) LonTalk(EIA709.2)
중속 전력선 통신	10kbps~1Mbps	10kHz~450kHz	인터넷 정보가전을 포함한 방법, 방재 등의 Automation Network	Proprietary Protocol
고속 전력선 통신	1Mbps~10Mbps	450kHz~300kHz	Internet Access Computer Network	HomePlug

HomePlug에서는 Intellon사의 PowerPacket라는 기술을 기반기술로 선정하여 500개의 가정을 대상으로 시범 서비스를 한 후 2001년 최종 규격을 발표하였다. Intellon사에서는 같은 해부터 HomePlug 승인 반도체를 생산하였고 전력선 NIC(Network Interface Card)과 같은 기본적인 장비들이 속속 등장하고 있다.

국내에서는 저속의 가전장비 제어를 위한 표준으로 산업자원부의 PLC 포럼이라는 모임을 통해 HNCP(Home Network Communication Protocol)이라는 표준 전력선 통신 프로토콜이 준비되고 있다. 저속 X-10이 단방향에 신뢰성 부족으로 제한적인 것은 사실이나, 그 후 애쉴론의 PL31xx와 같이 론웍스 프로토콜을 탑재

〈표 1-8〉 상용화된 저속 전력선 통신비교

항목 \ Protocol	CEBus	X-10	Z-256	PL31xx(LonWokrs)
Protocol Type	Open	Proprietary(Patent expired)	Proprietary	Open(ANSI,EN,GB/Z-미국, 유럽, 중국)
Two way	Yes	Available but not popular	Yes	Yes
Reliability	High	Medium	Low	High
Speed	10K bps	60 bps	360 bps	5.4K bps
Number of address	65,536	256	-	-
Commands	Unlimited	15	Limited	-
Configuration	Self configuration	User	User	Self / Automatic / Custom
Modulation	Spread spectrum	Zero crossing	Spread spectrum	Dual frequency BPSK
Tools	Intelon, Domosys and others	Standard modules	None	Echelon
Tools cast	Cheap	Cheap	Middle	vary
Availability of devices For house	Consumer and commercial	Large number of simple devices	Simple devices	+300k PL31xx devices installed in HOME Network in Korea(by 2006)
Technical suitability For metering	High	Low	Low	High
Other potential User of control language	1394(Home PNA and HomeRF under discussion)	None	None	Yes
can be used over internet	Yes	Limited	Limited	Yes

한 BPSK 방식의 저속 전력선 통신이 상용화되면서 저속의 경우, 퍼포먼스 발전이 상당부분 이루어졌고, 이에 따라 홈네트워크뿐만 아니라 검침과 같은 어플리케이션에 PLC 칩이 (PL31xx) 3천만개 이상 적용되다보니 가격이 10년 전에 비해 무려 80% 이상 저렴해지는 효과를 가져왔다. 이에 반해 고속 전력선 통신은 유럽과 미국에서 포럼 형태로 진행되어오고 있으나 아직 대중화가 본격적으로 이루어진 것

이 아니다보니 이더넷이나 무선 기반의 데이터 네트워크에 비해 비싸다는 말을 듣고 있다. 즉, 제어분야의 저속 PLC는 같은 제어를 타겟으로 하는 무선(ZigBee, Zwave)보다 상대적으로 저렴하다는 평을 듣는 반면 데이터 네트워크 분야의 고속 PLC는 아직 가격이 본격적으로 조정된 것이 아니다. 이는 아직도 고속 PLC에 할당된 주파수가 기존 사용자에게 방해를 주지 않기 위해 국가마다 강력히 출력 레벨을 제한하고 있는 점도 한 몫 한다고 볼 수 있다.

(3) 이더넷(Ethernet)을 이용하는 방식

이더넷은 오래 전부터 대부분의 업무환경에서 LAN의 기본 프로토콜로 사용되고 있는 네트워킹 기술이다. 이 기술은 70년대 후반에 등장하여 저렴한 가격과 고속으로의 성능향상이 용이하기 때문에 성공적으로 폭 넓게 확장되었으며, 장비간의 연동성 유지를 위해 IEEE에 의해 관리되는 표준이다.

공식적인 표준이름은 IEEE 802.3이며 첫 번째 Ethernet 표준은 동축 케이블과 TP(Twisted-Pair ; 두 가닥을 선을 꼰 것)를 이용하여 10Mbps의 속도로 통신을 할 수 있도록 고안된 것이었다(10Base-T 네트워크, 카테고리-3). 이후 고속 이더넷(Fast Ethernet ; 100Mbps), 기가비트 이더넷(Gigabit Ethernet ; 1000Mbps = 1Gbps)으로 발전하고 있다.

최근 IEEE에서는 10Gbps를 위한 이더넷 표준에 대해 연구하고 있다.

2대 이상의 PC를 보유한 가정이 늘어나고 Ethernet NIC(일명, 랜카드)와 허브(Hub)가 저렴해지면서 이더넷(Ethernet) H/W의 시장이 집에까지 확대되고 있다. 이더넷은 고속의 모뎀을 PC나 홈게이트웨이와 같은 인터넷 공유장비에 접속하는 표준 기술화하고 있다.

이더넷을 이용하는 방식은 홈네트워크 전체보다는 가정에 있는 컴퓨터 관련 장비간의 연결에 주로 사용되고 있으며, 컴퓨터 네트워크를 아는 사람들이 직접 설치하여 사용하고 있다.

IEEE 802.3 표준에 따른 네트워킹 기술로써 데이터 통신에서 이미 오래전에 검증을 받은 LAN기술이다. 기업 네트워크를 비롯한 홈네트워크의 기반을 이루고 있으며, 속도가 빠르고(현재 10Mbps 및 100Mbps) 안전성과 높은 신뢰성 그리고 무엇보다 타 경쟁기술보다 저렴하다는 점에서 주목받고 있다. 단말장치들은 CAT-3 혹은 CAT-5의 UTP(unshielded twisted pair)선이나 동축케이블과 연결하고 CSMA/CD(Carrier Sense Multiple Access with Collision Detection) 프로토콜을 사용한다. 현재 1,000Mbps 전송속도의 IEEE 802.3a가 표준화 완료 상태에 있으며, 이 기술을 이용한 장비가 출시되고 있다. 최근의 신형 PC들이 이더넷 카드나 마더보드위에 이더넷 LAN을 장착하고 있는 가운데 소비가전 벤더들도 이더넷을 임베디드 셋탑 박스, PVR(Personal Video Recorder), DVD 플레이어, 비디오 게임 콘솔, 디지털 오디오 수신기 등을 시장에 내놓고 있다.

(4) IEEE1394

차세대 홈네트워크 인터페이스 기술로 주목받기 시작한 IEEE1394는 원래 하드디스크 인터페이스로 1986년에 개발되기 시작하여, 1994년에 IEEE보급을 목적으로 1394 Trade Association이 설립되었으며 표준안 작업을 하고 있다.

IEEE1394의 특징을 살펴보면 다음과 같다.

① IEEE1394 인터페이스의 가장 큰 장점은 전송속도가 빠르며, 모드에 따라 100Mbps, 200Mbps, 400Mbps로 규격화되어 있다. 이와 같은 속도라면 디지털 오디오나 동화상 정보를 실시간으로 처리할 수 있으며 스캐너, 디지털 카메라, 디지털 비디오 카메라 등과 같은 멀티미디어 기기를 연결하여 사용할 수 있다.

② IEEE1394는 양방향 통신이 뛰어나다. 즉, 모든 주변기기마다 IEEE1394 인터페이스를 제어할 수 있는 IC를 내장할 수 있기 때문에 PC를 통한 화상회의 등의 응용분야에서 우수한 기능을 발휘할 수 있다.

③ IEEE1394는 PnP(Plug and Play)를 지원한다는 점이다.

④ IEEE1394는 직렬방식의 인터페이스 사용으로 한 기기의 전원이 꺼지더라도 다른 기기의 전원은 꺼지지 않는다.

네트워크 전송 표준으로서의 IEEE1394의 주된 장점은 가전산업과 PC 산업이 모두 이를 차세대 데이터 전송 표준으로 받아들이고 있다는 데 있다. 디지털 카메라, 디지털 VCR, 그리고 고용량 데이터저장장치들은 이미 IEEE 1394 인터페이스를 결합하고 있으며, 조만간 소비자용 PC에서도 도입될 것으로 보인다. 이 기술은 동일한 실내에서 엔터테인먼트 네트워크나 혹은 댁내나 다세대 주택내의 백본 기술로써 실질적인 응용이 될 수 있을 것으로 예상된다.

(5) 구조적 배선(Structured Wiring)

앞의 연결 기술들을 살펴보면, 가정 내의 배선구조가 고속의 데이터 통신에는 적합하지 않기 때문에 또 다른 배선을 하거나 (Ethernet) 난이도가 높고 가격이 비싼 기술을 개발하고 있다(HomePNA, HomePlug). 건물을 처음 건설할 때부터 통신에 대한 고려를 한다면 보다 저렴하게 홈네트워크를 구축할 수 있을 것이다. 미국에서는 이를 위해 고속 데이터 통신이 가능하도록 신축 건물 배선에 대해 구조적 배선을 고려한 규정을 통해 규제를 가하고 있다.

미국의 FCC에서는 구조적 배선의 사용을 독려하기 위하여 2000년 1월 FCC 99-405라는 문서를 승인하였다. 이 문서에 따르면, 2001년 6월 10일 이후 설치되는 모든 구리 배선에 대해 카테고리-3(CAT-3, 10Mbps의 속도 보장)을 지원하는 굵기 24 가우스(gauge) 이상의 TP(Twisted Pair)을 사용하도록 하였다. 일반적으로 구조적 배선은 카테고리-3보다 고급 TP인 카테고리-5(CAT-5, 100Mbps의 속도 보장)에 잘 어울리지만 카테고리-3의 요구사항도 상위 기능으로의 진화를 지원하고 있기 때문에 카테고리-3를 채택하였다. 이는 FCC에서는 표준의 공표 없이는 건축업자들이 저급의 배선을 계속 사용할 것이고, 이로 인해 광대역 전송기술의 기능저하와 근처에 설치되는 전화선에 대한 간섭문제를 야기할 수 있기 때문에, 건축업자들의 부담을 줄이면서 향상된 배선 구조를 사용하도록 하기 위한 유인책이었다.

강제성은 없으나 현장의 요구사항을 반영한 것으로서, FCC 99-405 채택에 앞서 개발된 표준으로 1999년 11월 발표된 ANSI/EIA/TIA 570-A (줄여서 TIA 570-A)가 있었다. TIA 570-A는 FCC 99-405의 기반을 이룬 표준으로서, 음성, 데이터, 화상, 멀티미디어, 홈오토메이션 시스템, 보안장비, 음향기기, TV, 감지장치, 경보장치, 인터컴을 지원할 수 있도록 구조적 배선에 대한 표준을 제시하고 있다. 이 표준은

〈표 1-9〉 TIA 570-A 배선 등급

서비스	등급 1	등급 2
전화서비스	CAT-3 twisted pairs 1회선 (선택사항 : CAT-5 1회선)	CAT-5 twisted pairs 1회선 (선택사항 : CAT-5 twisted pairs 2회선)
TV	RG-6 동축케이블 1회선	RG-6 동축케이블 1회선 (선택사항 : RG-6 동축케이블 2회선)
데이터	CAT-3 twisted pairs 1회선 (선택사항 : CAT-5 1회선)	CAT-5 twisted pairs 1회선 (선택사항 : 광케이블 2회선)
멀티미디어	권장하지 않음	CAT-5 twisted pairs 1회선 광케이블 2회선

기본사항과 멀티미디어 관련사항의 두 등급으로 구성되었다(〈표 1-9〉 참조). 등급 1에서는 전화, 위성 및 케이블 TV, 데이터 서비스를 위한 최소한의 요구사항을 설정하였으며, 카테고리-3 이상의 TP(Twisted Pair) 1개와 1개의 동축케이블을 사용하도록 하고, 선로의 연결방식에 대해서도 과거에 자주 사용되던 데이지 체인(Daisy-Chain) 구조를 스타(Star) 구조로 바꾸도록 요구하고 있다. TIA 570-A 표준은 기존의 가정 배선 규정(FCC 99-405)에 비해 전체적인 배선 시스템에 대한 승인사항이 광범위하게 되어 있다. TIA 570-A에는 구획, 연결구조, 통로, 여유 공간, 분배장비, 콘센트, 선로 접속, 성능시험 기준, 단일 및 복수 주거 구조 등에 관한 권고안을 포함하고 있다.

TIA 570-A 표준을 지원하는 구조적 배선에서는 현재의 가정 내 모든 접속 요구사항을 지원할 수 있으며, 향후의 기술발전에 따른 변화에도 적응할 수 있는 여지를 제공하고 있다. 이러한 구조적 배선을 설치하면 여러 대의 PC와 프린터, 팩스 등으로 구성된 가정 내 네트워크(HAN : Home Area Network)를 가능하게 할 수 있으며, 파일이나 프린터와 같은 자원을 공유할 수 있도록 할 수 있다. 구조적 배선을 사용함으로써 HAN뿐만이 아니라 온 가족이 즐길 수 있는 가정용 오락(entertainment) 시스템이나 환경 제어, 보안관제 시스템 등을 원활히 설치할 수 있다.

국내에서는 정보통신부가 중심이 되어 신규 아파트 등의 구내배선을 인터넷, 케이블 TV와 같은 정보통신 서비스를 사용할 수 있도록 TP 케이블을 사용하도록 권고하여 구조적 배선이 가능하도록 준비하고 있다(전기통신설비의 기술기준에 관한 규칙). 이 규칙의 시행과 함께 건축업자들의 규칙 이행을 활성화하기 위하여 규칙에 대한 이행 정도를 평가하여 아파트 단위의 등급을 부여함으로써 자연스럽게 신규 아파트의 배선의 고급화를 유도하고 있다. 건축업자들의 입장에서는 아파트 분양이 성공적이어야 하기 때문에 경쟁적으로 높은 등급의 아파트 건설에 신경을 쏟을 수밖에 없게 되었다.

유선 방식인 경우 구조적 배선을 이용하는 것이 가장 효율적인 방법이다. 그러나 구조적 배선은 주택 전체의 배선을 바꾸어야 하기 때문에 기존의 가정에는 적용하기가 어렵다. 정부에서는 새로운 규칙의 원활한 이행을 촉구하여 신규 주택에 구조적 배선을 위한 통신선로를 미리 확보함으로써 홈네트워킹이 일상화되는 미래에 보다 많은 가정에서 안정적인 통신선로를 사용할 수 있도록 하여야 한다.

기존의 주택에 대해서는 전화선 방식이나 전력선 방식을 응용하는 방향으로 제품이 개발되고 있으며, 보다 저렴한 가격으로 고속의 다양한 데이터를 전송하기 위한 방안이 연구되고 있다. 유선 방식의 최대 난관은 전문성이 없는 사용자가 얼마나 쉽게 홈네트워크를 구성할 수 있는가(사용자는 홈네트워크의 구성이나 개념 자체를 모르게 하는 것이 최선)이다. 따라서 업계에서는 사용자의 개입이 없는 네트워크 구성 및 관리 방식을 미들웨어(HNCP, Jini, HAVi 등)라는 이름으로 속속 등장시키고 있다.

1-5-2 무선 홈네트워크 기술

홈네트워킹에 도입할 수 있는 무선 통신기술로는 무선랜(WLAN)을 이용하는 기술, HomeRF를 이용하는 기술, 블루투스(Bluetooth)를 이용하는 기술 등을 들 수 있다.

〈표 1-10〉 무선전송기술규격

인터페이스기술	규 격		특 징			
	버 전	발표일시	Qos support	전송거리	최대전송속도 (Mbps)	사용주파수
1394	Wireless	2002~	802.11e	~20m	54	5GHz
WLAN	IEEE802.11a	1999.11	802.11e	12~57m	6,12,24,54	5GHz
	IEEE802.11b/g	1999.11			5.5,11	2.4GHz
Bluetooth	Ver 1.0B	199.12	–	10~50m	2	2.4GHz

(1) 무선랜을 이용하는 기술

최근 초고속 통신망 업체들이 주축이 되어 무선랜을 학교나 국제회의실, 주요 건물 주변 등의 공용 공간에 설치하면서 무선랜이 일반인들 사이에 많이 회자되고 있다. 홈네트워킹의 성공을 위한 주요 요소 중의 하나는 사용자가 네트워크 구성이나 관리를 위한 불편함을 거의 느낄 수 없도록 하고, 사용자들이 일상적인 생활 방식에 자연스럽게 스며들도록 하는 것이다. 이러한 의미에서 무선랜이 일반인들에게 자주 노출되고 쉽게 접근할 수 있게 된다는 사실은 매우 고무적이다.

무선랜은 1990년대 초부터 시작되어 최근에 급속도로 보급되고 있는 기술로서 별도의 선로연결 없이 비교적 빠른 속도의 데이터 전송을 가능하게 해주는 기술이다. 하지만 무선랜은 호환성 없는 다수의 접속방식을 그 표준으로 인정하고 있고, 고속화를 위한 방안과 관련하여 다수의 기술이 다툼을 벌이고 있기 때문에 시장전망에 대해서는 판단하기가 쉽지 않다.

현재 가장 많이 사용되는 무선랜 표준은 IEEE 802.11b로서, 이 기술이 폭 넓은 용도에 사용되면서 차차 무선랜의 연동성 부족 문제가 해결되고 있다. 그러나 차세대 무선랜 기술표준을 위해 HiperLAN2와 IEEE 802.11a가 치열한 공방을 벌이고 있고, 이 싸움에 802.11b와 호환성을 지닌 802.11g까지 가세하면서 승패를 가늠하기가 어려운 양상으로 치닫고 있다.

IEEE 802.xx로 표시되는 표준은 IEEE라는 국제 표준기관에서 제정하는 LAN의 국제표준 규격이다. 우리가 일상적으로 컴퓨터 네트워크에 사용하는 이더넷(Ethernet)이나 토큰 링(Token Ring) 네트워크와 같은 대부분의 유선 네트워킹에 사용되는 규격이 IEEE 802.3이다. IEEE 802.11은 1997년에 승인된 규격으로 2.4GHz 주파수 대역을 이용하며, 호환성이 없는 3가지 무선 접속기술을 모두 허용하는 대신, 동일한 기술을 채택한 제품간의 연동성을 위한 지침을 제시하고 있다. 초기 802.11은 2Mbps까지의 제품에 적용되었으나, 1999년 802.11b의 발표와 함께 Ethernet 정도의 속도인 11Mbps의 고속 통신이 가능하게 되었고 본격적인 시장의 호응을 얻기 시작하였다. IEEE 802.11에서 승인된 무선접속기술은 무선 주파수를 원시 데이터의 대역폭보다 넓게 확산시키는 방식(Spread Spectrum) 2가지와 적외선을 이용하는 방식이 있는데, 적외선 방식은 거의 사용되지 않고 있다.

주파수 확산 방식으로는 FHSS(Frequency Hopping Spread Spectrum)와 DSSS(Direct Sequence Spread Spectrum)가 승인을 얻었다. FHSS 방식은 장비의 접속 시마다 주파수를 임의로 선택하는 방식으로 통신속도는 상대적으로 느리지만(2Mbps) 통신의 보안성이 높은 방식이다. DSSS 방식은 원시 신호보다 훨씬 넓은 범위로 부호를 확산하는 방식으로 보안성은 뒤지지만 FHSS에 비해 훨씬 빠른 전송속도(11Mbps)를 지원한다. 국내의 경우 초고속 통신망 사업자들이 보안성보다는 전송속도를 우선시 하여 대부분 DSSS 방식을 지원하고 있다. 그러나 DSSS 방식은 통신속도가 접속 사용자 수의 증가나 통신거리에 민감하게 반응하며, 벽과 같은 장애물에 대한 전파 투과력이 약하고 잡음 및 전파간섭에 대한 저항력이 부족하기 때문에 종합적인 성능에서는 큰 차이가 없다고 말할 수 있다.

IEEE 802.11에서는 매체접속기술(MAC : Media Access Control)의 개선을 위해 여러 개의 그룹(Task Group)을 유지하고 있는데, 그 중 802.11의 속도 개선에 집중하고 있는 그룹이 그룹-G이다. 그룹-G에서는 다음과 같은 요구사항을 만족시키면서 54Mbps의 고속 통신이 가능한 802.11g 기술을 선택하였고, IEEE에서 잠정안이 승인되어 최종 승인을 기다리고 있다.

- IEEE 802.11b의 확장판
- IEEE 802.11b 물리계층 표준의 모든 필수부문을 구현 명시
- 최소의 사용료로 기술 라이센스를 하겠다는 IEEE 특허정책 준수
- IEEE 802.11b와의 하향 호환성 제공

고속무선랜(54Mbps) 시장에서의 대부분의 논쟁은 5GHz대역의 802.11a와 HyperLAN2를 중심으로 벌어지고 있고, 시장에서는 2.4GHz 대역의 802.11b 제품이 주류를 이루고 있다. 이러한 상황에서 2.4GHz 대역의 가속 모드인 802.11g의 등장은 지금까지의 고속 무선랜에 관련된 논란에 상당한 영향력을 끼칠 가능성이 높다. 즉, 5GHz 대역의 고속 무선랜 제품은 다른 통신방식과 주파수 대역의 충돌이 없기 때문에 매력적이지만 지원장비가 적어 칩셋(chipset)의 가격이 비쌀 것이고, 802.11g는 802.11b와의 호환성을 지니기 때문에 칩셋의 가격도 상대적으로 싸고 사용자들도 업그레이드(upgrade)의 개념으로 이해하여 구매하고자 하는 욕구를

쉽게 느낄 것이다. 단순히 보면 802.11g가 매우 유리한 위치를 점할 것으로 보이지만, 802.11b 제품과 블루투스 제품이 2.4 GHz 대역을 같이 쓰기 때문에 통신에 간섭이 발생하는 공존 문제가 가장 큰 걸림돌이다. 따라서 802.11b에 관련된 업체에서는 802.11b와 블루투스의 공존을 위한 기술개발에 집중하고 있다.

5GHz 대역에서 54Mbps의 속도로 동작하는 무선랜의 표준은 802.11a와 HyperLAN2의 싸움으로 좁혀져 있다. 이 기술들은 데이터 전송을 위해 OFDM (Orthogonal Frequency Division Multiplexing) 물리계층을 사용한다는 점에서 비슷하다. OFDM 기술은 특정 주파수에서 일정 간격으로 떨어져 있는 주파수의 전파(반송파)에 데이터를 분산시키는 방식으로 802.11b에서 지원하는 DSSS 기술보다 높은 대역폭을 지원하는 주파수 변조 기법이다.

802.11a는 매체접속방식(MAC)이 802.11b와 같기 때문에 무선 이더넷 호환성을 강조하는 WECA(Wireless Ethernet Compatibility Alliance) 구성원들이 주로 이 표준을 밀고 있다. 그러나 802.11a가 유럽에서는 불법이고, 두 가지 표준의 존재는 국가간 이동 시 사용자의 혼란과 비용을 증가시키기 때문에, IEEE에서는 HyperLAN2의 일부 요소를 802.11a에 반영하기 위한 그룹(그룹-H)을 결성하였다.

HiperLAN2는 유럽 통신표준 기구인 ETSI의 BRAN 프로젝트에서 개발되고 있는 기술이다. 이 표준화 프로젝트에는 북미, 유럽, 일본의 업체들이 참여하고 있으며, 유럽의 HyperLAN2 전용 주파수 대역인 5GHz(미국과 아시아에서는 사용 불가) 대역에서 동작하는 표준을 만들고 있다. IEEE 802.11과 달리 HyperLAN2는 한번 연결되면 끊길 때까지 계속 연결을 유지하는 Connection-oriented 기술이며, 무선 이더넷에 가까운 802.11a와 비교하여 무선 ATM으로 불린다. HyperLAN2는 이동 중 자동으로 가장 가까운 액세스 포인트(Access Point)를 연결해주고(Handover), 인증과 암호화를 포함하는 강력한 보안성을 지원하며, 자동적인 주파수 할당을 위한 기능을 제공한다. 이러한 서비스 품질보장 기능(QoS: Quality of Services)의 지원은 상이한 기술을 필요로 하는 음성, 영상, 데이터와 같은 정보의 복합적 전송을 가능하게 해준다. 또한, HyperLAN2에서는 54Mbps급의 고속 무선접속 / 기업 LAN 접속 / 차세대 무선통신 시스템과의 접속을 지원하며, 멀티미디어 / VoIP / 실시간 동영상을 위한 QoS를 제공한다.

HiperLAN2와 802.11a의 차이점은 매체접속방식(MAC)에서만 나타나며, 벽과 같은 장애물 극복 방안 등은 제품 제조업체들이 설계 및 개발 과정을 통해 자체적으로 해결하도록 하고 있다.

(2) HomeRF를 이용하는 기술

HomeRF는 가정에서 PC와 가전 장비의 연결을 위하여 1998년 3월에 형성되었으며, 무선 LAN 업체, PC 및 가전기기 제조업체가 주축이 되었다. 이들은 802.11 기반의 제품들이 기업환경에는 문제가 적지만, 가격이 비싸고 전력소모가 많다는 점에서는 가정환경에 적절하지 않다는 문제를 해결하기 위하여 HomeRF를 결성하였다.

HomeRF의 첫번째 산출물은 무선통신을 이용하여 음성 및 데이터 통신용 공통 인터페이스 제공을 위한 SWAP(Shared Wireless Access Protocol) 프로토콜이었다. HomeRF는 물리계층을 802.11로부터 가져와 이를 가정용으로 완화시킴으로써 가격에 민감한 소비자 시장을 겨냥할 수 있도록 하였으며, 음성 부문은 디지털 무선전화(DECT)의 확장으로 처리하였다.

Home RF 기술은 블루투스와 마찬가지로 2.4GHz 대역을 사용하여 가정 내의 PC를 중심으로 소비자 가전들을 연결하여 홈네트워킹을 구성하는 기술이며, 데이터 및 음성 트래픽 모두 지원하고 채널 접속은 TDMA와 CSMA/CD의 하이브리드를 사용한다.

Home RF 표준화는 2002년 3월 Home RF 워킹그룹에서 음성규격이 포함된 최대 10Mbps급 HomeRF 2.0을 제정하였다. HomeRF 3.0 버전은 20Mbps 이상의 데이터 속도를 요구하며 HomeRF 1.0 및 HomeRF 2.0과 backward compatible하다.

HomeRF 시장은 초기단계로서 지멘스는 HomeRF 전화단말기를 개발하였고, 프록심에서는 데이터 네트워킹 모델을 개발하였으나 다른 무선기술에 비해 개발업체와 표준화 참여업체가 적으므로 시장형성이 활발하지 않은 편이다.

비교적 저가격이라는 점에서 홈네트워크 시장에서 강점을 지니고 있으나 전자레인지, 무선 전화기와의 간섭 등 무선 간섭문제가 남아 있다.

인텔이 IEEE 802.11b로 방향을 선회하는 등 경쟁기술인 802.11b Wi-Fi의 포트당 저가격화와 블루투스와의 관계설정 등 시장에서 점점 입지가 좁아지고 있다.

(3) 블루투스를 이용하는 기술

블루투스(Bluetooth)는 10세기 덴마크 부족을 통일한 헬라드 블루투스(Harald Bluetooth)왕의 이름을 딴 것으로 전달거리가 짧은 RF 기술에 기반을 둔 저가의 새로운 무선통신 기술이다. 에릭슨(Ericsson), IBM, 인텔(Intel), 노키아(Nokia), 도시바(Toshiba) 5개사는 1998년 2월 블루투스 모임을 결성하였다. 블루투스의 목적은 노트북 PC, PDA 장비, 디지털 카메라, 휴대용 게임기, 휴대폰 등의 매우 이동성이 강한 장비들이 임의의 상황에서 네트워크를 형성하여(ad-hoc 네트워크) 통신을 가능하게 하는 표준을 만드는 것이었다. 이 모임에서는 구성원들이 로열티 없이 블루투스 시스템을 만들 수 있도록 하기 위한 프로토콜 규격을 제공하였다.

블루투스는 통신 및 정보가전 기기들을 서로 연결함으로써 어느 때나, 어느 곳에서나 서비스가 중단 없이 연결될 수 있다는 장점이 있으며, 제조업체의 저가 모듈 및 제품 개발의 노력, 사용자에게 편리하면서도 친근한 응용제품의 지속적인 개발이 이루어져야 한다.

블루투스는 근거리, 일대다, 음성과 데이터 전송을 하기위한 무선방식으로 보통 10m에 이르는 거리내의 단말간 통신이 가능하고, 출력을 증가시키면 100m까지도 그 인식거리를 확장할 수 있다.

블루투스 표준은 전세계 휴대폰 시장의 40% 이상을 장악하고 있는 노키아, 에릭슨 등이 표준화를 주도하고 있으며, 블루투스 SIG(Special Interest Group)와 IEEE 802.15 그룹을 통해 표준화가 진행 중이며 2001년에 블루투스 SIG에서 1Mbps급 버전 1.1 표준을 완료하였다.

현재는 블루투스 SIG에서 2~11Mbps급의 버전 2.0에 대한 표준화가 진행 중이며, IEEE 802.15.3에서는 20Mbps 이상의 고속 무선 PAN에 대한 표준이 진행 중이다.

블루투스 기술은 산업·과학·의료용으로 사용되는 2.45GHz ISM(Industrial, Scientific, Medical) 주파수 영역을 사용한다. ISM은 무료이며 가장 까다롭다는 FCC의 허가를 받지 않아도 되기 때문에 전세계 어디서나 사용이 가능하다. 블루투스 장비들은 소형의 무선 수신 칩(9×9mm 마이크로 칩에 장착 가능)을 통해 10미터 거리 이내에서 최대 1Mbps의 속도로 음성 및 데이터를 교환할 수 있으며, 출력을 높이면 100m까지 데이터를 전송할 수 있다. 일반적으로 블루투스는 전송거리가 짧기 때문에 사용자의 이동경로 주변에 있는 장비를 네트워크 엮는 개인공간 네트워크(PAN : Personal Area Network)를 형성해 주고 통신을 하는 용도에 적합하다.

(4) UWB

UWB 기술은 무선 반송파를 사용하지 않고 기저대역에서 수 GHz 이상의 매우 넓은 주파수 대역을 사용하며, 통신이나 레이다 등에 주로 응용되었으며, 사용 대역 폭이 중심 주파수의 25% 이상 혹은 1.5GHz 이상의 점유 대역폭을 차지하는 무선시스템이다. UWB의 핵심기술로는 100Mbps급 UWB 모뎀 기술과 고품질 QoS 지원을 위한 MAC기술 그리고 광대역 전송에 적합한 소형 안테나 기술이 있다. 현재 UWB시장은 아직 형성되지 않았지만, 2007년경에는 시장이 활성화될 것으로 예측된다.

(5) 지그비

지그비(ZigBee) 기술은 저속 전송속도를 갖는 홈오토메이션 및 네트워크를 위한 표준기술로서 버튼 하나의 동작으로 집안 어느 곳에서나 전등 제어 및 홈 보안 시스템, VCR On/Off 등을 할 수 있고, 인터넷을 통한 전화 접속으로 홈오토메이션을 더욱 편리하게 이용하려는 것에서부터 출발하였다.

IEEE 802.15.4는 2003년도에 물리계층 및 MAC 계층의 표준을 마무리한 상태이다. 표준안에는 전송속도를 주파수에 따라 250kbps(2.4GHz ISM 대역에서 16개의 채널), 40kbps/20kbps(915MHz 대역에서 10개의 채널/868MHz 대역에서 1개의 채널) 전송속도로 되어 있으며 CSMA-CA 프로토콜과 255개의 기기를 연결하며 도달거리는 1~100M로 설정할 수 있게 되어 있다.

IEEE 802.15.4의 큰 특징 중의 하나인 저렴한 가격은 직접 방식인 스펙트럼 확산 기술을 기본으로 한 간이 변조 방식을 채용하여 무선 송수신 회로의 구성을 단순화하고 칩셋의 가격을 1.5 달러 정도로 억제하는 것을 지향하고 있다.

그리고 블루투스가 1Mbps, 1mW 이상의 송신전력을 갖는데 반해 지그비(ZigBee)는 250kbps, 1mW 미만의 송신전력을 사용하고, 2.4GHz 주파수 대역에서

16채널을 지원하여 같은 대역내에서 더 많은 사용자를 수용할 수 있다.

지그비의 RF 링크 프로토콜과 사용자 어플리케이션은 단지 8비트 마이크로 컨트롤러를 기반으로 동작하고, 실행 코드 사이즈의 크기가 작으므로, 전체 지그비 스택을 위한 코드 사이즈가 32k바이트 이하로 설계하는 것을 규격으로 하고 있다.

현재 Chipcon, Free Scale, Broadcom, CSR, Atheros, Philips 등에서 CMOS 기술을 이용한 무선 SoC 칩 시제품을 발표하고 있으며, CMOS RF 내장 SoC의 상용화가 급속하게 진전되고 있다.

1-5-3 홈서버 · 홈게이트웨이

홈네트워크는 네트워크를 제어하는 기능의 위치에 따라 마스터/슬레이브(Master/Slave) 방식과 개별제어(Peer-to-Peer) 방식으로 나눌 수 있다. 마스터/슬레이브 방식은 네트워크에 연결된 다양한 시스템이나 장비들 간의 대화를 가능하게 하거나 관리를 위해 중앙에 마스터 제어기능을 두는 방식이다. 개별제어 방식은 네트워크에 연결된 장비간에 직접 통신을 할 수 있도록 해주는 방식이다. 개별제어 방식을 사용하게 되면 마스터 제어기능이 필요 없지만 실제로는 가전장비의 지적 수준이 떨어지기 때문에 아직까지도 주종 방식이 많이 사용되고 있다. 전력선 통신 방식 중 론웍스나 CEBus는 개별제어 방식에 적합하며, X-10은 주종방식에 적합하다.

개별제어 방식에서는 관리나 제어의 기능이 네트워크 전체에 분산되기 때문에 어느 한 곳에서 문제가 발생하더라도 전체적인 네트워크에는 문제를 일으키지 않는다. 그러나 마스터/슬레이브 방식에서는 마스터 제어기에 문제가 발생하면 네트워크 상의 모든 장비간의 통신에도 문제가 발생하게 된다. 따라서 보안시스템이나 화재 경보와 같은 심각한 상황에 대한 서비스에서는 마스터/슬레이브 방식이 적합하지 못하다. 그럼에도 불구하고 마스터/슬레이브 방식이 계속 필요한 이유는 대부분의 가전장비 제어에 지능이 크게 필요하지 않고, 마스터 제어기가 보내주는 명령어를 받아 처리하거나 마스터로 정보를 전달하면 끝나기 때문이다. 장비가 가진 지능의 수준은 처리능력, 메모리의 양 등에 따라 다르며, 개별제어 방식에서는 장비의 높은 지능을 필요로 하기 때문에 시스템의 가격이 높아질 수밖에 없다. 궁극적으로 사용자의 기능적인 요구나 비용, 네트워크에 접속될 장비의 수준에 따라 마스터/슬레이브 방식과 개별제어 방식을 적절히 섞어 쓰는 것이 좋을 것이다.

원격지에서 장비를 제어하거나 관리하려면 장비의 인터넷 접속 또는 WAN 접속이 필수적이며, 이를 위해서는 적어도 일반전화나 초고속 통신망과 연결해 주기 위해 모뎀이 필요하다. 이러한 모뎀을 이용하여 직접 장비의 원격관리를 할 수도 있으나, 관련된 기술이 다양하고 데이터의 성격이 천차만별이며, 보안의 문제 등으로 인해 요즘에는 홈네트워킹을 위한 다양한 기능을 갖춘 홈게이트웨이(home Gateway)나 상이한 통신 기술간의 연계를 지원하는 홈브리지(Home Bridge), 홈서버(Home Server)가 시장에 등장하고 있다.

(1) 홈게이트웨이

홈게이트웨이(Home Gateway)는 홈네트워크에서는 원격접속을 지원하기 위한 중앙 기능처럼 동작하면서, 홈서비스에 대한 가입 · 등록 · 탈퇴 등을 지원해 주거나 댁내에 있는 서버, 장비들간의 상이한 프로토콜을 엮어 주는 교량 역할 등을 하고 있다. 모든 홈네트워크에 홈게이트웨이가 필요한 것은 아니지만 게이트웨이 기능이 PC와 같은 고급성능을 필요로 하지 않고 전력소비량도 미미하기 때문에 다음과 같은 필수적인 특성을 가진 홈게이트웨이는 점차 홈네트워킹을 위한 필수적인 요소로 자리매김을 하고 있다.

- 주소관리 : 홈네트워크에 연결된 장비를 고유하게 판별하고 상이한 주소체계를 가진 경우에는 자동적인 주소 변환
- 네트워크 자동구성 : 새로운 장비가 연결되거나 연결이 끊어진 장비를 인지하여 네트워크 자동 구성
- 장비나 서비스에 대한 등록절차 처리 및 관리
- 장비나 서비스의 상태변화에 대한 이벤트 처리
- 장비 제어 : 장비 제어를 위한 프로토콜 정의 및 사용자 인터페이스를 제공
- 자원의 공유나 서비스 스케줄링을 위한 자원 관리
- 보안문제 처리

또한, 홈게이트웨이는 가정생활을 하는 일반인이 사용하는 것이기 때문에 가전기기와 같이 전문적인 지식 없이도 누구나 쉽게 다룰 수 있어야 한다. 즉, 대개의 가전기기가 전원만 꽂으면 동작을 하듯이 홈게이트웨이도 특별한 조작이 없이도 쉽게 설치하고 활용할 수 있어야 한다. 이를 위해서는 다음과 같은 사항이 반드시 고려되어야 한다.

- 다양한 하드웨어 및 운영체계에 대한 상호연동성 : 다양한 운영체제 및 네트워크를 지원하고 상이한 기술에 대해서도 쉽게 연계할 수 있어야 한다.
- 사용이 편리하고 단순 : 관리를 위한 사용자의 개입이 거의 없이도 자동적으로 운영
- 비용의 최소화 : 설치가 용이하고 홈서비스 개발비용도 최소화하여야 한다.
- 확장성 : 기존 장비 지원 및 기능 향상을 쉽게 하도록 하여 향후에 추가되거나 새로이 등장하는 장비 및 서비스를 지원한다.
- 새로운 배선의 최소화 : 홈네트워킹을 위해 새로운 배선을 하는 일을 최소화하여야 한다.

전송기술이나 프로토콜의 표준화가 진행하면서 홈게이트웨이의 기능은 RG (Residential Gateway)라는 독립적인 하드웨어 형태로 흡수되어질 것이다. [그림 1-24]는 RG를 이용하여 가전장비 제어를 하는 경우의 시스템 구성을 예로 든 것이다.

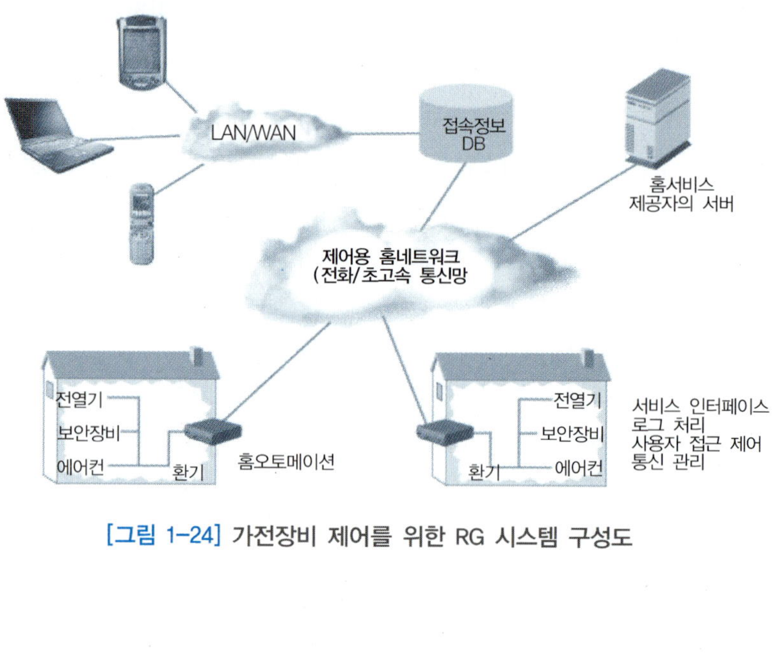

[그림 1-24] 가전장비 제어를 위한 RG 시스템 구성도

그림에서 홈서비스 제공자 또는 장비제조 업체에서 준비한 홈서비스 서버는 장비에 관련된 상태정보 DB와 접속정보 DB 및 서비스 홈페이지 운영 기능을 담당하며, 가전장비의 원격지 관리기능도 수행한다.

홈게이트웨이의 중요한 기능 가운데 하나가 브리지 기능이다. 브리지 기능은 상이한 네트워크 기술들 간의 연계를 위한 기능으로써 일반적으로 다양한 네트워크 프로토콜들을 수용할 수 있도록 하거나 공통의 표준 기술(Ethernet, HomePNA, HomeRF, HomePlug 등)로 변환해 준다. 브리지는 독립적인 장비로도 만들어질 수 있으나 일반적으로 홈게이트웨이가 브리지 기능을 통합해 가는 추세이다.

(2) 홈서버(Home Server)

장비의 지능이 높아지고, 인터넷 접속이 가능하며, 서비스에 대한 가입 · 등록 · 탈퇴와 같은 복합적인 기능이 추가되면서 서버 수준의 성능이 필요하게 되고 있다. 시스템의 구성이나 장비별 응용 프로그램에 따라 홈서버는 원격지에 있을 수도 있고, 가정 내 또는 양쪽에 있을 수도 있다.

예를 들어 Xanboo에서는 원격관리, 알림 서비스, 메모리를 이용한 저장기능, 웹 서비스 관리를 위해 원격지에 있는 서버를 이용하고 있다. Sage Systems에서는 개별 장비로부터 얻은 정보 DB 관리와 개별 장비의 웹페이지 보관은 원격서버를 이용하고, 개별 장비의 원격접속을 위해서는 로컬 서버를 이용한다.

Lantronix에서는 모든 장비가 응용 프로그램 및 원격접속을 할 수 있도록 개별적인 장비용 서버를 보유하도록 하고 있다. 그러나 장비용 서버에 따르는 비용이 싸지 않고, 댁내 장비 중의 어느 하나에 구현을 하더라도 서버에 대한 요구 기능에 따라 장비의 가격이 높아지게 된다.

원격서버를 이용하면 가전장비가 완벽한 서버의 기능을 갖지 않아도 되기 때문에 장비의 가격을 낮출 수 있고, 장비나 서비스 제공자 입장에서도 쉽게 장비나 서비스를 관리할 수 있는 방법을 얻게 된다. 장비용 서버를 이용하는 경우에는 응용 프로그램이나 서비스를 사용하기 위해 WAN에 접속할 필요가 없고 개별적인 LAN만 있으면 된다. 현재 저렴한 내장 장비용 서버가 개발되고 있으며 홈네트워킹 시장이 성숙될 무렵에는 저렴한 가격으로 폭 넓게 사용될 것이다.

최근 홈 씨어터(Home Theater)가 널리 알려지면서 가정용 오디오/비디오를 통합적으로 처리할 수 있는 고급 사양의 PC 또는 미디어 전용 PC를 홈서버라는 표현으로 사용하고 있는데 이는 멀티미디어라는 용도에만 국한된 좁은 의미의 홈서버일 뿐이다. 실제로 홈서버는 희망 기능에 따라 고성능 PC 수준일 수도 있고 단순한 성능의 내장된 기판이나 반도체 칩 형태일 수도 있다. 중요한 것은 가정과 서비스 제공자의 사이에서 원활한 서비스를 보조하는 기능을 수행하는 것이 그 목적이라는 사실이다.

제 2 장
유비쿼터스 홈네트워크 보안 및 표준

2-1 유비쿼터스 홈네트워크의 보안의 개요

유비쿼터스 환경의 현실화와 일반화의 시발점인 홈네트워크 기술은 PC와 노트북, 프린터, 냉장고, DTV, 오디오·비디오를 포함하는 댁내의 모든 가전기기들을 하나의 네트워크로 연결함으로써 사용자가 언제 어디에 있든 인터넷을 이용하여 댁내의 상황을 모니터링하고 모든 기기들을 제어할 수 있게 해주는 기술이다.

현재 대부분의 기업들은 각자 회사의 네트워크를 보호하기 위하여 방화벽(firewall)이나 침입탐지 시스템(intrusion detection system) 및 가상 사설망(virtual private network) 등의 방어책을 응용하고 있지만, 홈네트워크는 기업과 비교하여 규모면에서나 보안 기술에 대한 고려 및 응용이 활발하지 않다.

이러한 다양한 보안 정책은 다가올 유비쿼터스 홈네트워크 환경에서의 중추적 역할을 해야 될 홈서버의 중요한 역할 중 하나이다.

따라서 본 장의 유비쿼터스 홈네트워크 환경에서 홈서버의 보안 요구사항 및 구현방안들을 살펴본다.

홈네트워크는 콘텐츠 및 솔루션들을 외부 서비스 네트워크 환경, 즉 인터넷 망을 통해 연동하기 때문에 공중 네트워크에서 일어나는 해킹이나 바이러스 침입 등의 위험에 노출되어 있다.

이러한 잠재위험 요소를 고려하여 본 장에서는 다가올 유비쿼터스 환경에서 보다 신뢰성을 갖춘 안전한 홈네트워크 서비스 및 여건들을 제공하기 위하여 요구되는 홈서버의 보안 요구 사항들을 각 홈네트워크 구성요소별로 살펴봄과 동시에 대비책으로 여러 보안 기술들을 제시한다.

2-1-1 유비쿼터스 홈네트워크의 보안의 필요성

정보통신의 측면에서 그간 가정 내의 보안은 사용자 PC의 보호가 주요 관건이었으며, 이에 따라 사용자의 보안에 대한 인식이 매우 중요한 역할을 해온 것이 사실이다.

홈네트워크는 즐겁고, 쾌적하고, 편리하고, 안전한 삶을 위한 정보 인프라로, 초기에는 PC를 중심으로 한 데이터 중심의 이용에서 시작되어 사이버 아파트, 주택 자동화 등 거주 반경의 변화에 따라 홈오토메이션, 고품질 인터넷 서비스 등의 오디오-비디오 기기 중심의 엔터테인먼트 서비스 중심으로 발전되고 있는데 이는 유비쿼터스의 정의에 의하여 모든 기기, 모든 영역을 망라한 연결로 인하여 기존 해킹 공격기술이 그대로 적용될 수 있다.

홈네트워크가 점차 활성화되고 있는 현 시점에서 댁내망은 PC뿐만 아니라 홈오토메이션, 백색가전 등 다양한 기기들로 구축되기 때문 외부의 공격 형태 및 피해 양상 역시 매우 다양하게 나타날 수 있다.

즉, 기존의 가정 내 사용자 PC에 대한 침해는 사용자 PC에 대해서만 피해를 주는 정도에 지나지 않았다면 홈네트워크 환경에서는 가스 누출 등, 다양한 형태의 피해를 예상할 수 있으며, 공격방법 역시 매우 다양할 것으로 예상된다.

그러나 기존의 사용자 중심의 보안 서비스로는 이와 같은 침해에 적절히 대응할 수 없음은 분명한 사실이다. 이와 같은 이유로 해서 홈네트워크에 대한 침해에 대응할 수 있는 침입감지 시스템의 중요성이 강조되고 있다.

그러므로 유비쿼터스 홈네트워크는 다양한 유무선 네트워크 및 프로토콜로 구성되어 있어 다양한 보안취약성 발생하고 있다.

그리고 홈네트워크의 기기들은 상대적인 저성능의 홈기기 사용증가로 해킹 공격대상의 가능성이 높아지고 있다.

홈네트워크에 대한 침해 유형은 크게 홈게이트웨이를 경유하는 방법과 무선 댁내망을 경유하는 방법으로 구분할 수 있다.

홈게이트웨이를 경유하는 침해는 기존 기업 네트워크에 대한 침해와 유사한 형태를 가진다고 할 수 있으나, 무선 댁내망에 대한 직접적인 침해는 홈게이트웨이 기존의 침해 형태와는 전혀 다른 양상을 지닌다고 할 수 있다.

본 장에서는 이와 같은 2가지 관점에서 홈네트워크 침입감지 시스템에 대해서 최근의 기술 동향을 살펴보고, 홈네트워크의 안전성을 향상을 위해서 필요한 사항들에 대해서 서술해보고자 한다.

[그림 2-1] 홈네트워크의 보안의 필요성

2-1-2 유비쿼터스 홈네트워크의 보안의 취약성

눈 깜짝할 사이에 발전해나가는 가전제품이나 인테리어들을 보면 유비쿼터스 홈네트워크 시대가 바싹 코 앞에 다가왔음을 실감하게 된다. 그런데 홈네트워크 중에서도 가장 먼저 생활 속에 침투해 들어오고 있는 부분이 보안 시스템이다. 보안 시스템이란 외부의 불청객 침입을 막아주거나 화재를 방지해주는 등 안전과 보안을 책임지는 장치라 할 수 있다. 생체정보 등을 기반으로 한 상황인지 홈서비스의 증가로 프라이버시 침해가능성이 더욱 증가하고 있다.

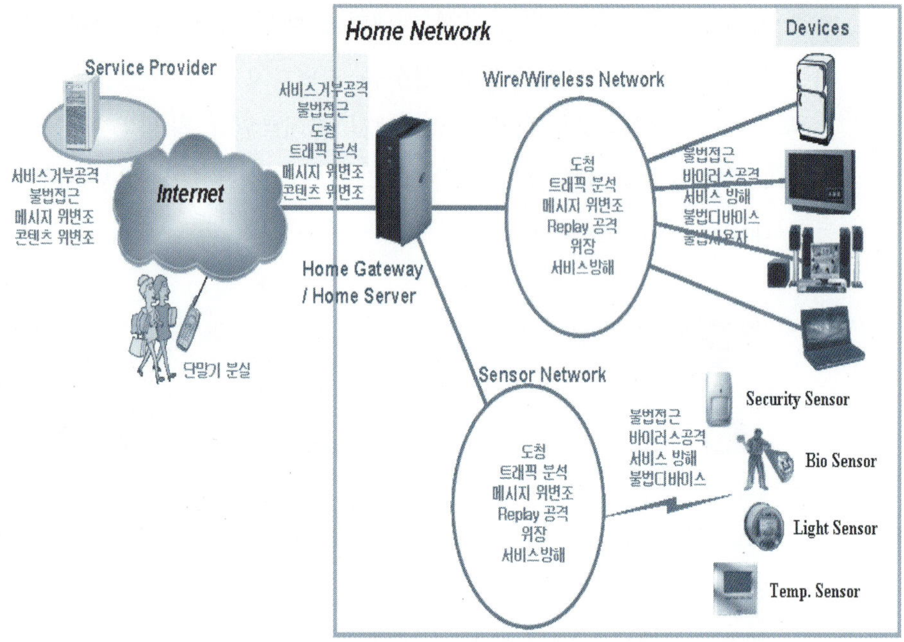

[그림 2-2] 홈네트워크의 보안의 취약성

2-1-3 홈게이트웨이 기반의 침입감지 시스템

홈네트워크에서의 침입감지의 가장 일반적인 형태는 홈게이트웨이에 침입차단 시스템(Firewall) 등 침입감지 기능을 내장하는 것이다. 이와 관련하여 TTA에서는 홈게이트웨이에 내장되는 침입차단 시스템의 보안등급을 위협 수준과 피해 정도에 따라 결정하도록 하고 있다. 위협 수준은 위협의 존재 정도와 내부정보 공개 정도에 따라 결정되며, 위협의 존재 정도는 낮음 · 중간 · 높음으로 구분된다. 홈게이트웨이의 보안등급은 K2 또는 K3 등급이며, 이는 접근통제, 감사기록 무결성 등을 제공함을 의미한다. 최근에는 이와같은 조건을 만족하는 보안 홈게이트웨이 제품이 출시되고 있다.

이와 같이 침입차단 기능을 탑재한 홈게이트웨이 제품이 상용화되고 있는 가운데, 최근의 추세는 홈게이트웨이에 침입차단 시스템, 침입탐지 시스템(IDS), PPN, 안티 바이러스 등의 기능을 통합 적용하는 것이다. 이는 최근 기업 네트워크 보안에서도 통합 보안솔루션이 중요성이 높아지고 있는 가운데, 홈네트워크 보안 솔루션 역시 기업 네트워크 보안과 유사한 형태로 발전하고 있음을 보여주고 있는 것이다. 또한 단순히 외부의 침해에 대응하는 형태뿐만 아니라 댁내의 정보가 외부로 유출되는 것을 방지하는 기능이 포함되고 있는 것도 특징이다.

이와 같은 홈게이트웨이 기반의 침입감지 시스템에서 유의해야 할 점은 댁내망에 대한 침해 형태가 기존 인터넷과는 다르게 매우 다양하게 나타날 수 있다는 점이다. 즉, 기존 인터넷에서의 침입감지 시스템은 서버나 PC를 대상으로 하는 침해에 대한 대응이 중심이었지만, 홈네트워크에서는 AV 기기, 가전기기 등 다양한 기기를 대상으로 침해가 이루어진다. 따라서 기존의 침입 시그너쳐만으로는 대응이 어려운 다양한 침해가 발생할 수 있으며, 이에 대한 방어 대책 구축이 필수불가결하다. 즉, 새로운 유형의 침해에 대응할 수 있는 수단이 필요하게 된다.

홈게이트웨이 기반의 침입감지 시스템에서 유의해야 할 또 다른 사항은 댁내망이 단일 도메인으로 구성되지 않을 경우에서 찾을 수 있다.

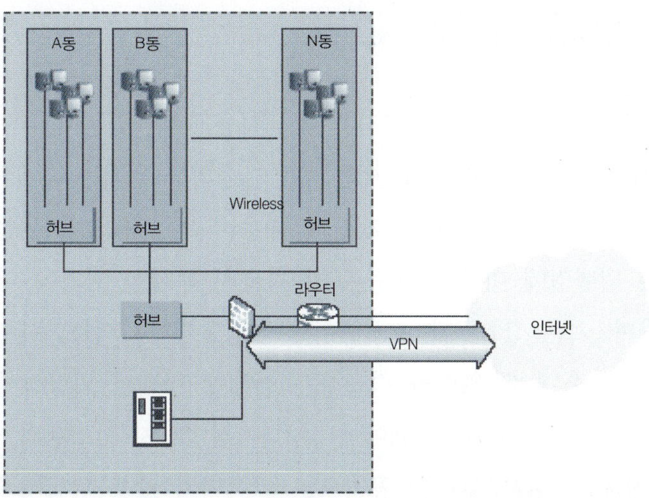

[그림 2-3] 아파트 단지 단위의 침입감지 시스템

예를 들어 댁내망을 한 가족이 사용한다면 동일한 침입탐지 또는 차단규칙을 적용하는 것이 가능하겠지만, 여러 명의 룸메이트들이 댁내망을 사용하는 경우에는 단일 침입감지 시스템을 적용하기에 곤란한 상황이 발생할 수 있다.

한편, 최근의 홈네트워크 보안에서 주목할 만한 형태는 아파트 단지를 단위로 보안 서비스를 제공하는 [그림 2-3]과 같은 형태의 침입감지 시스템이다.

[그림 2-3]은 아파트에서 단지와 외부망 사이에 침입차단 시스템을 설치하여 관리하는 형태이다. 세대별로 홈게이트웨이에서 침입감지 기능을 수행하는 것에 비해서 관리가 쉽고 개인 사용자가 보안 서비스에 크게 신경 쓸 필요가 없으며, 방범 등 다른 서비스와의 연계가 비교적 용이하다는 장점이 있다. 또한 이 형태는 동별로 침입감지 시스템을 설치하는 형태 등 여러 가지 형태로 활용이 가능하다.

지금까지 살펴본 바와 같이 홈게이트웨이 기반의 침입감지 시스템은 기존 인터넷에서의 침입감지 시스템과 기능적인 면에서는 크게 다르지 않다. 그러나 망을 구성하는 기기 및 사용자가 다양해짐에 따라 그에 따른 침해 유형과 취약성이 증가하게 되며, 이에 대해서 적절한 대응 방안을 마련해야 한다. 또한 댁내망을 모니터링하며 침해 위협에 대응하는 기능 역시 홈네트워크 침입탐지 시스템의 필수 기능이라고 할 수 있다.

2-1-4 댁내망에서의 침입감지 시스템

댁내망에는 유선기술과 무선기술이 사용될 수 있는데, 본 절에서는 무선 댁내망에 대해서 다루고자 한다. 이는 유선기술의 경우에는 홈게이트웨이 기반의 침입감지 시스템을 통해서 어느 정도의 대응이 가능하기 때문이다.

무선 댁내망에 대한 침해는 무선 기술의 특성상 기기에 대한 직접적인 공격이 가능하며, 기존 침입차단 시스템이나 침입탐지 시스템으로는 침해 대응이 어렵다는 점에서 홈게이트웨이를 경유하는 침해에 비해서 위험성이 더욱 높다고 할 수 있다. 예를 들어 홈게이트웨이에 설치된 침입감지 시스템의 입장에서 무선기기에 대한 침해는 외부로부터의 공격으로 인식되지 않을 위험이 높다.

[그림 2-4]는 무선 댁내망 기술로 많은 활용이 기대되는 무선랜(WLAN : Wireless

LAN)에서 서비스 거부 공격의 대표적인 형태이다.

[그림 2-4]에서 공격자는 AP에서 브로드캐스트하는 비콘 정보를 통해서 AP의 MAC 주소를 획득한 후에 AP의 MAC 주소로 위장하여 무선랜 클라이언트에게 연결 해제 요청인 Dis-association 관리 프레임을 전송한다. 이와 같은 공격이 수행되면 무선랜 클라이언트는 정상적인 AP에서 연결 해제를 요청한 것으로 받아들여 재접속을 시도한다. 이와 같은 공격이 계속되면 무선랜 클라이언트는 정상적으로 AP를 이용할 수 없는 상황에 빠지게 된다.

무선랜에서는 [그림 2-4]와 같은 관리 프레임을 이용한 공격 이외에도 EAPOL Start 메시지, EAPOL Logoff 메시지, EAP Failure 메시지 등을 이용한 다양한 서비스 거부 공격이 가능하다. 또한 위장 AP 공격 세션 가로채기 공격, 중간자 공격(Man-in-the middle attack) 등 이미 다양한 무선랜 취약성들이 공개되어 있다.

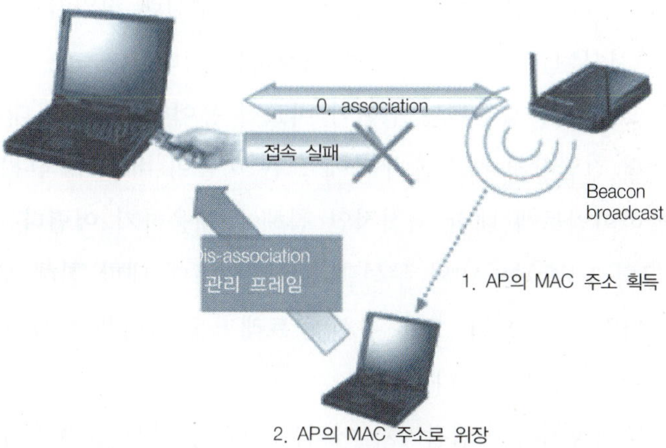

[그림 2-4] 802.11 관리 프레임을 이용한 서비스 거부 공격

이와 같은 무선랜의 취약성을 이용한 공격은 일부 공격의 경우에는 새로운 무선랜 보안표준인 IEEE802.11i가 적용될 때에도 가능한 것으로 알려져 있으며, 이와 같은 공격을 탐지 및 차단하는 기술의 개발이 아직까지 미비하기 때문에 더욱 위험성이 크다. 이와 관련해서 시스코, IBM 등에서 무선랜 전용의 IDS에 대한 연구를 수행하고는 있으나, 아직까지 많이 활용되고 있지는 않은 상태이다.

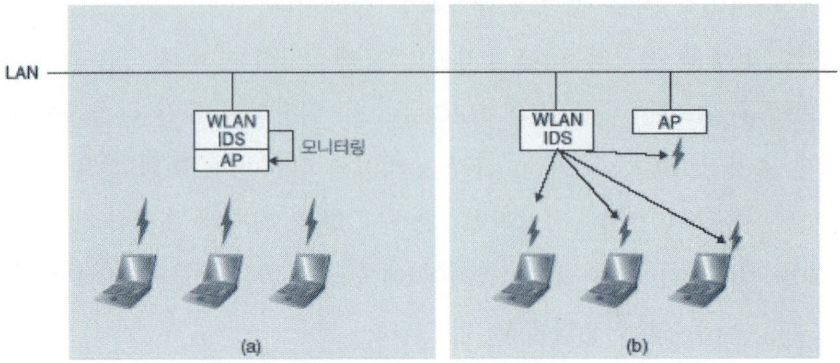

[그림 2-5] 무선랜 전용 침입감지 시스템의 유형

무선랜 전용의 침입감지 시스템은 일반적으로 [그림 2-5]와 같은 2가지 형태가 고려되고 있다.

[그림 2-5](a)의 경우는 무선랜 침입감지 시스템이 AP 내에 구현되어 AP에 대한 침해에 대응하는 형태이며, [그림 2-5](b)는 무선랜 침입감지 시스템이 독립적으로 동작하면서 무선랜 트래픽을 모니터링하는 형태이다.

[그림 2-5](a)의 경우에는 구현이 비교적 용이하며 AP에 대한 침해에 대응이 쉽고 무선랜 침입감지 시스템 구축에 드는 비용이 비교적 적다는 장점이 있으나, 무선랜 클라이언트에 대한 직접적인 침해에 대응하기 어렵다는 단점이 있다. 이에 비해 [그림 2-5](b)는 AP와 무선랜 클라이언트에 대한 침해 모두에 대해서 대응이 잘 이루어질 수 있으나, 모든 무선랜 트래픽을 처리해야 하기 때문에 구현에 있어서 비용 상승이 요구된다.

무선 댁내망에서 침입감지가 어려운 이유는 앞서 살펴본 무선랜과 같은 하나의 기술이 독점적으로 사용되기 어려운 환경이라는 점이다. 현재 댁내망에서 사용이 예상되는 무선 기술로는 블루투스(Bluetooth), 지그비(ZigBee), RFID 등이 있는데, 이와 같은 기술들에 대해서는 취약성 파악조차 제대로 이루어지지 않은 상태이다.

그러나 이들 기술을 보안대책의 수립 없이 그대로 사용한다는 것은 매우 위험한 일이다. 예를 들어 PAN(Personal Area Network) 기술 가운데에서 비교적 상용화가 많이 이루어진 블루투스의 경우를 살펴보면, Common Vulnerabilities and Exposures(http://www.cve.mitre.org)를 검색하면 이미 블루투스와 관련하여 15건

이상의 취약성이 보고되었음을 알 수 있다. 또한 블루투스 크랙과 관련된 대표적인 사이트인 http://trifinite.org에서는 10여개의 블루투스 공격도구를 발표하고 있다. 이러한 블루투스에 대한 공격 가운데에는 블루투스 기기와 연결된 휴대전화에서 통화 개시를 유도할 수 있는 것도 있어서 위험이 매우 심각함을 알 수 있다. 그럼에도 불구하고 현재 블루투스 기기에 대한 침해에 대응할 수 있는 시스템에 대한 연구 및 개발은 전무하다시피 한 실정이다.

지그비의 경우에도 표준규격 분석 등을 통해서 이미 10여건의 취약성이 지적된 바 있다. 도청 위협에서 서비스 거부 공격에 대한 위협에 이르기까지 다양한 형태의 공격 위협이 분석되고 있다.

아직까지 PAN 기술이 활성화되지 않은 시점에서 이와 같은 위험을 가볍게 넘길 수도 있겠으나 무선랜의 경우 활성화 이전에 지적된 보안 취약성이 활성화 이후에 대부분 실제적인 공격으로 나타났음을 고려할 때, 적용 이전에 보안 서비스의 강화는 필수불가결한 것으로 보인다. 현재는 PNA에서의 침입감지 기술은 무선랜과 마찬가지로 해당 네트워크를 모니터링하는 방안이 고려되고 있다.

이와 같은 댁내 무선기술에 대한 침해는 대부분 MAC 계층에서 발생하기 때문에 기존의 침입감지 시스템으로 대응하는 데는 한계가 있으며, 철저한 표준규격 분석을 통해 무선 기술에 특화된 침입감지 시스템의 개발이 절실한 실정이다. 또한 무선랜의 경우에는 AP를 중심으로 인프라 스트럭쳐 네트워크를 구성하는 것이 일반적인데 반해 PAN 기술은 애드혹(ad-hoc) 네트워크로 구성되는 경우가 대부분이어서 이에 대한 고려 역시 반드시 필요하다.

2-1-5 홈네트워크의 보안 취약성에 해결을 위한 대응 기술

지금까지 홈네트워크에 대한 침해를 홈게이트웨이를 경유하는 경우와 무선 댁내망을 직접 침해하는 경우로 구분하여 홈네트워크 침입감지 시스템에 대해서 살펴보았다.

홈게이트웨이를 경유하는 침해의 경우에는 이미 침입탐지 기능을 내장한 홈게이트웨이가 출시되고 있는 등 어느 정도의 대응책이 마련되어 있음을 알 수 있었다.

그러나 최근 홈게이트웨이 가격이 계속 하락하고 있는 가운데, 홈게이트웨이에 보안 시스템을 적용하는데 많은 어려움이 따르고 있는 것 또한 사실이다.

그러나 해가 다르게 인터넷 침해 사고가 증가하고 일반 사용자가 사용하는 PC의 성능 또한 급격하게 향상되고 있는 가운데, 홈네트워크에 대한 침해는 개인이나 가정의 피해에만 머무르는 것이 아니고 사용자 PC를 경유하는 공격을 통해서 기반 네트워크 전체에 대한 위협이 될 수 있다는 점에서 결코 가볍게 볼 수 있는 사항이 아니다.

또한 앞에서 설명한 바와 같이 댁내망의 주요 기술인 무선 기술에 대한 침입감지 시스템에 대해서는 거의 무방비 상태에 놓여있다고 할 수 있다.

시스템 혹은 서비스 구축 이후에 보안 서비스를 고려할 때 많은 노력과 비용이 소요되며, 지속적인 대응이 어렵다는 것은 이미 경험한 바 있다.

유비쿼터스 시대의 도래와 함께 새로운 형태의 정보통신 기술의 활용양상이 나타나고 있는 현 시점에서 과거의 오류를 다시 범하지 않기 위해서는 시스템 및 서비스의 개발 혹은 구축 초기부터 보안 서비스에 대한 많은 고려가 이루어져야 한다.

특히 BcN으로 대표되는 IT 기술의 융합 및 통합이 이루어지고 있는 가운데 어떠한 한 부분에서의 위협은 전체 사용자 및 네트워크의 안전성 및 신뢰성 저하로

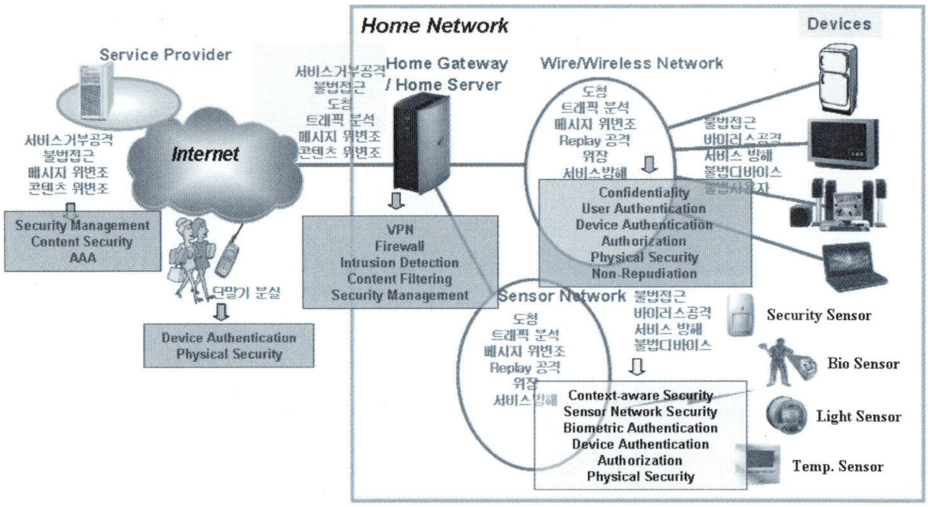

[그림 2-6] 보안 취약성에 대한 대응 기술

이루어질 수밖에 없으며, 이를 막기 위해서는 홈네트워크를 비롯한 IT 기술 전반에 걸쳐서 보안기술에 대한 집중적인 연구 및 개발이 필요한 시점이다.

다양한 홈네트워크 모델 및 다양한 응용제품에 적용 가능한 보안기술을 [그림 2-6]처럼 나타내었다.

(1) 구성요소별 보안 취약성

홈네트워크 구성요소인 외부 서비스 네트워크-홈서버 · 게이트웨이－댁내망－정보가전기기 간에 전달되는 사용자와 서비스 제공자의 정보에 대한 보안 취약성을 분석한다. [그림 2-6]은 홈네트워크를 홈서버 · 게이트웨이를 경계로 크게 외부망과 내부망으로 분류한다.

각각의 외부망과 내부망은 서로 다른 레벨의 서비스를 제공하며 이에 따라 요구되는 차별화된 정보기술을 고려할 수 있다. 내부망, 즉 유비쿼터스 홈네트워크 환경의 다양한 가전 및 A/V 장치들이 댁외의 서비스를 이용하기 위해서는 중간 매개체인 홈서버 · 게이트웨이의 보안 취약점 분석이 우선적으로 요구된다.

1) 홈서버 · 게이트웨이 보안 취약점

소비자가 정보가전 제품과 같은 가정 내의 모든 정보 단말기를 인터넷이나 휴대정보 단말기로 연결하여 언제 어디서나 손쉽게 제어할 수 있는 홈서비스 환경에서 다양한 가정정보 서비스를 안전하게 제공받기 위해서는 외부망(인터넷)과의 연결은 필수적이다.

홈서버 · 게이트웨이는 인터넷망과 댁내망의 연결, 댁내망 정보기기들 사이의 인터페이스 접속기능을 담당하므로 다양한 외부 네트워크로부터 콘텐츠 및 서비스를 안전하게 제공받기 위해서는 외부망으로부터의 해킹, 악성코드, 웜 및 바이러스, DoS, 유무선 통신 도 · 감청 등 외부 보안 공격들을 고려해야 한다. 또한, 다양한 정보기기들이 홈서버에 연결되어 상호 운용되면, 홈서버－정보가전기기 간의 메시지/데이터의 유출과 인증되지 않은 정보기기의 연결에 보안 취약성이 있으므로 외부 네트워크와 내부 정보가전기기의 중간 매개체 역할을 하는 홈서버 · 게이트웨이는 보다 체계화된 보안 및 인증 기술이 필요하다. 마지막으로 홈서버 · 게이트웨이의 공존으로 인한 보안 수준 및 기술 적용의 표준화 측면에서의 고려도 필요하다. 각 연결망의 특성, 특히 홈서버·게이트웨이가 가진 외부 인터페이스 및 서비스를 고려한 세분화된 보안 기술의 적용이 요구된다.

2) 댁내·외부 네트워크 보안 취약점

댁내·외부 네트워크는 특히 무선구간에서 가정 밖의 불법 사용자의 개입으로 인하여 전송 정보의 유출 및 위변조에 대해 보안 취약성이 존재하며, 유선의 경우도 마찬가지이다.

〈표 2-1〉 유선 홈네트워킹 기술의 특성 및 보안 취약점

기 술	보안취약점
IEEE1394&802.3 (Ethernet)	- 물리층은 IEEE1394 및 이더넷 디바이스의 케이블과 물리적으로 연결 - 실제 데이터 송수신으로 인한 제어정보/데이터 전송 시 유출 및 위변조의 위험 존재
전력선 통신(PLC)	- HNCP는 전력선 통신 기반의 기기들 사이의 통신 방법에 대한 기준 제공 - 제어정보/데이터 전송 시 유출 및 위변조에 취약성 존재
HomePNA	- SNMP 기능 내장 - 인증(authentication)과 프라이버시(privacy) 서비스들을 제공 - 서비스 거부(Denial of Service)와 트래픽 분석(traffic analysis)의 보안 취약성이 존재
USB	- USB는 데이터를 패킷 단위로 전송 - 오류 발생시 재전송 불가 - 저해상도 디지털 카메라, PC 카메라 등에 이용 - 키보드나 마우스 등 저속 전송 모드에 이용 - 대역 보증이 없어 제어정보/데이터 전송 시 유출 및 위변조에 취약성이 존재

댁내 통신망은 특히 무선 구간에서의 인증, 데이터 보호 등에서 취약성이 있으며, 각 통신망에 구현된 보안 구조 또는 프레임워크에 접근제어, 사용자/단말 인증 및 암호화 기능을 수용해야 한다. 먼저 댁내 각 유선 홈네트워킹 기술의 특성 및 보안 취약점을 간단히 살펴보면 〈표 2-1〉과 같다.

가트너의 조사에 따르면 무선 홈네트워킹을 지원하는 표준 무선 기술들은 〈표 2-2〉와 같이 분류된다.

〈표 2-2〉 주요 근거리 무선 기술들의 비교

표 준	IEEE802.11b	Bluetooth	IEEE802.11a	UWB
주파수 대역폭	2.4GHz(ISM band)	2.4GHz(ISM band)	5GHz(U-NII band)	3.1~10.6GHz
커버리지	100m	10m	50m	10m
최대속도	11Mbps	10Mbps	10Mbps	500Mbps 이상
특별용량	1,000	30,000	83,000	1,000,000

각 무선 홈네트워킹 기술들의 특성 및 보안 취약점을 살펴보면 〈표 2-3〉과 같다.

〈표 2-3〉 무선 홈네트워킹 기술의 특성 및 보안 취약점

기 술	보안 취약점
WLAN	- IEEE 802.11의 WEP 알고리즘에서 키 스트림의 단순성 - 실시간 공격과 도청으로 인한 평문의 노출 - DoS 공격의 위험 존재
초광대역통신(UWB)	- 110Mbps의 고속 데이터 전송이 가능 - 전송 거리가 10m 이내이며 벽을 통과하지 못함 - 홈네트워크 시스템에의 적용에는 클러스터 네트워크로만 사용이 가능 - 무선 기반 시스템의 개방성 때문에 정보의 유출 위험 존재 - WEP 암호화 기술을 보완하기 위한 연구 중
무선 PAN (IEEE802.15.4)	- 초저가의 칩에 20kbps와 250kbps 전송속도만 지원 - 무선 제어 시스템으로 최적 - 고속 WPAN(IEEE802.15.3) 기술은 55Mbps의 초고속 데이터 전송에 70m의 전송 거리 지원 및 Qos와 security를 제공 - 높은 전송 속도 지원이 필요할 뿐만 아니라 seamless connection 지원을 위한 안정적인 통신과 제어가 가능한 MAC 기술 개발 필요
무선 1394 (High Performance Serial Bus)	- 54Mbps 지원 무선 네트워킹 기술 - 무선 1394의 기반을 둔 DHCP(RFC2855) 활용[8] - 잠재적으로 유해한 크라이언트가 이용자 가장(masquerading)으로 정보의 유출을 유도할 수 있는 위험존재
무선 RF	- PC와 가정용 소비자 가전제품 간의 무선 연결제공 - HRFWG는 공유 무선 액세스 프로토콜(shared wireless access protocol)이라 불리는 가정용 무선 스펙 제공 - 제품의 대역폭(특히 고대역폭)과 허가권 문제 - 홈 RF의 1.6Mbps 제품들은 802.11b 경쟁제품들의 범위에 비해 성능 저조 - SWAP의 고주파 라디오 발신에 대해 허가 필요
지그비(ZigBee)	- 저속 전송속도를 갖는 홈오토메이션 및 데이터 네트워크를 위한 표준 기술 - 인터넷을 통한 전화 접속으로 홈오토메이션 활용 - IEEE802.15.4 MAC 하위계층 기반 보안서비스 제공 - 각 장치들은 인증된 네트워크 내의 다른 장치들의 정보를 가지고 접근제어 - 128bit 대칭키 알고리즘을 이용하는 데이터 암호화 서비스 제공 - 프레임 무결성(frame integrity) 서비스 제공

3) 정보가전기기의 보안 취약점

내부망, 즉 유비쿼터스 홈네트워크 환경을 고려하여 댁내 다양한 가전 및 A/V 장치들의 보안 취약점을 살펴보면 〈표 2-4〉와 같다.

〈표 2-4〉 댁내 가전 및 A/V 장치들의 보안 취약점

원 인	취 약 점
공중망(인터넷)	바이러스나 웜에 노출 위험
통합 네트워크	통신선로 상의 데이터 보호 불가피
원격접속	데이터 및 기기의 손상 위험
홈네트워크	해킹 및 불법행위로 사생활 침해 위험
멀티미디어	정보가전기기에 저장된 데이터 보호 불가피
지불 시스템	데이터의 유출 및 변형에 따른 위험 존재 – 사용자 인증(authentication) – 프라이버시(privacy)

2-2 유비쿼터스 홈네트워크 보안 및 기술

2-2-1 홈네트워크 서비스의 주요 보안구조

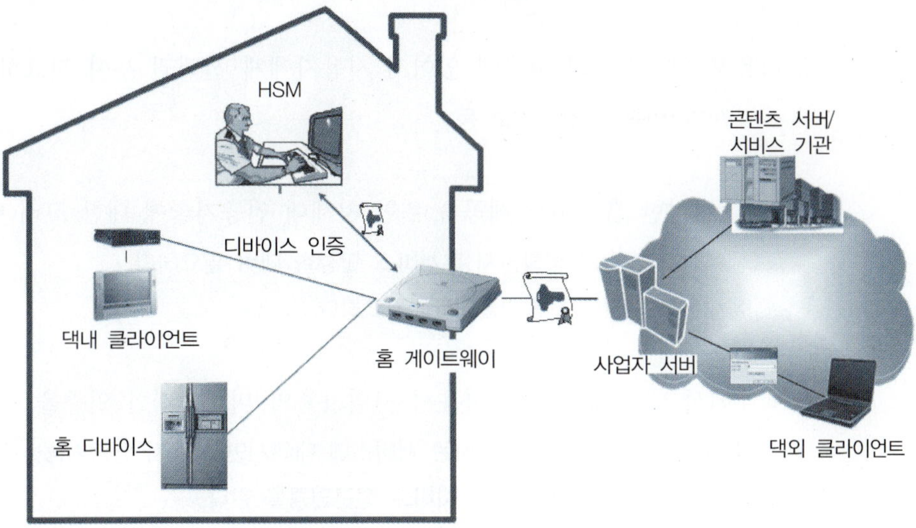

[그림 2-7] 홈네트워크 시범 서비스 보안구조

① 홈네트워크 서비스 사업자의 보안기능 제공 위치

- SKT는 NOC의 사업자 서버가 수행
- KT는 홈앤플랫폼의 사업자 서버가 수행

② 홈네트워크 서비스 사업자 서버의 주요 보안기능

- 댁내 사용자에 대한 네트워크 접근인증
- 사업자 콘텐츠 서비스에 대한 사용자 인증
- 외부 CP 사업자 제공 서비스에 대한 접근인증은 CP가 별도로 지원
- 홈네트워크에 대한 원격접근인증
- 홈네트워크 관리를 위한 홈게이트웨이 인증
- 댁내 홈기기 제어를 위한 디바이스 관리
- 과금

2-2-2 홈네트워크 시범 서비스의 보안분석 및 대책

① 안전하지 못한 사용자 인증수단 사용한다.

- ID/PW 인증기술에 대한 다양한 공격방법 입증한다.
- 사이버 아파트에서는 공격에 노출될 가능성이 높다.

② 사용자 인증수단의 사용에 있어서 사용자에게 선택권 부여 필요하다.

- ID/PW, 인증서, 생체정보 등

③ 향후, 다양한 홈서비스 제공을 위한 차세대 인증기술에 대한 고려 미흡하다.

- 생체정보 기반의 상황인지 홈서비스 활성화 대비 필요하다.
- 생체정보 기반의 인증기술 채용 필요하다.

④ 댁내에서 댁내 홈서비스 사용시 사업자측의 비효율적인 인증을 수행한다.

- 홈네트워크 사업자가 제공하는 서비스에 대해서만 사용자 인증기능을 수행한다.
- 네트워크 접근인증, 홈포탈 서비스 접근인증을 한다.

⑤ 홈네트워크 환경에 적합한 접근제어 기술 필요하다.

- 홈디바이스의 특성 및 사양을 고려한 경량화된 기술이 필요하다.
- 사업자의 가입자 홈기기에 대한 접근제어 권한 보유가 문제이다.

2-2-3 홈네트워크 접근제어 기술

사용자별로 홈기기 및 홈서비스에 대한 차별화된 접근제어 제공한다.

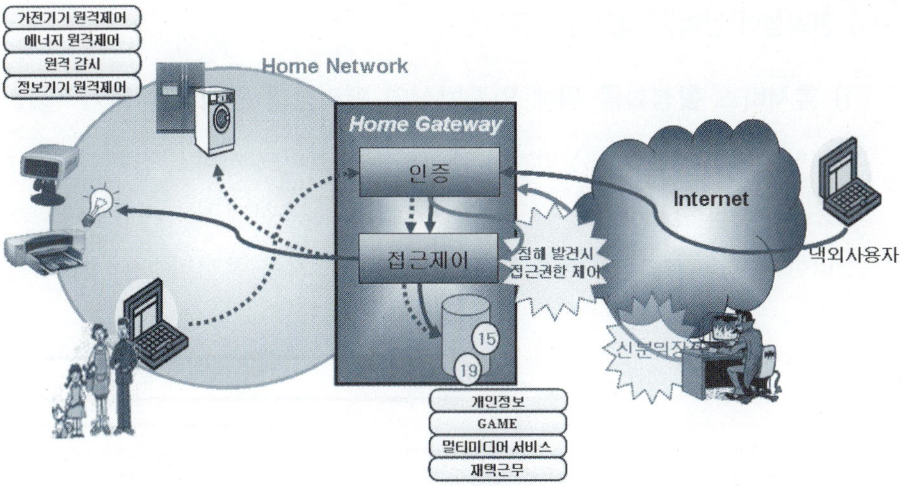

[그림 2-8] 홈네트워크 접근제어 기술

2-2-4 홈네트워크 인증기술

홈네트워크에 적합한 경량화된 인증체계 개발이 필요하다.

[그림 2-9] 홈네트워크 인증 제어 기술

(1) 편리성이 강화된 사용자 인증기술

1) 홈서비스 활성화를 위해 인증방식의 편리성과 안정성 강화가 필요

현재는 홈네트워크 상업자가 제공하는 네트워크 서비스 접근 후 홈 포탈을 통한 응용콘텐츠 사용하거나 홈포털과 관계없는 응용콘텐츠를 사용한다. 즉 자신이 편리한 인증수단을 활용하여 한 번의 인증으로 모든 홈서비스를 접근하는 개념이다.

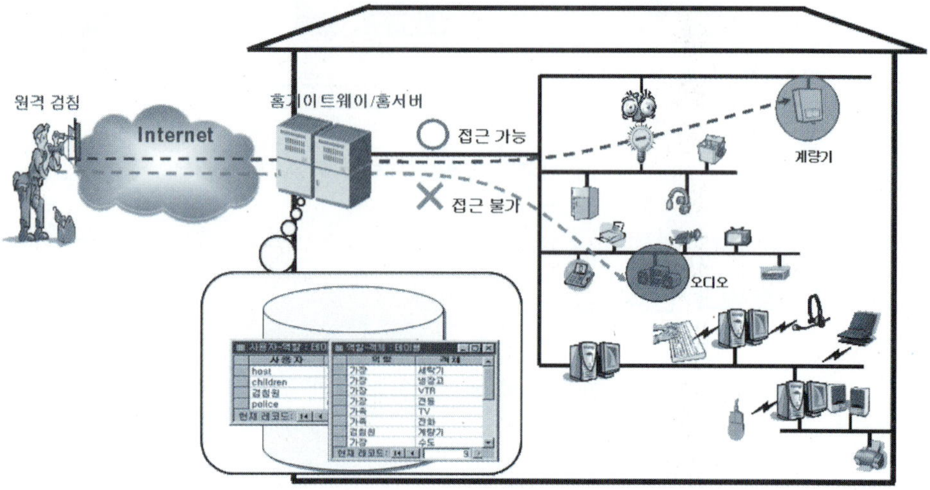

[그림 2-10] 능동 접근제어 서비스 구축 사례

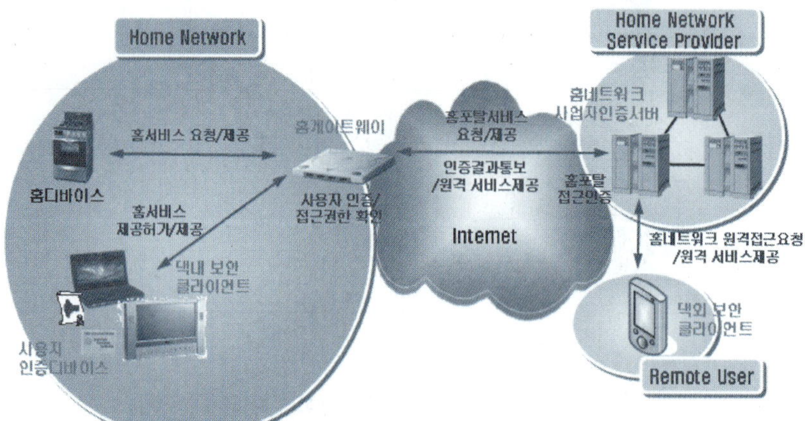

[그림 2-11] 인증 · 접근제어 서비스 사례

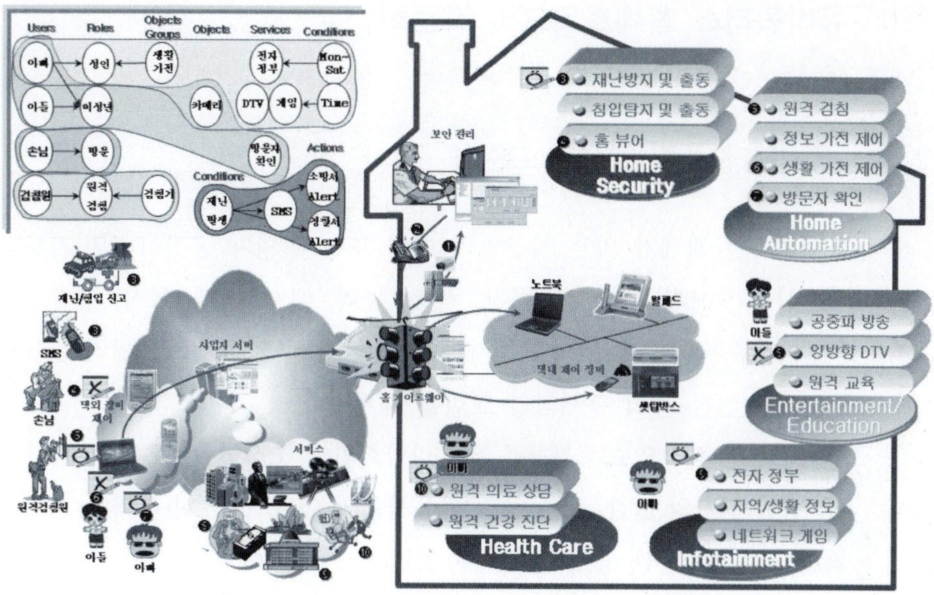

[그림 2-12] 유비쿼터스 홈네트워크 보안 시스템 구축

2-3 유비쿼터스 홈네트워크의 표준화

2-3-1 유비쿼터스 홈네트워크 표준화

표준화는 관계가 있는 사람들의 이익 또는 편의가 공정히 얻어지도록 통일화, 단순화를 도모할 목적으로 물체, 성능, 능력, 배치, 상태, 동작, 절차, 방법, 순서, 책임, 의무, 권한, 사고, 방식 등에 관하여 설정한 기준으로 일반적으로 문장, 그림 또는 표, 견본 등의 구체적인 표현을 제시한다.

표준화의 장점으로는 제품종류의 다양화와 창조적인 인간 생활, 의사 전달의 용이, 생산 원가의 절감, 소비자 및 공동사회의 이익 제공 및 무역 장벽의 제거(규격화된 제품 및 생산 공정)를 들 수 있다.

표준화 단점으로는 경쟁력 저하 및 기술 종속, 대기업 및 다국적기업의 시장 지배력 강화, 신기술 적용 지연, 신표준을 채택함으로써 발생하는 이익을 정확하게 계량화하는 일이 불가능한 경우가 많다.

표준화는 상호 협력하여 추진하며, 개정할 수 있어야 하고 시험방법을 규정하여야 한다.

디지털화, 네트워크화가 점차 가속화되면서 기업간, 국가 간의 표준경쟁이 총성 없는 전쟁으로 비유될 만큼 기업의 생사는 물론 국가 흥망을 좌우할 정도로 표준의 중요성이 부각되고 있으며, 홈네트워크 분야는 자국의 표준을 세계 표준으로 유도하여 세계 시장을 선점하기 위해 각 국에서는 다각도로 노력 중에 있다.

각국별 표준은 범 세계적 시장형성의 장애물로써, WTO의 기술 장벽 협정(Technical Barriers to Trade : TBT)에서는 각국이 국제표준을 의무적으로 수용할 것을 요구하고 있는 추세이며, 표준경쟁에서 승리한 기업은 시장을 독점하지만 패배한 기업은 시장에서 퇴출 또는 군소 기업으로 전락한다는 Winner Takes All 경쟁개념이 확산되고 있는 추세이다.

(1) 표준 종류

① 포괄 범위

② 지역 표준, 국내 표준, 국제 표준

③ 규제 방식과 정도

④ 자발적 합의, 실제 표준(de facto), 법적(공식) 표준(de jure)

(2) 홈네트워크 표준의 필요성

홈네트워크를 통해 부가가치를 창출하기 위해서는 기기간 기능의 조화를 통해 사용자에게 새로운 서비스를 제공할 수 있어야 한다. 따라서 기기간 호환성이 중요하며, 표준화를 통해 이를 획득할 수 있다.

(3) 다양한 표준간 경쟁

① 홈네트워크 미디어간 충돌

② Wireless LAN / Home PNA / Ethernet / IEEE 1394 / …

③ Access 네트워크 미디어간 충돌

④ 전화망 / 방송망 / 전력망 / …

⑤ 홈네트워크 미들웨어 표준간 충돌

⑥ UPnP / HAVi / Jini / …

⑦ 인터넷 미들웨어 표준간 충돌

⑧ Web Service / J2EE / …

(4) 관련 업체간 이합집산

① IT업체 vs 가전업체

② Wintel vs anti-wintel

(5) 전통 백색가전의 소외

2-3-2 유비쿼터스 홈네트워크 시스템 구축

(1) 인터폰의 고도화

기술의 발달로 홈네트워크 환경이 성숙해졌으며 액세스망의 고속화(xDSL, FTTC, FTTH) 및 보급이 확대(사이버 아파트)되었다. 가전산업도 변화하여 백색가전에서 정보가전으로 발전하였다. 더불어 정보단말의 상품화(PC, 홈서버, 패드, PDA)가 가속되었다. 이에 대한 기술은 확립되고 많은 부분이 표준화되었다. 디지털홈에서는 이들 기술을 단독 또는 복합적으로 사용하는 환경이므로 모든 요소와 기술이 이용되고 있다.

이들 기술을 통합하여 사용하고 이를 통해 미디어 활용, 콘텐츠 이용, 가전기기 제어 및 모니터링, 홈 시큐리티 확보, 홈케어 지원 등을 최소의 비용으로 최대의 효과를 발휘할 수 있는 부분을 선택하여 우선적으로 표준화에 적용하고자 한다.

홈네트워크 구축은 전자정보통신업체와 주택건설사업자간에 공동으로 설계하고 작업하는 영역이므로 서로의 협력이 필요하며 특히 주택건설에서는 입주자의 편의와 기능의 효율을 기할 수 있는 핵심 부분이 무엇인가를 찾아내야 한다.

홈과 외부와의 인터페이스를 담당하는 인터폰으로 선정하였다. 그 이유는 대부분의 아파트에서 인터폰을 통한 홈 모니터링, 방범, 방재 및 제어가 이루어지고 있기 때문이다.

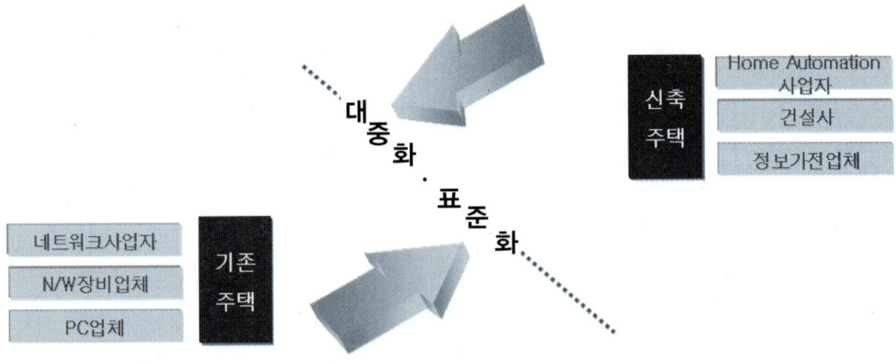

[그림 2-13] 유비쿼터스 홈네트워크 시스템 구축 영역

홈네트워크의 입장에서는 인터폰이 게이트웨이와 홈서버 기능 등을 포함하고 있어야 한다.

(2) 인터폰 요소기술

인터폰에는 다음과 같은 요소기술이 포함되어야 한다.

1) 액세스 네트워크(Access Network)

① 콘텐츠와 서비스를 홈으로 전달

② xDSL, HFC, 전용회선, FTTx 등의 다양한 기술이 사용자의 환경에 따라 선택적으로 적용

③ 신축 APT의 경우 FTTC + Ethernet 형태의 구성

④ 통신/방송 융합 및 멀티미디어 서비스를 고려한 FTTH 도입

2) 내부 네트워크(Indoor Network) – 유선망

① 댁내 홈네트워크용 기기간의 데이터 통신망

② 기기의 종류와 데이터에 따라 적합한 방식과 매체가 상이함에 따라 다양한 기술이 상존할 가능성이 높음

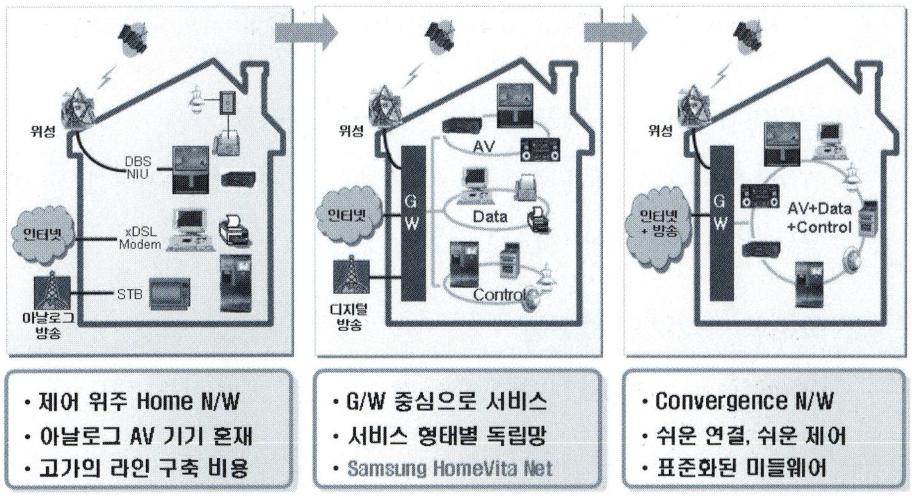

[그림 2-14] 홈네트워크 발전과 핵심부분(GW)

3) 내부 네트워크(Indoor Network) - 무선망

① 휴대용 단말기 또는 배선이 용이하지 않은 홈네트워킹 단말기에 적용
② 무선 LAN으로 무선 홈네트워크망 구축(IEEE802.11b, g, a)
③ 블루투스(저가, 저전력, 소형화)

4) 미들웨어

① 인터넷 정보가전 단말기에 탑재되어 유무선 홈네트워크 환경에서 상호 운용성을 확보하기 위한 응용 소프트웨어
② 제어 명령 및 데이터 교환을 보장하는 기술로 홈오토메이션, 홈 시큐리티, 홈 오피스 등 홈네트워크용 서비스를 개발하기 위한 플랫폼 제공

(3) 유비쿼터스 홈인터폰 추가기술

유비쿼터스 홈인터폰에는 다음과 같은 기술이 추가로 포함되어야 한다.

1) 모바일 홈네트워크 이용 기술

① 휴대폰을 이용한 홈네트워크 기술
② 이동통신 사업자의 홈네트워크 서비스 이용
③ Hotspot 서비스 확대 및 휴대인터넷의 상용화에 의한 모바일 서비스이용

2) 멀티미디어 서비스 제공을 위한 액세스망 고속화 기술

① 방송·통신의 융합 및 VOD, 원격교육, 원격진료, 화상통화 등 멀티미디어
② 서비스 이용, VDSL망, FTTH망

3) 표준화 및 기기간 호환성

홈네트워크 기기간의 상호운용성, 홈네트워크 표준 기술

2-3-3 유비쿼터스 개념의 홈네트워크 요구사항

아울러 표준화 작업이 활성화되기 위해 다음과 같은 사항이 요구된다.

1) 정 책

① 신축 주택의 홈네트워크 설치 세대의 지원을 통한 조기 확대를 유도한다.
② 대국민 홍보를 통한 홈네트워크 유용성, 편리함을 홍보한다.
③ 홈네트워크 관련 표준화 단체 일원화로 체계적인 정책을 수립한다.

2) 다양한 콘텐츠

① 고객 Needs에 맞는 서비스 발굴 및 제공(Killer Application, Entertainment)
② 저렴한 비용으로 이용확대
③ 디지털 콘텐츠의 지적재산권(DRM) 보장

3) 기기간 상호 운용성 보장

① 표준화를 통한 상호운용성 확보
② 홈네트워킹 기반조성(배선표준화, 기기 보급 확대)
③ 기기의 설치, 유지보수 용이(Plug & Play 기능)

〈표 2-5〉 유비쿼터스 홈네트워크 요구사항

생활목표	응용서비스	네트워크 및 기기	인프라
즐거운 생활	VOD, 게임, 문화, 홈시어터 서비스 등	· 유무선 네트워크 · 홈게이트웨이 · 방범방재 · 출입통제 · 전원	· 인터넷망 · 통신망 · A/V망 · 인터폰망 · 인출구 · 공간
편리한 생활	원격제어, 원격모니터링, 원격교육, 홈뱅킹, 행정서비스 등		
안전한 생활	방범 방재, 출입, 보안, 무정전, 비상연락 서비스 등		
건강한 생활	원격의료, 응급호출, 의료정보, 원격환자관리 서비스 등		

2-3-4 유비쿼터스 홈네트워크 인증시 인프라 평가항목

〈표 2-6〉 홈네트워크 인증시 인프라 평가 항목

평가항목		1등급	2등급	3등급
인터폰망	설치장소	거실 + 각실 + 화장실 + 주방 + 발코니	거실+각실	거실만
	디스플레이 형태	Color Digital LCD	Color CRT	흑백 CRT
	인터폰 Type	Built-in방식+터치스크린	Built-in+키폰방식	벽제 노출형
	홈오토와 연계	방문자 영상확인가능 + 세대방문자 메신저 알림기능 + USB와 연결 가능+ 출동 및 무인경비와 연동	방문자 영상확인 가능+세대방문자 메신저 알림기능	방문자 영상확인 가능
	영상신호 주사방식	NTSC/PAL 동시지원	PAL	NTSC

(1) 유비쿼터스 홈기술 표준화 추진 필요성

① 융합(BT + IT + NT의 홈환경 구현 기술) 지능화 기술 관점의 표준화 제정이 필수(개별 기기 단위 설치 시 혼재 규격으로 인한 유비쿼터스 홈구성의 어려움 해결)이며 유비쿼터스 홈구축을 위한 융합, 환경, 연동 관점의 표준화 제정이 필수요소로 떠오른다.

② 국제 표준의 난립과 국내 서비스 개발업체 및 제품개발업체간의 다양한 인프라 및 인터페이스 방식으로 인한 서비스별 호환성이 지원 안 됨으로써 개별 기술의 비표준화된 규격제품개발 투자로 인해 낭비뿐 아니라 시장의 활성화를 지연시키고 있다.

③ 기존의 사이버 APT, 인텔리전트 빌딩 등의 단순한 IT 위주의 산업 시장이 사용의 불편함으로 인해 시장 확장의 한계 상태로 지능화 개념 접목으로 신산업 창출 필요하다.

④ 따라서 본 포럼을 통한 유비쿼터스 홈서비스 융합관점, 개별 세부 기술의 사양 및 인터페이스의 표준화를 통해 Defacto Standard로 향후 거대시장을 형성할 유비쿼터스 홈 분야의 시장 지배력 및 시장 확대 및 국제 표준화를 선도할 수 있다.

⑤ 개별 표준화 기술로는 해결이 어려운 시스템 융합 기술적 특성이 요구되는 분야로써 연관 분야를 통합하여 운영하는 포럼 방식 체제가 필요하며 관련 기술 개발을 진행 중인 산, 학, 연과의 유기적인 연계 속에 기술개발 및 사실상 산업 표준(Defacto Standard) 제정에 주도적으로 기여하고자 한다.

⑥ 유비쿼터스 홈 표준화는 가정내 초고속망과 연결되어 음성, 영상, 데이터 등의 다양한 부가정보를 전송받을 수 있도록 표준화가 필요하다.

⑦ 유비쿼터스 홈 표준화는 가정내 에너지와 연결되어 난방, 전기, 자동제어동작 및 운용과 연계되어 작동할 수 있는 표준화가 필수이다.

⑧ 유비쿼터스 홈 표준화는 가정내 건축시설물과 연결되어 구조 및 장치의 설치 및 제거가 가능하도록 표준화가 필요하다.

⑨ 유비쿼터스 홈 표준화는 가정내 거주공간에서 개인의 건강과 연계한 의료 지원 시스템을 구축하기 위한 표준화가 필요하다.

(2) 가정 외 환경과 연계한 지능화 서비스 필요

① 유비쿼터스 홈의 표준화는 외부에서 무선 단말 및 제어경로를 통해서 홈네트워크, 홈 시큐리티 등 다양한 서비스들이 통합 관리 및 운용되게 하여 개인생활의 편리화가 이루어지며, 삶의 질 또한 향상될 것으로 예상된다.

② 따라서 정부와 산, 학, 연 관계자들이 대거 참여한 가운데 댁내 인간 생활의 지능화라는 패러다임으로 새롭게 부상하는 유비쿼터스 홈의 기술을 사회 · 경제 · 정치 · 문화 · 교육 · 국방 등의 전분야로 확산시키기 위해 우리 삶의 변화를 조명하고, 국가 기술 정책과 법. 제도의 제안, 관련 기관들의 정보 교류와 보급 등의 활성화, 관련 기술 및 산업 발전의 원활한 유도, 관련 주요 핵심기술 소개, 세계 기술 선점 분야 등을 살펴보고 표준화로 유도함이 필수적이다.

표준화를 진행하는 과정에서 관련 업체들이 가장 우려한 내용은 기술적 표준이 제품의 기술 사용을 규제하여 기술 발전과 다양성을 저해할 수 있다는 점이다. 또한 빠르게 변화하는 기술 발전을 표준화에 적용할 수 있는가의 여부이다. 유비쿼터스 홈등급별 인증 시스템이 필요하지만 인증의 기준을 정하는 과정에서 여러 분야의 전문가들에게 의견을 수렴하여 모든 관련 업계가 동의할 수 있으며, 불이익을 받지 않을 타당성 있는 표준의 개발이 필요하다는 것에 의견이 모아졌다. 따라서 표준화 범위는 하위 레벨의 기본적인 기술적 요구사항을 정의하는 방향으로 진행 중이다. 또한 사용자 관점에서 사용 편의성 및 제품의 Upgrade의 가능성을 고려한 기술적 표준안을 개발하려고 노력중이다.

세계의 유비쿼터스 홈 표준화 현황을 살펴보면 전세계 우수 연구소, 기업, 대학은 이미 컴퓨팅, 네트워크, 소프트웨어 전반에 걸친 연구를 시작하였고 상당한 수준의 가시적인 결과를 보이고 있다. 따라서 유비쿼터스 홈 표준화 포럼은 에너지, 기기, 네트워크, 서비스뿐 아니라 관련산업의 활성화를 함께 도모하며 네트워크, 시스템, 정보가전 미들웨어, 하드웨어로부터 소프트웨어에 이르기까지 다양한 분야에 걸쳐 각 분야별로 표준화 대상을 선정하여 집중적인 표준화 연구를 계속해 나갈 것이다. 이는 정보통신 산업전반에 걸쳐 기술발전 및 기기의 호환성 확립에 기여하고, 응용 서비스의 융합화를 촉진시킴으로써 신산업 및 고용창출과 국가 경쟁력확보, 그리고 국민생활의 IT 서비스를 촉발하여 언제 어디서나 필요한 정보를 얻을 수 있고, 국민의 삶을 향상시킬 것으로 기대된다.

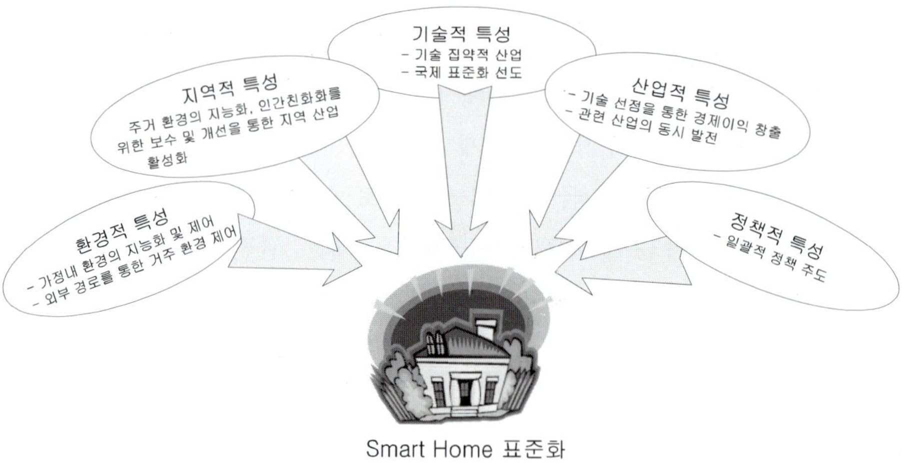

[그림 2-15] 표준화 사업의 필요성

2-3-5 유비쿼터스 홈네트워크 표준화 대상

① 홈(Home)

② 선로, 함체, 배선, 배치, 단자 등

③ 가전제품(Consumer Products)

④ 선로, 함체, 커넥터, 통신 프로토콜, 미들웨어

⑤ 홈게이트웨이(Home Gateway)

- 프레임워크(Framework : 표준 모델, 기능 표준)
- 서비스, 보안, 통신 프로토콜, 미들웨어
- 전원, 함체, 배선, 배치, 단자, 커넥터, 버스, 카드

⑥ 멀티미디어 서비스(Multimedia Service)

- 전달방식, 제어방식, 관리방식법 제도
- 요금, 방송/통신, 정보공개 절차

이를 위해 상호운용가능한 제품의 가이드라인을 설계하고 표준단체와 연합체를 형성하고 컴플라이언스(compliance) 테스트와 인증 프로그램을 만든다. 그리고 인증된 제품을 위한 소비자 중심의 로고를 제작한다는 것이다.

(1) 미 국

① IEEE의 1394, 이더넷, ePON, UWB, WLAN 선로 표준

② IETF의 OPES 서비스 프레임워크 표준

③ HomePNA, .NET, DCOM, UPnP, OSGi, Jini, HAVi, LonWorks, CEBUS 등 산업 표준

(2) 유 럽

① DVB의 방송 미들웨어 표준

② FS-VDSL의 홈네트워크 표준

(3) 일 본

미국, 유럽과 협조

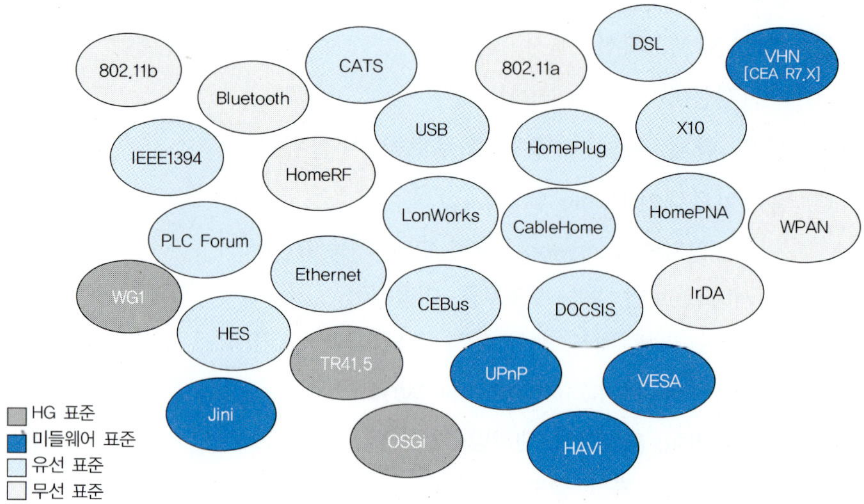

[그림 2-16] 홈네트워크 기술의 표준

2-3-6 홈네트워크 관련 기술 표준화

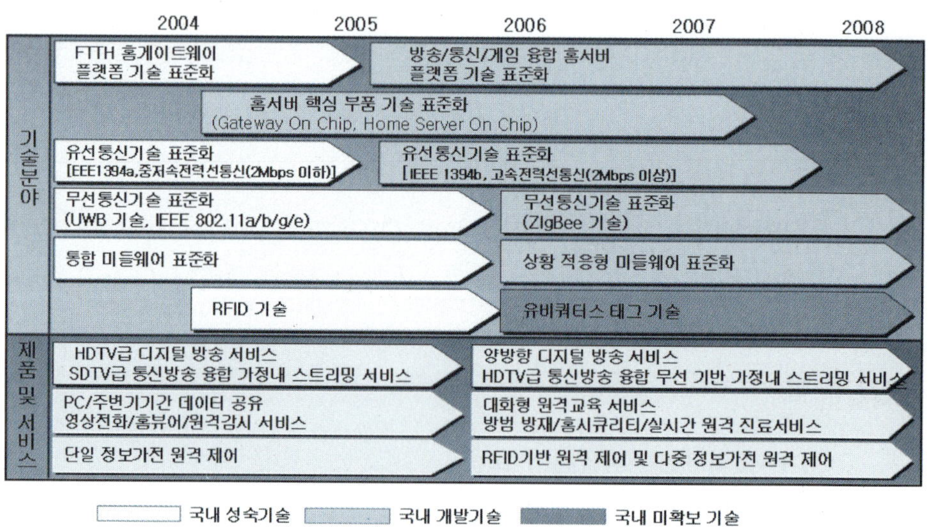

[그림 2-17] 유비쿼터스 홈네트워크 표준화 동향

(1) 홈서버 · 홈게이트웨이 분야

홈서버 · 홈게이트웨이 장치는 디지털홈 구축의 핵심장치로 정보, 통신, 가전기기 등을 제어하고 xDSL 등 외부망과 연결해 주는 것을 주기능으로 하여, 점차 기술의 융합화 추세에 따라 저가로 안전하게 서비스를 제공하기 위한 SoC 형태로 발전하고 있으며, 실시간 기능성을 갖추고 음성, 영상 및 데이터의 통합형 서비스를 사용자가 원하는 즉시 제공해 줄 수 있는 유비쿼터스 장치로 진화해 갈 것으로 전망된다.

특히, 홈서버는 UWB, 무선 1394, 고속 WPAN, RFID, IPv6, 센서 네트워크, 상황인식 등 새로운 홈네트워킹 기술들이 적용될 미래 가정환경에서 사용자가 언제, 어디서나 가정 내 디바이스에 접근하여 댁내 감시, 헬스케어(Health care), 미디어 스토리지 등 집안과 밖에서 제공되는 다양한 고품격 홈네트워크 서비스를 사용 가능하게 하여 궁극적으로 홈네트워크 서비스의 보급을 확산시킬 수 있는, 촉매역할을 담당하는 유비쿼터스 홈네트워크의 핵심 기술로 발전하고 있다.

국외 주요 표준화 단체 동향을 살펴보면 HGI(Home Gateway Initiative)는 주거용 홈게이트웨이에 대한 표준을 만들기 위해 2004년 12월 15일 스위스에서 Belgacom, British Telecom 등 9개의 통신사를 중심으로 설립되었고, 현재 약 34개의 업체들이 활동에 참여 중에 있다.

HGI는 현재 표준(ITU-T, H610, DSL Forum)에 근거하여 그 차이점을 분석하고, HW/SW 아키텍처, 비용 등을 고려하여 향후 향상된 멀티플레이어 서비스(인터넷 서핑, 엔터테인먼트, IP 전화와 모바일-IP 전화, 화상전화 등)를 지원하기 위해 광대역 서비스와 네트워킹 환경을 완전히 지원하는 통합된 주택용 게이트웨이를 개발하는 것에 초점이 맞추어 있는 것이 특징이다.

(2) 유 · 무선 홈네트워크 분야

유 · 무선 홈네트워크 관련 기술은 현재 여러 단체로부터 표준화가 진행되고 있으며, 그 형태도 크게 유선과 무선으로 분류된다. 무선 홈네트워킹 기술은 유선 홈네트워킹 기술에 비하여 새로운 배선이 필요하지 않고, 설치하기가 쉬우며, 사용하기가 용이하고, 이동성이 보장된다는 여러 가지 장점들이 있어 최근에 홈네트워킹의 주력 기술로써 급속하게 발전하고 있다.

특히 무선 홈네트워킹 기술은 가정에서 사용자의 이동성에 대한 요구가 증대되면서 그 중요성이 확산되고 있으며 유비쿼터스 홈을 구축하기 위한 핵심 기술로 인식되면서 표준화 경쟁이 활발히 진행되고 있다. 〈표 2-7〉과 〈표 2-8〉은 주요 유·무선 홈네트워크 기술 동향을 나타낸다.

〈표 2-7〉 유선 네트워크 기술비교

구분	HomePNA	IEEE1394	USB	PLC	Ethernet
표준	V1/V2/V3	1394e/1394b	V1/V2.0	지역별	IEEE802.3
속도	1/10/100Mbps	~400Mbps/ 3.2Gbps	12/480Mbps	저속:9~450kbps 고속:1~30Mbps9	10/100Mbps
전송거리	150m	45/100m	30m	100m N/A	100m
노드 수	25개	63개	127개	논리적 32,000개	1024개
접속기기	PC 프린트, 전화	AV 기기 PC 주변기기	PC 주변기기	HA 통신기기	PC 프린트

1) 이더넷(Ethernet)

IEEE 802.3 표준에 따른 네트워킹 기술로써 데이터 통신에서 이미 오래전에 검증을 받은 LAN기술이다. 기업 네트워크를 비롯한 홈네트워크의 기반을 이루고 있으며, 속도가 빠르고(현재 10Mbps 및 100Mbps) 안전성과 높은 신뢰성 그리고 무엇보다 타 경쟁기술보다 저렴하다는 점에서 주목받고 있다. 단말장치들은 CAT-3 혹은 CAT-5의 UTP(unshielded twisted pair)선이나 동축케이블과 연결하고 CSMA/CD(Carrier Sense Multiple Access with Collision Detection) 프로토콜을 사용한다. 현재 1,000Mbps 전송속도의 IEEE 802.3a가 표준화 완료 상태에 있으며, 이 기술을 이용한 장비가 출시되고 있다. 최근의 신형 PC들이 이더넷 카드나 마더보드 위에 이더넷 LAN을 장착하고 있는 가운데 소비가전 벤더들도 이더넷을 임베디드시킨 셋톱 박스, PVR(Personal Video Recorder), DVD 플레이어, 비디오 게임 콘솔, 디지털 오디오 수신기 등을 시장에 내놓고 있다.

2) IEEE1394

차세대 홈네트워크 인터페이스 기술로 주목받기 시작한 IEEE1394는 원래 하드디스크 인터페이스로 1986년에 개발되기 시작하여, 1994년에 IEEE보급을 목적으로 1394 Trade Association이 설립되었으며 표준안 작업을 하고 있다. IEEE1394의 특징을 살펴보면 다음과 같다.

① IEEE1394 인터페이스의 가장 큰 장점은 전송속도가 빠르며, 모드에 따라 100Mbps, 200Mbps, 400Mbps로 규격화 되어 있다. 이와 같은 속도라면 디지털 오디오나 동화상 정보를 실시간으로 처리할 수 있으며 스캐너, 디지털 카메라, 디지털 비디오 카메라 등과 같은 멀티미디어 기기를 연결하여 사용할 수 있다.

② IEEE1394는 양방향 통신이 뛰어나다. 즉, 모든 주변기기마다 IEEE1394 인터페이스를 제어할 수 있는 IC를 내장할 수 있기 때문에 PC를 통한 화상회의 등의 응용분야에서 우수한 기능을 발휘할 수 있다.

③ IEEE1394는 PnP(Plug and Play)를 지원한다는 점이다.

④ IEEE1394는 직렬방식의 인터페이스 사용으로 한 기기의 전원이 꺼지더라도 다른 기기의 전원은 꺼지지 않는다. 네트워크 전송 표준으로서의 IEEE1394의 주된 장점은 가전산업과 PC 산업이 모두 이를 차세대 데이터 전송 표준으로 받아들이고 있다는 데 있다.

디지털 카메라, 디지털 VCR, 그리고 고용량 데이터 저장장치들은 이미 IEEE 1394 인터페이스를 결합하고 있으며, 조만간 소비자용 PC에서도 도입될 것으로 보인다. 이 기술은 동일한 실내에서 엔터테인먼트 네트워크나 혹은 댁내나 다세대 주택내의 백본 기술로서 실질적인 응용이 될 수 있을 것으로 예상된다.

3) HomePNA

홈네트워크의 백본 기술로 대두되고 있는 HomePNA는 기존의 댁내 전화선로를 이용하여 정보통신 기기들을 하나의 망에 연결하고 허브나 라우터 등의 별도 장비

없이도 LAN환경을 구축할 수 있으며, 현재 최대 데이터 전송속도 10Mbps인 HomePNA 2.0이 표준이 되고 있다. 최근에는 전송률 향상과 QoS(Quality of Service)를 강화시킨 128Mbps의 HomePNA 3.0이 발표되었는데, 2004년 중반경에는 HomePNA 3.0을 사용하는 선도제품이 시장에 출시될 예정이다. 기존의 댁내 전화회선을 사용한다는 장점을 바탕으로 유선 홈네트워킹 기술 가운데 비교적 안정적인 위치에 있기는 하나 최근 경쟁기술로 부각되고 있는 무선계 기술과 거의 맞먹는 가격과 사용상의 편이성, 보안 및 QoS 문제 등에서 확실한 해결책을 필요로 하고 있다.

4) 전력선(PLC : Power Line Carrier)

PLC는 가정이나 사무실에 포설된 전력선을 이용하여 통신신호를 100kHz~30MHz의 고주파 신호로 바꾸어 전송하고, 수신시에는 고주파 필터를 이용하여 신호를 수신하는 방식으로서 데이터 전송에 활용된 것은 이미 20년 가까이 된다. 저속(60bps)의 X-10 플랫폼이 초기 제품으로 출발하였으나 느린 속도 때문에 단방향이었으며 어플리케이션이 제한적이었다. 최근에는 HomePlug 1.0이 2001년 말에 선보인 이래 2003년초에 열린 CES에서 버전 2가 재설계되어 출시되었으며, 차세대 스펙인 HomePlug AV이 개발중이다. 이 표준은 HDTV 및 SDTV 포함해서 데이터와 멀티스트림 엔터테인먼트에 초점이 맞추어지고 있다. 전력선을 이용한 홈네트워킹 기술은 아직까지 이더넷이나 무선계 기술보다 상대적으로 가격이 높은 편이다. 장기적인 관점에서 볼 때 QoS 문제에 영향을 받지 않는 가전제품이나 데이터 전송분야를 지원하는 편에 속하게 될 것으로 보인다.

〈표 2-8〉 무선 홈네트워크 기술비교

단 체	표 준	주파수대역	전송속도	전송거리
블루투스	IEEE802.15.1	2.4GHz	1Mbps	10m
WLAN	IEEE802.11a/b/g	5.2GHz/2.4GHz	54/11Mbps	50m
UWB	IEEE802.15.3a	3.1~10.6GHz	480Mbps	10m
지그비	IEEE802.15.4	860/900MHz 2.4GHz	250Mbps	50m

5) 블루투스(Bluetooth)

블루투스는 통신 및 정보가전 기기들을 서로 연결함으로써 어느 때나, 어느 곳에서나 서비스가 중단 없이 연결될 수 있다는 장점이 있으며, 제조업체의 저가 모듈 및 제품 개발의 노력, 사용자에게 편리하면서도 친근한 응용제품의 지속적인 개발이 이루어져야 한다. 블루투스는 근거리, 일대다, 음성과 데이터 전송을 하기 위한 무선방식으로 보통 10m에 이르는 거리내의 단말간 통신이 가능하고, 출력을 증가시키면 100m까지도 그 인식거리를 확장할 수 있다. 블루투스 표준은 전세계 휴대폰 시장의 40% 이상을 장악하고 있는 노키아, 에릭슨 등이 표준화를 주도하고 있으며, 블루투스 SIG(Special Interest Group)와 IEEE802.15 그룹을 통해 표준화가 진행중이며 2001년에 블루투스 SIG에서 1Mbps급 버전 1.1 표준을 완료하였다. 현재는 블루투스 SIG에서 2~11Mbps급의 버전 2.0에 대한 표준화가 진행중이며, IEEE802.15.3에서는 20Mbps 이상의 고속 무선 PAN에 대한 표준이 진행중이다.

6) UWB

UWB 기술은 무선 반송파를 사용하지 않고 기저대역에서 수 GHz 이상의 매우 넓은 주파수 대역을 사용하며, 통신이나 레이다 등에 주로 응용되었으며, 사용 대역 폭이 중심 주파수의 25% 이상 혹은 1.5GHz 이상의 점유 대역폭을 차지하는 무선시스템이다. UWB의 핵심기술로는 100Mbps급 UWB 모뎀 기술과 고품질 QoS 지원을 위한 MAC 기술 그리고 광대역 전송에 적합한 소형 안테나 기술이 있다. 현재 UWB시장은 아직 형성되지 않았지만 2005년경에는 시장이 활성화될 것으로 예측된다.

7) 지그비(ZigBee)

지그비 기술은 저속 전송속도를 갖는 홈오토메이션 및 네트워크를 위한 표준기술로써 버튼 하나의 동작으로 집안 어느 곳에서나 전동 제어 및 홈보안 시스템, VCR On/Off 등을 할 수 있고, 인터넷을 통한 전화 접속으로 홈오토메이션을 더욱 편리하게 이용하려는 것에서부터 출발하였다. IEEE 802.15.4는 2003년도에 물리계층 및 MAC 계층의 표준을 마무리한 상태이다. 표준안에는 전송속도를 주파수에 따라 250kbps(2.4GHz ISM 대역에서 16개의 채널), 40kbps/20kbps(915MHz 대역에서 10개의 채널/868MHz 대역에서 1개의 채널) 전송속도로 되어 있으며 CSMA-CA 프로토콜과 255개의 기기를 연결하며 도달 거리는 1~100M로 설정할 수 있게 되어 있다. IEEE 802.15.4의 큰 특징 중의 하나인 저렴한 가격은 직접 방식인 스펙트럼 확산 기술을 기본으로 한 간이 변조 방식을 채용하여 무선 송수신 회로의 구성을 단순화하고 칩셋의 가격을 1.5 달러 정도로 억제하는 것을 지향하고 있다. 그리고 블루투스가 1Mbps, 1mW 이상의 송신전력을 갖는데 반해 지그비는 250kbps, 1mW 미만의 송신전력을 사용하고, 2.4GHz 주파수 대역에서 16채널을 지원하여 같은 대역내에서 더 많은 사용자를 수용할 수 있다. 지그비의 RF 링크 프로토콜과 사용자 어플리케이션은 단지 8비트 마이크로컨트롤러를 기반으로 동작하고, 실행 코드 사이즈의 크기가 작으므로, 전체 지그비 스택을 위한 코드 사이즈가 32k바이트 이하로 설계하는 것을 규격으로 하고 있다. 현재 Chipcon, Motorola, Broadcom, CSR, Atheros, Philips 등에서 CMOS 기술을 이용한 무선 SoC 칩 시제품을 발표하고 있으며, CMOS RF 내장 SoC의 상용화가 급속하게 진전되고 있다.

8) HomeRF

HomeRF 기술은 블루투스와 마찬가지로 2.4GHz 대역을 사용하여 가정 내의 PC를 중심으로 소비자 가전들을 연결하여 홈네트워킹을 구성하는 기술이며, 데이터 및 음성 트래픽 모두 지원하고 채널 접속은 TDMA와 CSMA/CD의 하이브리드를 사용한다. HomeRF 표준화는 2002년 3월 HomeRF 워킹그룹에서 음성규격이 포함된 최대 10Mbps급 HomeRF 2.0을 제정하였다. HomeRF 3.0 버전은 20Mbps 이상의 데이터 속도를 요구하며 HomeRF 1.0 및 HomeRF 2.0과 backward compatible 하다.

〈표 2-9〉 유비쿼터스 홈네트워크 미들웨어 기술비교

단 체	목 표	특징 및 개발 동향
HAVi	AV 기기를 중심으로 미들웨어 표준 정의 및 확산	- 상용화 : Vivid Logic, Intoto, 필립스, 미쯔비시 - 상호연동성 테스트 필립스, 소니, LG전자, ETRI - 미쯔비시에서 HAVi 지원 HDTV, VTR 출시 - 1394 지원 기기와 연동 가능(Legacy 기기 지원) - 타 표준과의 연계 : DVB-MHP, DASE-HN에서 고려중
UPnP	홈네트워크 환경에서 디바이스 제어를 가능하게 하는 기술 정의	- Peer-to-Peer 홈네트워크 기술로 모든 기기는 인터넷 프로토콜 스택, 응용 모듈, 웹서버 등이 필요 - MS사의 적극 지원 아래 빠르게 확산 - UPnP 툴킷, MS, Intel, Allegro, Metro Link, Siemens - Axis, Lantronix 등에서 UPnP 지원 시제품 개발
Jini	홈네트워크 환경에 적합한 서비스 확산을 위한 하부 구조 정의	- Java 기반의 분산 컴퓨팅, 차세대 유비쿼터스 컴퓨팅 분야에 적합 - 시제품 : 앱슨, 산요, 시스코 등 - OSGi 표준의 근간을 이루고 있음
론웍스	전력선을 이용하는 전등, 센서 백색 가전기기를 구성하고 제어하는 표준 정의	- Twist Pair, 전력선, FO(Fiber Optic) 등 다양한 매체 지원 - 빌딩, 공장 자동화 분야에서 개방형 de facto 표준 - 가전기기 : 삼성전자, 경동 등 - 에너지 관리 시스템 : 2,700백만 가구에 구축(2005년 이태리)
PLC Forun Korea	홈오토메이션에 적용될 수 있는 전력선 프로토콜 표준 정의	- 4계층을 갖는 전력선 기반의 프로토콜 - 가전 디바이스간 메시지 셋 정의 - 시제품 : LG전자의 에어컨 등 가전기기
DLNA	기기들의 상호호환성을 해결하기 위한 시스템 구조 정의	- 데이터 포맷, 제어 방식 정의 - PVR, 디지털 카메라, MP3 등 멀티미디어 기기 - 콘텐츠 공유에 초점이 맞추어 있음
OSGi	서비스를 위한 개방형 서비스 플랫폼	- 서비스 배포 - 서비스가 동작하기 위한 제반 환경 제공

HomeRF 시장은 초기단계로서 지멘스는 HomeRF 전화단말기를 개발하였고, 프록심에서는 데이터 네트워킹 모델을 개발하였으나 다른 무선기술에 비해 개발업체와 표준화 참여업체가 적으므로 시장형성이 활발하지 않은 편이다. 비교적 저가격이라는 점에서 홈네트워크 시장에서 강점을 지니고 있으나 전자레인지, 무선 전화기와의 간섭 등 무선 간섭문제가 남아 있다. 인텔이 IEEE 802.11b로 방향을 선회하는 등 경쟁기술인 802.11b Wi-Fi의 포트당 저가격화와 블루투스와의 관계설정 등 시장에서 점점 입지가 좁아지고 있다.

IEEE 802.15.3a에서는 MBOA 중심의 MB-OFDM UWB와 모토로라 중심의 DS-UWB 기술이 양분되어 표준화가 지연되고 있다. 국내에서는 ETRI와 삼성전자 등이 IEEE 802.15.3a회의에 참여하여 기고서 발표, 표준 제안 등 적극적인 표준 활동을 추진중이며, 특히 국내에서는 UWB 표준화 활동 이외에 적극적인 기술개발로 2004년 ETRI에서 HD급 미디어 전송이 가능한 UWB 시제품을 개발하였고, 2005년 하반기에 UWB 칩셋을 개발하는 등 외국과 비교시 기술이 대등한 수준이다.

2003년 국내의 UWB 활성화를 위해 한국 UWB 포럼을 구성하고 스펙트럼 정책 및 간섭분석 평가 등을 실시하였고, 한중일 동북아 UWB 워크숍 한국 유치 등 표준 활동을 주도하고 있다.

(4) 센서 네트워크 분야

유비쿼터스 홈을 구축하기 위한 센서 네트워크 기술은 필요한 사물이나 장소에 센서나 전자태그를 부착하고 이를 통하여 사물의 인식정보, 주변의 환경정보(온도, 습도, 조도 등) 및 위치정보를 탐지한 후 이를 실시간으로 네트워크에 연결하여 언제, 어디서나, 어떤 것과도 통신이 가능한 환경을 구현하는 것이다.

이러한 센서 네트워크를 효율적으로 운용하기 위하여 IEEE 802.15.4 LR-WPAN (Low Rate-Wireless Personal Area Network)에서는 저전력으로 적은 데이터량을 송수신할 수 있는 PHY와 MAC 프로토콜의 표준화를 완료하였고, 현재 응용 서비스를 위한 시스템 개발에 필요한 MAC 상위계층에 대한 표준화 작업이 ZigBee Alliance에서 진행중이다.

2-4 유비쿼터스 홈네트워크 표준화 단체동향

2-4-1 HGI

HGI(Home Gateway Initiative)는 주거용 홈게이트웨이에 대한 표준을 만들기 위해 2004년 12월 15일 스위스에서 Belgacom, British Telecom 등 9개의 통신사를 중심으로 설립되었고, 현재 약 34개의 업체들이 활동에 참여 중에 있다. HGI는 현재 표준(ITU-T, H610, DSL Forum)에 근거하여 그 차이점을 분석하고, HW/SW 아키텍처, 비용 등을 고려하여 향후 향상된 멀티플레이어 서비스(인터넷 서핑, 엔터테인먼트, IP 전화와 모바일-IP 전화, 화상전화 등)를 지원하기 위해 광대역 서비스와 네트워킹 환경을 완전히 지원하는 통합된 주택용 게이트웨이를 개발하는 것에 초점이 맞춰 있는 것이 특징이다.

2-4-2 TEAHA

TEAHA(The European Application Home Alliance) 프로젝트는 2004년에 DG Information Society and Media, IST 등의 유러피안 커미션의 재정 지원을 받아 Philips, Konnex, Advantica 등에서 상호호환성을 제공하는 홈시스템 구조, 장비 간 상호운용성, 저가격의 전력선 기술과 홈게이트웨이와 연동되는 무선 인터페이스에 대한 표준을 제정 중이다.

2-4-3 ISO/IEC JTC1/SC25/WG1 HES

ISO/IEC JTC1/SC25/WG1 HES(Home Electronic System)는 "HomeGate"로 명명한 장치의 물리적 스펙을 정의하는 N912 표준을 제정 중이며, TIA/EIA TR41.5에서 빌딩에서 멀티미디어 서비스를 제공하기 위한 residential 게이트웨이의 물리적 스펙에 대한 북미 표준인 TSB110 문서 표준화 진행중이다.

2-4-4 CableHome

CableHome은 북미 및 남미의 케이블 회사로 구성된 산업 단체인 CableLabs가 추진 중인 표준으로, 케이블 기반의 서비스들을 홈네트워크 환경으로 확장하는 것을 목적으로 하여 케이블 operator가 DOCSIS, PacketCable, OpenCable 플랫폼의 특성을 홈네트워크를 통해서 확장할 수 있도록 하는 개방형 상호운용 인터페이스를 정의하고 있다.

2-4-5 IEEE 802.15.3a

IEEE 802.15.3a에서는 MBOA 중심의 MB-OFDM UWB와 모토로라 중심의 DS-UWB 기술이 양분되어 표준화가 지연되고 있다. 국내에서는 ETRI와 삼성전자 등이 IEEE 802.15.3a회의에 참여하여 기고서 발표, 표준 제안 등 적극적인 표준 활동을 추진 중이며, 특히 국내에서는 UWB 표준화 활동 이외에 적극적인 기술개발로 2004년 ETRI에서 HD급 미디어 전송이 가능한 UWB 시제품을 개발하였고, 2005년 하반기에 UWB 칩셋을 개발하는 등 외국과 비교시 기술이 대등한 수준이다.

2003년 국내의 UWB 활성화를 위해 한국 UWB 포럼을 구성하고 스펙트럼 정책 및 간섭분석 평가 등을 실시하였고, 한중일 동북아 UWB 워크 한국 유치 등 표준 활동을 주도하고 있다.

2-4-6 1394 Trade Association Wireless WG

1994년 AV 기기간 멀티미디어 데이터 전송을 위한 프로토콜을 정의하기 위해 결성된 1394 Trade Association의 Wireless WG(Working Group)은 Sony, Intel, Microsoft, JVC, Matsushita, Compaq, NEC, Philips, TI 등이 핵심 멤버로서 무선 1394 기술에 대한 표준화를 진행 중이다.

국내에서는 ETRI, 삼성전자, LG전자 등이 회원으로 가입하여 표준화에 참여하고 있으며, 2004년에 UWB 기반의 무선 1394 기술을 구현하여 멀티미디어 데이터의 비동기 전송을 성공하고, 2005년 무선 1394를 적용하여 디지털 캠코더와 HDTV 간 실시간 영상을 전송하는 데 성공하는 등 세계기술을 선도하고 있다.

2-4-7 ZigBee Alliance

ZigBee 기술은 Honeywell, Invensys, Motorola, Philips, Mitsubishi, 삼성전자 등 산업체 콘소시엄인 ZigBee Alliance가 주축이 되어 ZigBee PHY 및 MAC을 비롯하여 데이터 링크 계층, 네트워크 계층, 응용 계층까지의 표준화에 박차를 가하고 있는데, ZigBee Alliance는 멀티미디어나 고품질 음성 통화 등의 복잡한 기술보다는 단순성에 초점을 맞추고 있으며 2004년 10월 표준이 완성된 이후 시장 선점을 위하여 저가 고성능의 칩 개발에 박차를 가하는 한편 IEEE 802.15.4b 및 IEEE 802.15.4a 등 표준의 보완/확장을 통해 그 성능 향상과 서비스 확대를 위해서 표준 활동도 활발히 추진해 나가고 있는 추세이다.

2-4-8 DLNA

DLNA(Digital Living Network Alliance)는 2003년 6월 구성된 DHWG (Digital Home Working Group) 컨소시엄의 바뀐 이름으로, 이 단체에서는 기기들의 상호호환성을 해결하기 위해 상호호환성 권고항목을 정의하고 있으며, 2004년 6월 HNv1.0을 발표하였으며, 표준의 주내용이 멀티미디어 데이터 포맷 정의, PVR, 디지털 카메라, MP3 등의 멀티미디어 기기의 콘텐츠 공유에 초점이 맞춰 있는 것이 특징이다.

디자인 가이드라인 제정을 통해 상호운용 프레임워크 구축

- 필요 기술을 정의, 완성하고
- 개방표준 하에서 Certification Program 운영
- UPnP와 UPnP AV를 기본으로 함

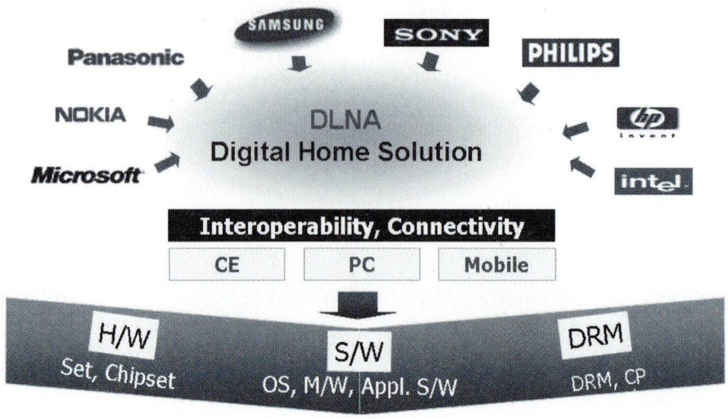

[그림 2-18] DLNA(Digital Living Network Alliance) 구성과 역할

2-4-9 OSGi

서비스 공급자가 소비자의 가정 내 환경에 적합한 서비스를 손쉽게 설치하고, 유지보수할 수 있도록 하는 Java기반의 개방형 서비스 플랫폼에 관한 산업 표준인 OSGi(Open Service Gateway initiative)는 2000년 5월에 서비스 요구사항 규격인 OSGi Spec Ver.1.0을 발표하였으며, 2001년 10월에는 Ver.1.0에서 정의된 서비스 번들의 간소화와 사용자 관리, 패키지 관리, 퍼미션 관리, 구성 관리, 선호도 관리와 같은 기능을 추가한 Ver.2.0을 발표하였으며, 2003년 3월에 시작레벨 관리, Jini

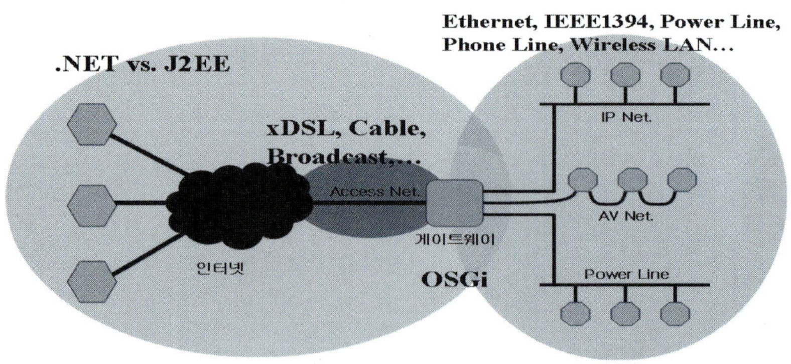

[그림 2-19] 다양한 홈네트워크 구성요소간의 결합

서비스, UPnP 서비스 등이 추가되고, SOHO용 홈게이트웨이뿐만 아니라 차량용 게이트웨이 지원을 위한 서비스가 추가된 Ver.3.0을 발표하였으며. 2005년 10월 OSGi 서비스 플랫폼 Ver.4.0이 발표되었다.

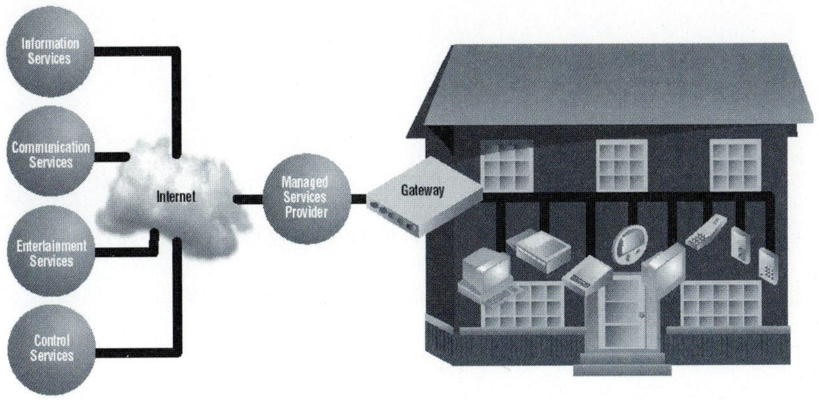

[그림 2-20] OSGi 구성

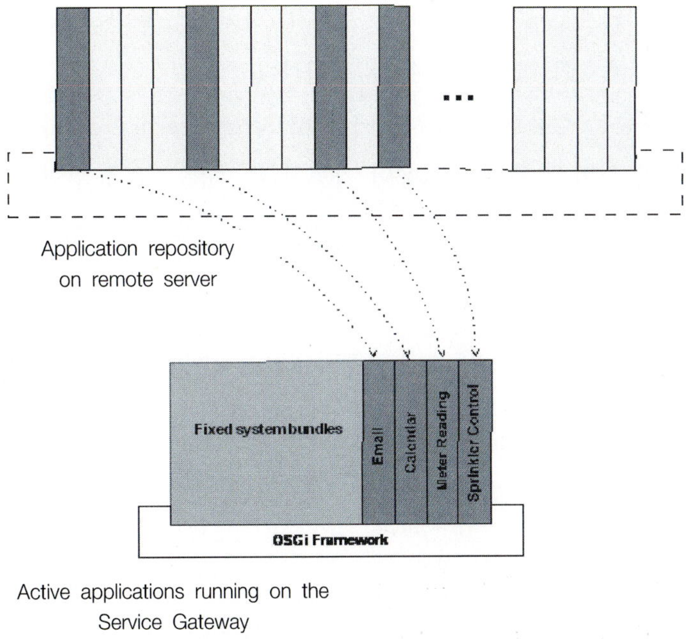

[그림 2-21] OSGi 프레임워크와 서버

특히 이 버전은 자바에 강력한 새로운 모듈화 능력이 추가되었고, 이를 통해 단일 VN을 공유할 수 있는 강화된 네트워크 서비스를 제공하며, 업계의 많은 새로운 표준 기반, 서비스 지향 능력의 발전을 추동할 것으로 예상될 뿐만 아니라 네트워크 장비의 개발 및 운영 중에 상당한 비용 절감이 가능할 것으로 전망된다.

2-4-10 IGRS

중국 내 시장수요와 산업화의 요구를 중심으로 가정정보화 네트워크 실현 기능을 정의하고, 자주적으로 가정정보화 네트워크 프로토콜 표준을 제정하기 위해 설립된 IGRS(Intelligent Grouping and Resou rce Sharing)는 2004년 3월 IGRS 표준 1.0을 신식산업부에 정식 제출하여 7월에 표준으로 공고한 이래, 표준에 부합되는 PC, 디지털 TV, Set-Top-Box, 가정용 무선설비 등이 중국 내에서 점차 출시되고 있는 추세이다. IGRS 1.0 표준은 IGRS 코아 프로토콜에 정의된 디바이스간의 자원 공유를 위한 디바이스의 서비스 요구사항, 디바이스 간의 자원 공유를 위한 메시징 포맷과 프로세스, 디바이스 그룹핑, 디바이스 탐색을 위한 메시징포맷 및 프로세스, 상호호환 메커니즘 등을 정의한다.

이 표준은 컴퓨터, 소비자 가전, LAN, PAN, 무선 환경 하에서의 통신기기에서의 자원 및 서비스 공유에 적용이 가능하다. IGRS 1.0 표준의 프레임워크는 크게 코아 프로토콜(Core Protocols), 어플리케이션 프로파일(Application Profiles), 기본 및 확장 어플리케이션(Basic and Extended Applications)로 구성된다.

2-4-11 국내 표준화 단체

(1) 한국정보통신기술협회 관련 활동

① 디지털 홈표준화 포럼

② DRM(Digital Rights Management) 포럼

③ MPEG-Korea 포럼

④ URI(Uniform Resource Identifier) 표준화 포럼

⑤ 무선인터넷 표준화 포럼

⑥ 블루투스 표준화 포럼

⑦ 한국xDSL 표준화 포럼

⑧ 이더넷 포럼

⑨ 인터넷 델리포니 포럼

⑩ 구내통신연구반(초고속통신 건물제도 인증)

(2) 기타 관련 활동

① 유비쿼터스 홈네트워크 포럼

② 394 포럼

(3) 업체표준

① 삼성전자가 추구하는 홈네트워크 솔루션 homevita는 s-cube라는 프로토콜 사용하고 제어/엔터테인먼트/데이터 네트워크를 통합하고 있다. 이때 homevita에서 제어쪽으로 적용하는 기술에는 유선(485)와 전력선이 있는데, 이중 전력선으로는 LonWorks 프로토콜을 탑재한 애쉴론의 PL31xx를 사용한다. 삼성전자의 PLC용 제품(가전, 조명, 가스 등)은 homevita(s-cube) 프로토콜을 적용한 애쉴론의 론웍스 방식의 PL31xx를 적용하고 있다.

② LG전자의 개발한 홈네트워크용 제어용 솔루션 LnCP(Living network Control Protocol) 전력선 통신칩과 485칩을 사용하고 있다.

2-5 유비쿼터스 홈서비스 표준화 규격

2-5-1 유비쿼터스 홈서비스(SHOM Unit) 표준화 방향

가정에 설치되는 인터폰을 통해 제공될 수 있는 서비스(기능)를 최소, 선택, 고급 기능의 세 가지 단계로 분류하여 표준화를 추진한다.

인터폰의 독자적인 기능뿐만 아니라 집 내/외부의 시설과 장치가 연동되어 인터폰을 통하여 제공될 수 있는 서비스도 포함하여 고려한다.

2-5-2 인터폰의 표준 기능 분류

(1) 통신 기능

① 댁내 사용자와 외부인의 대화 기능
② 영상에 의한 방문자 확인 기능
③ 방문자 자동 기록 기능(정지 영상 · 동영상)

(2) 안전 관리 기능

① 가스 누출 경보 기능
② 화재 경보 기능

(3) 범죄 예방 기능

① 게이트 수동/자동 잠그기 기능
② 게이트 열림 상태 자동 경고 기능
③ 외부에서 게이트의 잠금 상태 검사 기능
④ 게이트를 외부에서 원격으로 잠그기 기능
⑤ 긴급 상황 발생 시 자동 신고 기능
⑥ 전등의 파워 제어(옥내 배선 연결) 기능

⑦ 가전제품의 파워 제어 타이머 기능

2-5-3 서비스 등급 정의

① 서비스 동종 1 : 기본 기능(표준 인터폰 설치시 요구되는 최소한의 기능)
② 서비스 동종 2 : 선택 기능(다수 사용자가 선택할 가능성이 높은 기능)
③ 서비스 동종 3 : 고급 기능(일부 고급 사용자가 선택할 수 있는 부가 기능)

〈표 2-10〉 서비스 등급표

평가항목		1등급	2등급	3등급
홈 인터폰	설치장소	거실+각실+화장실+주방+발코니	거실+각실	거실만
	디스플레이 형태	Color Digital LCD	Color Digital LCD	흑백 Digital LCD
	인터폰 Type	Built-in+터치스크린 방식	Built-in+키폰방식	벽제 노출형
	제공기능	기본 기능+선택 기능+고급 기능	기본 기능 + 선택 기능	기본 기능
		12. 방문자 동영상 확인 기능 13. 사용자 인식 기능 14. 외부인 침입시 자동 신고 기능	7. 방문자 정지 영상 녹화 기능 8. 외부에서 게이트의 잠금 상태 검사 기능 9. 게이트를 외부에서 원격으로 잠그기 기능 10. 전등의 power control (옥내배선연결) 기능 11. 가전제품의 power control timer 기능	1. 인터폰 기능 2. 영상에 의한 방문자 확인 기능 3. 게이트 잠그기 기능 4. 게이트 열림 상태 경고 기능 5. 가스 누출 경보 기능 6. 화재 경보 기능
	영상신호 주사방식	디지털 방식	디지털 방식	아날로그 방식

2-5-4 서비스 등급별 요구 기능 분류

(1) 1등급

① 인터폰 기능
② 영상에 의한 방문자 확인 기능
③ Gate 잠그기 기능
④ Gate 열림 상태 경고 기능
⑤ 가스 누출 경보 기능
⑥ 화재 경보 기능

(2) 2등급

① 방문자 정지 영상 녹화 기능
② 외부에서 게이트의 잠금 상태 검사 기능
③ 게이트를 외부에서 원격으로 잠그기 기능
④ 전등의 전력 제어(옥내 배선 연결) 기능
⑤ 가전제품의 전력 제어 타이머 기능

(3) 3등급

① 방문자 동영상 녹화 기능
② 사용자 인식 기능
③ 외부인 침입시 자동 신고 기능

〈표 2-11〉 서비스 등급별 요구 기능 분류

서비스 레벨	홈컨트롤	커뮤니케이션	안전관리	부가 기능
서비스 1등급	• 가스밸브 및 조명 제어 • 난방 시스템 제어 • 가전기기 제어	• 전화 발신 및 수신 • 메모(텍스트) • 경비실 · 관리실 · 세대간 연결	• 가스 밸브 및 문/창문 개폐 확인 • 위험 상태 경보 • 방문자 확인 및 문 개패	
서비스 2등급	원격 홈컨트롤	• 화상 통신 지원 • 정지영상 및 동영상 메모 • 통합단지관리 시스템	• 원격 경보 • 원격 방문자 확인 및 문 개폐 • 방문자 영상 녹화 및 재생	• 엘리베이터 호출 • 외부 모니터링
서비스 3등급		• 원격 메모 • 인터넷 접속	• 사용자 인식 • 홈뷰어 • 출동경비 시스템	• 원격검침 • 택배통보 시스템 • 차량도착통보

part Ⅱ

유비쿼터스 홈네트워크 응용 시스템 개요

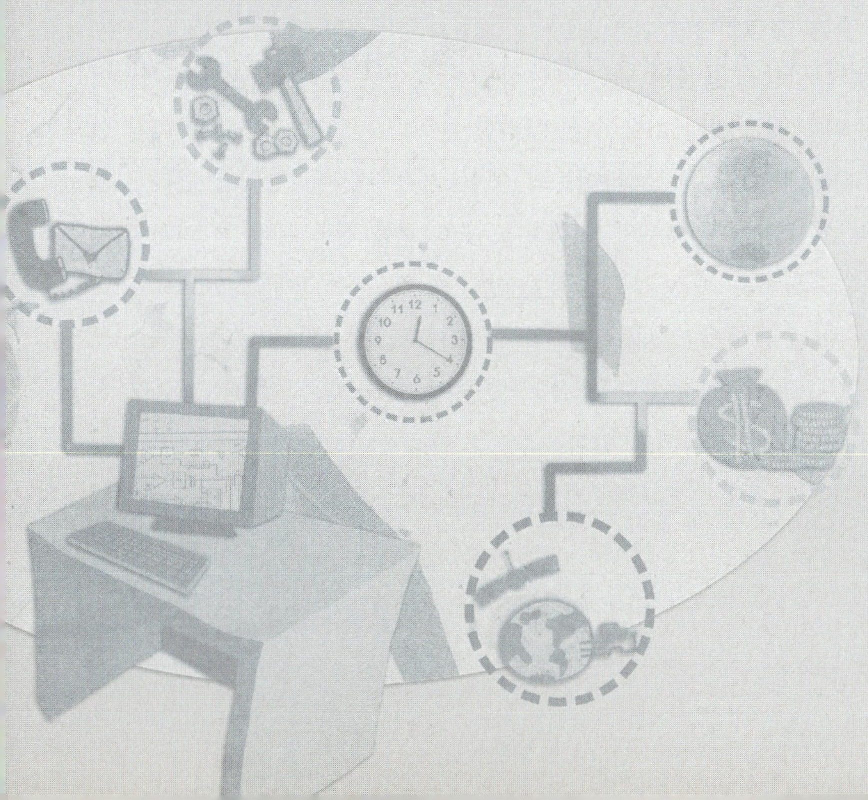

제 3 장
론웍스 시스템의 개요

3-1 론웍스 시스템의 개요

론웍스 기술은 이 세상의 모든 디바이스에게 지능을 부여하고 상호 운용에 대한 호환성을 보장하면서 피어 투 피어(Peer-to-Peer) 방식으로 개방형 표준에 따라 서로 네트워킹이 가능하도록 하며 이러한 지능형 디바이스가 언제 어디서나 접근 가능하게 구성해 주는 기술이다.

론웍스 네트워크는 상호 운용에 대한 호환성을 항상 염두에 두고 발전된 기술이고, 지능 분산에 따른 네트워킹 기술이다. 이러한 론웍스 기술은 빌딩 자동화와 산업 분야의 자동제어에 포함되는 디바이스와 제어 기술에 사용이 되고 있다.

최근에는 여러 산업의 자동화 분야 및 홈네트워크, 교통/철도 분야 등 여러 분야에서 구현을 하려고 노력을 하고 있으며 각종 산업 표준(ANSI, IEEE, SEMI.etc)이자 업계 표준으로써 여러 분야의 업체로부터 많이 사용되고 발전되고 있는 기술이다.

론웍스의 구성은 [그림 3-1]처럼 뉴런 칩, 트랜시버, 론토크(프로토콜), LNS(론웍스 네트워크 서비스)으로 구성되어 있다.

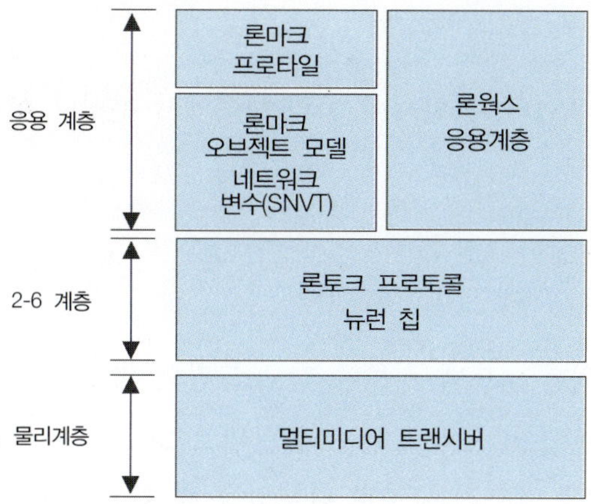

[그림 3-1] 론웍스의 구성

3-1-1 출현 동기

네트워크는 크게 데이터 네트워크(Data Network)와 제어용 네트워크(Control Network)로 나누어진다. 데이터 네트워크와 제어용 네트워크를 분류하여 생각해 보면 다음과 같다.

(1) 데이터 네트워크

정보의 양이 많고 전송의 빈도가 많지 않으며 불규칙적이다.

⇒ LAN(Local Area Network)

(2) 제어용 네트워크

전송할 정보 양이 적고 데이터 샘플링과 같이 발생 빈도가 규칙적이며 정보 전송이 신뢰성이 있어야 하며 실시간으로 수행되어야 한다.

⇒ LON(Local Operating Network)

이러한 방식으로 네트워크를 분류하였을 경우 LAN과 LON은 모두 네트워크이지만 목적이 다르다.

(3) LAN(Local Area Network)

컴퓨터, 프린터, 파일서버 등의 사이에서 문서나 이미지 등 대량의 데이터를 처리한다.

(4) LON(Local operation Network)

제어를 위한 피드백 정보나 각 노드간의 명령이나 상태 등 소량의 데이터를 교환하여 네트워크 전체 또는 그룹단위로 고도로 조직화된 제어를 한다.

네트워크를 계층적 구조로 나누었을 때 최하위의 센서, 액추에이터 같은 디바이스에서부터 제어와 모니터링을 하는 디바이스를 마치 기존의 LAN에 연결된 노드처럼 동일한 프로토콜로 묶여 하나의 라인으로 통신하고자 한다. 이러한 개념은 [그림 3-2]와 [그림 3-3]에서와 같이 컴퓨터 산업이 기존의 중앙집중식의 메인프레임 · 더미터미널 구조에서 워크스테이션, 오늘날에는 인텔리전트 PC, 클라이언트 · 서버 구조로 발전해 왔다는 점을 착안하여, 컨트롤 산업도 기존의 중앙집중식 마스터 / 슬레이브 방식에서 분산 제어방식(DDC, PLC)으로 피어 투 피어(Peer-to-Peer), 수평적 구조로 가야 한다는 아이디어에서 비롯된 것이다.

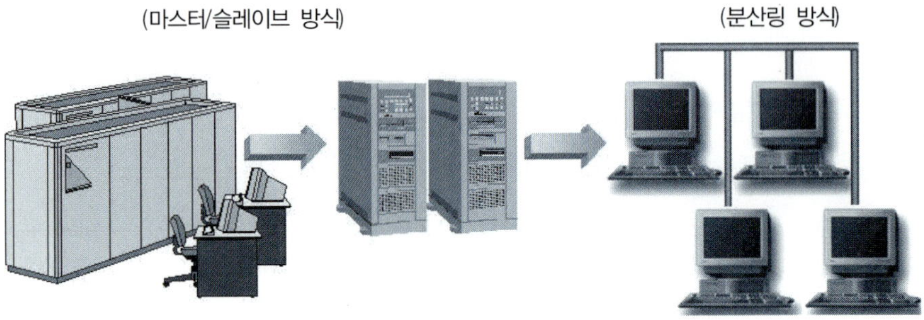

[그림 3-2] 마스터/슬레이브에서 분산제어 방식으로 변화

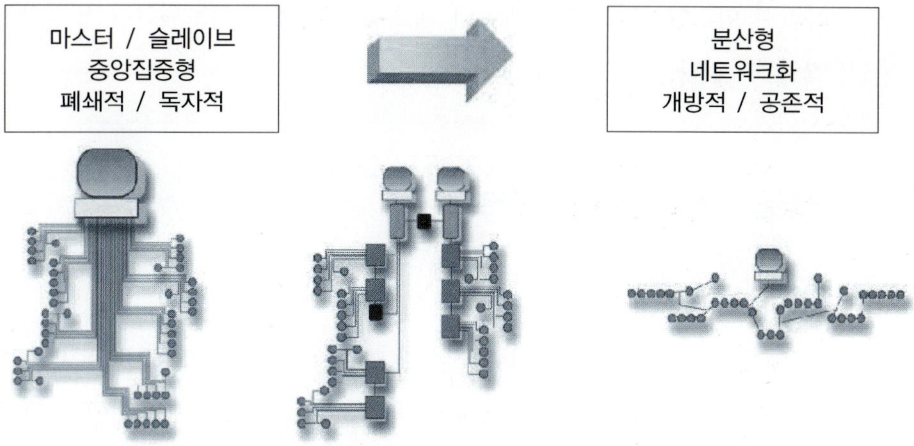

[그림 3-3] 컴퓨터 산업계와 자동제어 업계의 변화

앞에서 말한 데이터 네트워크와 제어 네트워크는 서로 간에 고립된 영역을 이루고 있지만 인터넷 관련 소프트웨어와 하드웨어의 발달로 인하여 데이터 네트워크와 제어 네트워크 간에 연결 관계를 맺어 주기 위한 방식을 고려하게 된다. 가장 쉽고 일반적으로 생각할 수 있는 솔루션 중의 하나가 제어 시스템 간에 게이트웨이(gateway)를 두어 데이터 네트워크와 통합하는 방식이다. 그러나 게이트웨이 방식은 아래와 같은 한계를 갖는다.

① 양 네트워크간의 데이터 교환, 진단, 유지 보수 등의 작업 한계
② 업그레이드나 변경의 어려움
③ 로컬과 리모트용 툴개발의 어려움
④ 과거 폐쇄적이고 중앙집중적인 제어 모델 형태 유지

게이트웨이 방식 외에 생각할 수 있는 방식으로는 제어 네트워크의 개별 디바이스에 웹서버를 설치하는 것이다. 말하자면 각각의 개별 제어 네트워크 요소에 데이터 네트워크망을 연결한다는 말인데 이 방식은 또한 아래와 같은 한계를 갖는다.

① 용도와 목적이 다른 두 네트워크간의 연결에 무리함
② 비용적인 면에서의 비효율성

따라서 이러한 구성 역시 데이터 네트워크와 제어 네트워크를 통합하는 적절한 방법일 수 없다.

3-1-2 개방형 통신망으로서의 론웍스

1) 개방형 통신망이란

다른 제조업체의 장비들 간에 상호운용성을 보장하는 통신망을 말한다.

서로 다른 제조업체의 장비들 간에 통신을 가능하도록 하기 위한 데이터 구조 및 통신 규약을 제공하며, 각 장비에서 생성된 데이터가 다른 제조업체의 장비에서 사용가능하다.

(1) 개방형 통신망의 대두 과정

① 초기 제어 시스템

제어 시스템 내부에 릴레이, 스위치, 분압기, 액추에이터와 거기에 연결된 엄청나게 많은 배선(wire)으로 구성되어 있었다. 거기에는 제어반과 센서 입력/액추에이터가 1 대 1 대응 방식으로 연결되어야 했기에 이러한 제어 시스템은 아주 초보적이고 융통성이 없었으며 배선 연결을 추가하고 수정하는데 막대한 작업을 필요로 했다.

② DDC(Direct Digital Controller)의 사용

제어 시스템은 선과 릴레이를 대신해서 논리 회로를 어플리케이션한 도구를 사용하였다. 즉 전기 패널 대신 데이터 터미널로 프로그래밍할 수 있는 DDC(Direct Digital Controller)를 사용하기 시작했고 강력한 제어 알고리즘이 개발되어서 프로세스별로 적합한 제어가 가능해졌다.

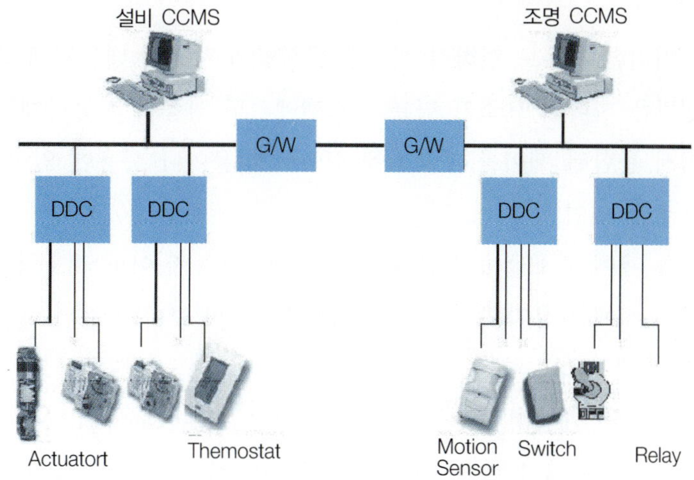

[그림 3-4] 게이트웨이를 이용한 DDC 제어 방식(건물 설비의 예)

③ DDC(Direct Digital Controller)의 문제점 도출

- 시스템 규모가 커질 경우 시스템 추가 변경의 어려움
- 시스템 규모가 커짐에 따라 소프트웨어의 복잡성
- 컨트롤러와 하부 센서/액추에이터간의 많은 배선
- 독자적 내부 아키텍처를 갖는 DDC의 개발로 인한 벤더들 간의 호환성 결여
- 벤더간 연결을 가능하게 하는 게이트웨이 사용의 시작

④ 게이트웨이 사용에 있어서의 제약

게이트웨이의 사용에 있어서의 제약은 보다 세부적이고 막힘없는 제어를 이룰 수 없다는 점에 있다. 게이트웨이는 양쪽 서브시스템 간에 제한적인 상태값과 제어 정보를 전달할 뿐이다. 예를 들면 오류 상태(Fault Status)에 대한 정보가 공유될 수 없고 게이트웨이의 조합형 프로그램은 서로 다른 센서로부터의 정보를 공유할 수 없기 때문에 시스템은 전반적인 상태값에 대해서 리얼타임으로 대처할 수 없다. 더욱이 게이트웨이는 서브시스템들 중 한 개만 바뀌어도 수정되어야 했고, 이는 시스템 통합자 및 최종 사용자에게 까다로운 유지 보수의 문제점을 야기시킨다.

⑤ 개방형 통신망의 사용

이러한 이유로 인하여 개방형 통신망의 사용이 대두되게 되었으며 개방형 통신망은 하나의 요소가 다른 시스템에서도 사용이 가능하게끔 표준화를 시켜주어서 통합된 제어를 구축함에 있어서 비용이나 사용에 있어서 불편한 점을 없애주게 되었다.

즉 제어 요소들에 대한 표준을 정해줌으로써 어느 제조업체의 독점을 방지함과 동시에 사용자의 선택권을 넓혀줌으로써 보다 안정된 제어 시스템을 구축할 수 있게 한다.

이러한 개방형 통신망으로는 론웍스, BACNet, EIB 등이 있으며, 애쉴론(Echelon)사에서 범용 제어 통신망으로 개발한 것이 론웍스이다.

3-2 론웍스 시스템의 특징

3-2-1 론웍스의 구성요소

론웍스는 다음과 같은 형태로 구성이 되어 있다.

① 뉴런 칩(Neuron Chip)과 매체간의 통신 칩인 트랜시버(Transceiver)를 탑재한 론웍스 디바이스

② 론토크 프로토콜(LonTalk Protocol)

③ 네트워크 관리, 통신망 운영 시스템인 론웍스 네트워크 서비스(LNS : Lonworks Network Service)

④ 네트워크 구성을 위한 사용자 어플리케이션(application) 및 HMI

론웍스 시스템을 LAN 시스템과 비교하여 보면 〈표 3-1〉과 같다.

〈표 3-1〉 론웍스 시스템과 LAN 시스템 비교

론웍스	LAN
뉴런 칩	Pentium 5
트랜시버	LAN card
론웍스 네트워크 서비스	Windows NT
론토크	TCP/IP
윈도우즈용 론메이커	MS-Excel

즉 론웍스 시스템은 PC의 펜티움 칩과 같은 CPU를 자체 내장하고 통신 수단이 되는 트랜시버(transceiver)를 가지게 되어서 제어에 필요한 다른 요소들을 가지게 되어 디바이스 자체가 하나의 시스템을 형성해 주게 되는 장치인 것이다.

3-2-2 론웍스의 통신방식

론웍스의 통신 방식은 흔히 정보 기반 통신(Information-based communication)으로 분류되고 이것은 기존의 명령 기반 통신(Command-based communication)과 차별화된다.

[그림 3-5]와 같이 기존의 제어기(DDC, PLC)들은 기존의 센서와 커맨드 위주의 통신을 하므로 새로운 디바이스가 추가되면 제어기와 결선을 연결해 줌과 동시에 제어기의 응용 프로그램을 재수정해야 하는 불편함이 있다. 더욱이 이러한 제어기는 제조업체들마다 고유한 독자적이고 폐쇄적인 구조로 구현된 것이므로 사용자는 제조업체에 종속적일 수밖에 없다.

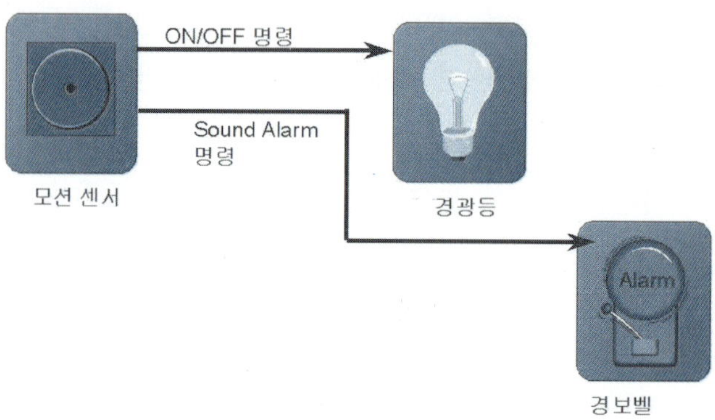

[그림 3-5] 기존의 제어 방식

이에 반하여 론웍스는 네트워크 변수(Network Variable : NV)라고 불리는 특별한 형태의 입출력 오브젝트(Input/Output)를 사용하여 디바이스 간에 바인딩 정보만을 바꾸어 줌으로써 통신을 재설정하게 된다. [그림 3-6]에서와 같이 출력으로 선언된 하나의 NV 값이 갱신이 되면 자동으로 그 출력 NV와 연결된 입력 NV를 가지는 모든 노드로 해당 값이 전파되어 값이 갱신된다. 이와 같이 한 노드에서 출력 NV를 다른 노드의 입력 NV에 연결하여 동시 갱신이 되도록 하는 과정을 바인딩(Binding) 작업이라고 한다.

NV에 의한 통신의 장점은 응용 프로그램에서 통신에 대한 고려 부분이 전혀 없이 통신이 되는 것이며, 따라서 응용 프로그램의 변경 없이 바인딩 정보만 바꾸어

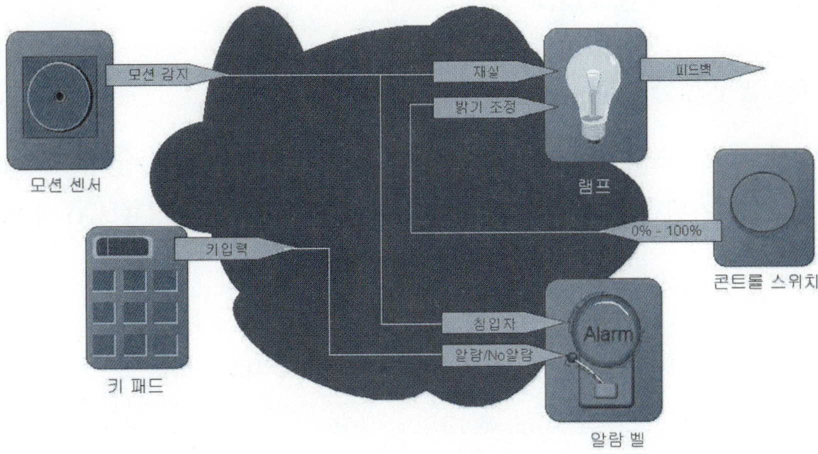

[그림 3-6] 론웍스 시스템에서의 제어 방식

〈표 3-2〉 론웍스와 일반 제어 방식과의 비교

	론웍스 통신 방식	일반적인 제어 방식
분 류	정보 기반 방식	명령 기반 방식
새로운 디바이스 추가	용이(바인딩 정보만 변경)	어려움(결선 및 프로그램 수정)
제조업체에 대한 의존성	개방적	종속적

줌으로써 쉽게 네트워크 통신이 가능하다.

이것이 바로 정보기반의 통신이 가지는 장점이다.

또한 론웍스는 위와 같은 이유로 인하여 상호 운용성을 갖게 되는데 이것은 센서나 각종 제어용 디바이스가 여러 시스템에 의해 공유되기 때문에 보다 적은 수의 센서나 컨트롤 디바이스가 필요해진다는 특성이다. 이에 따라 전체적인 제어 시스템 비용이 감소한다. 예를 들면, 위의 그림과 같이 빌딩 자동화 시스템에 있어서 한 개의 상호 운용 가능한 모션 센서가 해당 구역 안의 난방 시스템, 출입관리 시스템, 보안 시스템 등에 두루 사용될 수 있다. 이때 모션 센서는 여전히 같은 기능(즉 움직임을 감지하는)을 할 뿐이다. 하지만 이 정보는 여러 서브시스템에서 각자의 용도에 맞게 활용된다. 이러한 특성은 기존의 제어 방식에서 한 개의 센서가 하나의 동작을 가능하게 하는 것과 비교될 수 있다.

3-2-3 론웍스 시스템과 비교 DDC

(1) 시스템 안정성 비교

다음은 시스템 안정성면에 DDC 론웍스 시스템은 제어 방식, 프로토콜, 통신 등에 타 시스템과 연결방식, 시스템통합, 노드추가 등으로 〈표 3-3〉에 비교 설명하였다.

〈표 3-3〉 DDC와 론웍스 시스템 비교

	DDC 시스템	론웍스 시스템
제어방식	중앙집중 방식 오류 발생 시 하위 모든 디바이스가 영향을 받게 됨	분산 제어 방식 지능형 디바이스에 의해 하위 디바이스 이상 시에도 오류 범위 최소화
프로토콜	독자적이고 폐쇄적인 프로토콜 벤더에 따라 제품의 신뢰도가 결정	개방형 LonTalk 프로토콜 ANSI(미국), EN(유럽), GB/Z(중국) 표준
통신	대부분 노이즈에 취약한 RS 485 방식의 통신	자유 배선 구조 RS485 방식에 비해 노이즈에 강함
타 시스템과 연결방식	타 시스템 / PLC와의 연결은 게이트웨이를 사용	상위별도 게이트웨이 없이 통합 (론웍스로 구현된 서브시스템의 경우)
시스템통합	게이트웨이 프로그램을 일일이 재작성	구역별 제어 로직을 쉽게 구성 가능
노드 추가	배선 및 프로그래밍 변경 등의 작업이 복잡	배선 및 프로그래밍 수정 등의 작업이 용이
기 타		TP(쌍꼬임선), 전력선, FO(광섬유) 등 다양한 통신 매체 사용 가능 6천만 개 이상의 론 디바이스가 여러 산업 분야에 설치 전 세계적으로 4000여개의 업체가 론웍스 관련 디바이스를 생산 상호운용 가능성에 대한 보장 인터넷, ISDN망을 사용한 원격 감시 및 제어용 라우터가 상품화

(2) 시스템 확장성 비교

다음은 시스템 확장성에 따른 비료를 [그림 3-7], [그림 3-8]에서 보는 바와 같이 DDC 시스템과 론웍스 시스템간의 확장성을 설비 중앙관제센터와 조명 중앙관제센터 간을 비교하였다.

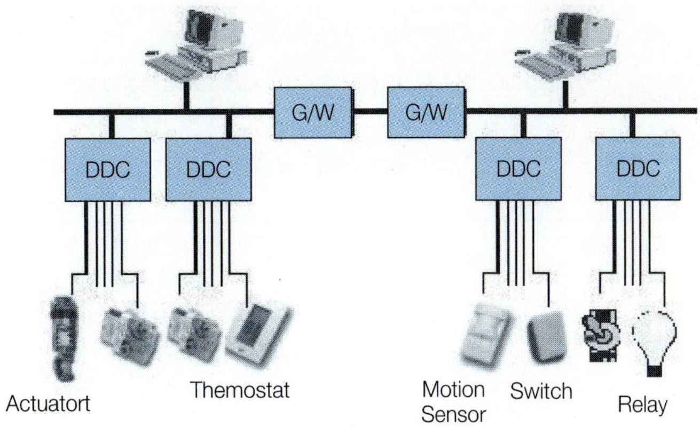

[그림 3-7] DDC 시스템에서의 시스템 확장

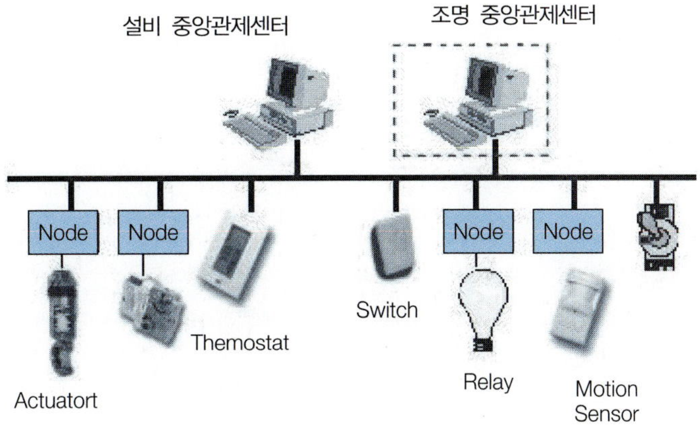

[그림 3-8] 론웍스 시스템에서의 시스템 확장

(3) 기술 및 시스템 비용 비교

다음은 기술 및 시스템 비용에 의한 비교로써 〈표 3-4〉에서 DDC 기반 시스템과 론웍스 시스템간의 비료를 배선 배관비용, 노드추가, 타 시스템과 통합기능 추가 등의 항목을 비교하였다.

〈표 3-4〉 DDC와 론웍스 시스템간 비교

	DDC 기반의 시스템	론웍스 시스템
배선/배관 비용	DDC로 집중된 배선으로 서브시스템 별로 별도 배선 필요	자유로운 배선 구성으로 공정이 간단하고 비용이 적게 소요
노드 추가	고가의 PLC가 추가로 필요할 경우 발생	해당 노드 비용만 추가 근접 네트워크와 배선만 연결
타 시스템과 통합/기능 추가 시	많은 비용 소요	다양한 벤더의 최적 제품을 합리적인 가격으로 구성 가능
기 타	- 중앙 감시반 비용 고가 - 유지 보수 서비스 업체 제한적	개방형 네트워크 아키텍처

3-3 론웍스 시스템의 프로토콜

3-3-1 론토크(LonTalk)

통신 시스템의 가장 중요한 부분은 통신 프로토콜이다. 론웍스의 프로토콜인 론토크(LonTalk) 프로토콜은 반도체 칩에 내장된 펌웨어(Firmware)와 하드웨어(Hardware)를 사용하여 OSI 모델의 7개 계층을 모두 가지고 있다.

ANSI/EIA 709.1 제어 네트워크의 표준이면서 론토크 프로토콜로 알려져 있는 론웍스 프로토콜은 론웍스 시스템의 핵심이다. 이 프로토콜은 디바이스 내에 있는 어플리케이션 프로그램이 다른 디바이스의 추가적인 역할이나 이름, 어드레스, 혹은 네트워크의 형태와 같은 것들을 알아낼 필요 없이 네트워크상에서 다른 디바이스로부터 메시지를 주고받을 수 있도록 통신 서비스를 제공한다.

또한 론웍스 프로토콜은 부가적으로 메시지의 메시지 인증 및 전송 시간을 제한하는데 용이하게 사용될 수 있고, 우선권 분배(priority delivery)와 같은 것들을 부가적으로 제공해 줄 수 있다. 원거리 네트워크상에서 디바이스를 상호 작용할 수 있도록 하는 네트워크 관리 서비스가 제공되는데, 이것은 디바이스 어플리케이션 프로그램의 시작/정지/리셋이나 네트워크 문제의 보고라든가, 어플리케이션 프로그램의 다운로드, 또는 네트워크 어드레스와 파라미터의 재설정을 포함한다.

즉 론토크는 다음과 같은 특징을 가지고 있다.

① TP(Twisted Pair)와 전력선을 포함하여 광범위한 종류의 통신 매개체를 지원한다.

② 분산 처리가 가능하도록 장치간의 동순위(Peer-to-Peer) 통신이 가능하다.

③ 제어용 통신을 위한 프로토콜로서 시스템 보안 문제를 포함하여 최대의 신뢰성을 보장한다.

④ 네트워크의 규모에 제약을 받지 않으면서 시스템 반응 시간을 예측할 수 있다.

⑤ 다양한 통신 매개체와 통신 속도로 구성된 네트워크 간의 장애없는 통신을 지원한다.

⑥ 각 노드간의 자유로운 임의의 연결이 가능하다.

⑦ 클라이언트-서버 기능을 지원한다.

⑧ 제어 노드의 연결이나 작업그룹 관리, 오류진단 등의 네트워크 관리가 프로토콜 레벨에서 이루어진다.

3-3-2 네트워크 변수

응용 프로그램은 네트워크 변수(Network Variable : NV)이라고 불리는 특별한 형태의 입출력 오브젝트를 선언할 수 있으며, 출력으로 선언된 하나의 NV의 값을 갱신하게 되면 그 출력 NV와 연결된 입력 NV를 가지는 모든 노드로 해당 값이 전파되어 값이 갱신된다. 이와 같이 한 노드에서 출력 NV를 다른 노드의 입력 NV에 연결하여 동시 갱신이 되도록 하는 과정을 바인딩(Binding) 작업이라고 한다.

이러한 NV에 의한 통신의 장점은 다음과 같다.

① 응용 프로그램에서 통신에 대한 고려 부분이 없이 통신이 가능

② 응용 프로그램의 변경 없이 바인딩 정보만 바꾸어서 네트워크 통신이 가능

③ 뉴런 칩을 호스트로 사용하는 노드에서 최대 64개의 NV를 선언 가능

3-3-3 매체 액세스(Media Access)

모든 네트워크 프로토콜은 데이터 패킷을 안전하게 보낼 수 있는 시기에 맞추어서 디바이스가 받을 수 있도록 MAC(Media Access Control) 알고리즘을 사용한다. 이러한 MAC 알고리즘은 네트워크 상태의 충돌을 최소화하여 과부하 상태에서의 안정성을 갖게 해주기 위하여 사용하는데 론토크 프로토콜은 predictive p-persistent CSMA 프로토콜이라고 하는 독특한 MAC 알고리즘을 사용하여서 탁월한 효과를 발휘한다.

3-3-4 메시지 서비스

론웍스 프로토콜은 메시지 전달 서비스에 있어서 다음과 같은 3가지 메시지 서비스를 제공한다.

① 승인(Acknowledged) 서비스
② 반복(Repeated) 서비스
③ 비동일(Unacknowledged) 서비스

이런 서비스는 네트워크의 신뢰성을 확보하고 네트워크 성능을 최적화시킬 수 있다.

3-3-5 론토크 프로토콜 표준

원래 론웍스 프로토콜은 뉴런 칩에만 삽입되어 사용할 수 있었고, 이러한 것이 모든 제조업자들에 의해 일치된 어플리케이션으로 인정받았다. 지금은 많은 수의 호환 디바이스가 설치되었고, 애쉴론 업체가 론웍스 프로토콜을 발표하고, 그것을 ANSI/CEA 709.1 제어 네트워크의 표준으로 개방하였다. 그렇기 때문에 누구나 이 프로토콜을 자유롭게 사용할 수 있게 되었으며 많은 업체에서 개발을 진행하고 있다. 론토크 프로토콜은 모든 론웍스 디바이스의 핵심이라고 할 수 있으며 그 스펙은 공개되어 있다.

론토크 프로토콜은 OSI 7계층 모델에 준하여 〈표 3-5〉처럼 구성되어 있으며, 하드웨어 또는 펌웨어(firmware) 형태로 구현되어 있다. 이러한 론토크 프로토콜 중 MAC 계층으로부터 응용 계층(Application Layer)을 마이크로프로세서에 VLSI화하여 넣은 것이 뉴런 칩(Neuron chip)이고 통신 매체와의 커뮤니케이션을 위한 물리 계층(Physical Layer)을 담당하는 것이 론웍스 표준 트랜시버이다.

〈표 3-5〉 론토크 프로토콜의 OSI 7 계층

응용 계층	응용 프로그램
프리젠테이션 계층	데이터 해석
세션 계층	리모트 동작
트랜스포트 계층	양단의 신뢰성
네트워크 계층	목적지 어드레싱
데이터 링크 계층	메디아 액세스와 프래닝
물리 계층	전기적 연결

3-3-6 론토크 프로토콜 요약

론웍스 프로토콜에 의해서 제공되는 다양한 서비스를 통해 네트워크를 최적화 시키고 신뢰도나 보안을 시켜준다. 론웍스 프로토콜을 정리해 보면 다음과 같다.

① 제어 어플리케이션을 통한 네트워크의 사용법을 좀 더 최적화하여 작은 메시지에 대한 전달을 좀 더 효과적으로 할 수 있도록 한다.
② 한 제조업체에 의해서 생산된 것에 대한 정보를 서로 공유할 수 있게 함으로써 제품에 대한 상호 운용성을 효과적으로 제공한다.
③ IP 네트워크상에서의 통신뿐만이 아니라 TP(Twist Pair)이나 전력선(Power line)과 같은 다양한 통신 매체를 제공한다.
④ 통신 속도나 매체의 타입을 서로 혼합하여 구축한 네트워크를 제공한다.
⑤ 인증받지 못한 시스템에 대한 사용을 막으면서 신뢰성 있는 통신을 지원한다.
⑥ 디바이스나 툴 그리고 어플리케이션에 대한 구현 비용을 낮춰준다.
⑦ 설치나 유지비를 최소화하고, 감가상각비를 줄여 준다.
⑧ 한 포인트에 대한 오류를 제거함으로써 시스템의 신뢰도를 한층 더 증가시킨다.
⑨ 네트워크의 크기와는 상관없이 예상 응답시간을 제공한다.

⑩ 수만 가지의 디바이스를 지원하되 단지 몇 개의 디바이스를 가진 네트워크에서의 효과와 똑같다.
⑪ 중앙집중식이나 분산된 제어 시스템, 어디에서든지 일대일 방식을 지원한다.
⑫ 디바이스 간에 좀 더 유동적이고도 다루기 쉽게 연결시킬 수 있다.

3-4 론웍스 시스템의 매체와의 통신

3-4-1 뉴런 칩

애쉴론(Echelon)사에서 개발된 뉴런 칩(Neuron Chip)은 경제적이면서도 표준이 될 만한 구성을 가지고 있으며, 뉴런 칩에는 3개의 독립된 프로세서가 있다.

이에 따라 네트워크 메시지의 처리와 어플리케이션의 처리가 독립적으로 수행될 수 있다.

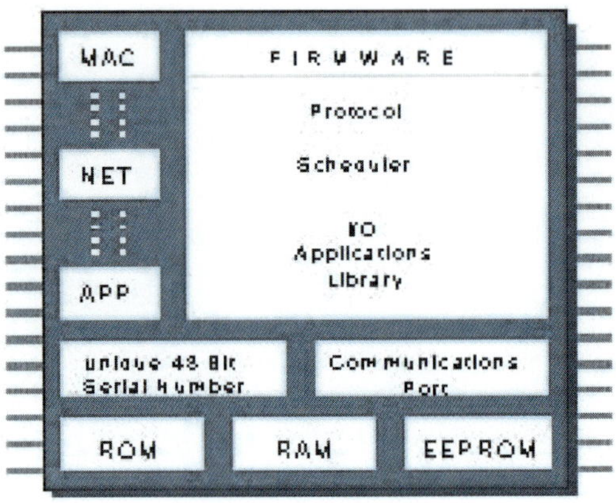

[그림 3-9] 뉴런 칩의 구성

뉴런 칩은 내부의 메모리 내장 유무에 따라 3120계열과 3150계열로 나누어진다.

프로세서자체가 통신을 위한 프로토콜 내장하고 있으므로 디바이스 개발자는 디바이스의 어플리케이션 프로그램만 작성하고 네트워크 통신을 위한 프로토콜은 일일이 구현할 필요가 없다.

또한 뉴런 칩에는 2개의 16비트 타이머/카운터, 20mA 싱크 포트 등 11개의 I/O 포트를 이용한 34개의 입출력 모드를 제공한다. 또한 네트워크 통신 전용포트를 갖추고 있어 여러 종류의 트랜시버와 다양한 모드로 인터페이스할 수 있다.

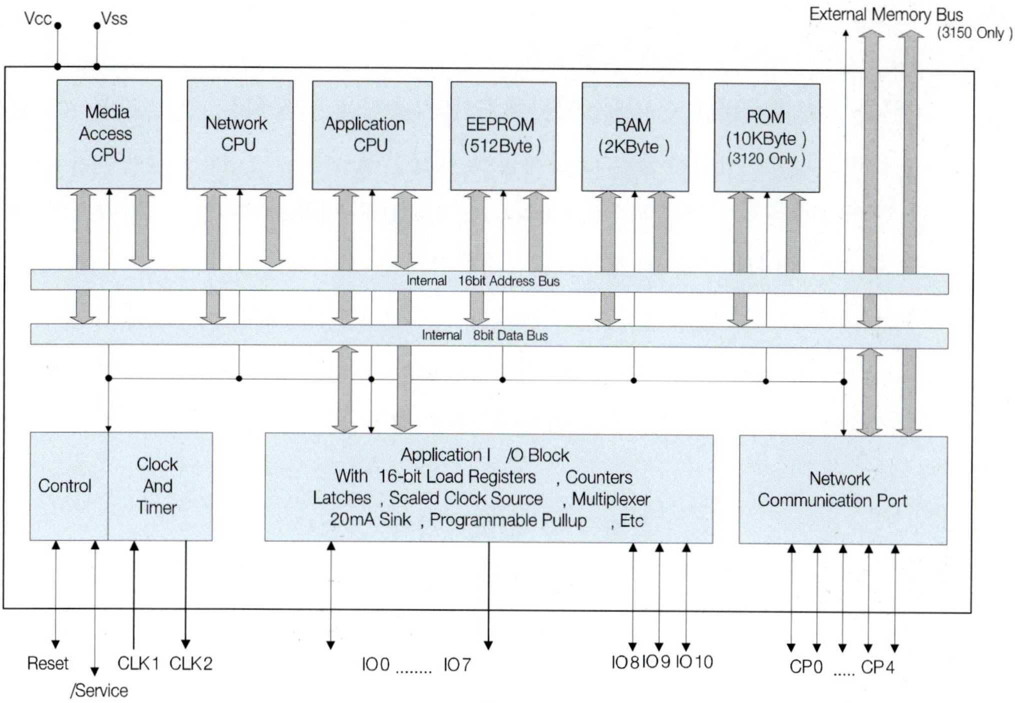

[그림 3-10] 뉴런 칩의 구성도

뉴런 칩은 최초에 애쉴론에서 설계되었지만 지금은 애쉴론의 제조 파트너에 의해서 계승되어 설계되고 제작된다. 사이프레스(Cypress) 반도체, 모토로라, 도시바는 현재 뉴런 칩을 생산해 내는 공급자이다. 이와 같이 다수의 공급자를 통해서 뉴런 칩이 경쟁적인 분위기 속에서 만들어진다. 그러한 분위기를 통해서 가격을 인하시킬 수 있으며, 칩에 대한 믿을만한 소스를 제공받을 수 있게 되었다.

뉴런 칩은 통신이나 I/O 서브시스템, 롬(ROM) 혹은 램(RAM), 그리고 멀티프로세서를 가지고 있는 일종의 온칩(On-a-chip) 시스템이다. 롬에는 운영 시스템(OS)과 론웍스 프로토콜, I/O의 기능 라이브러리가 포함되어 있다. 칩에는 론웍스 네트워크상에서 다운로드된 어플리케이션 프로그램과 구성 프로그램, 구성 데이터를 위해서 비휘발성 메모리를 사용하고 있다.

3-4-2 트랜시버

론웍스 트랜시버(Transceiver)는 매체와의 통신을 담당하는 칩으로 볼 수 있으며, OSI 7 Layer 중 1계층인 물리계층에 해당한다. 즉 뉴런 칩이 컴퓨터의 CPU라면 트랜시버는 랜 카드(Network Interface Card)로 비유될 수 있다. 론웍스의 장점 중 하나는 데이터 전송 매체 선택이 자유롭다는 점에 있다. 즉 TP(Twist Pair), 전력선(AC100/220), 링크 전력(Link Power : DC 24V선에 데이터를 실어 보냄), 무선(RF), 동축케이블(Coaxial), 광파이버(Fiber Optic), 적외선(Infrared) 등 다양한 매체를 지원하는 트랜시버가 여러 업체에 의해 제공되고 있다.

〈표 3-6〉 애쉴론의 론웍스 트랜시버

구 분	트랜시버 이름	비트 비율	거 리
TP	FTT-10A	78kbps	500m ~ 2.7Km
	TPT/XF-1250	1.25Mbps	130m
링크 전력	LPT-10	78kbps	500m ~ 2.2Km
전력선	PLT-22	5kbps	상황에 따라

론웍스가 특정 분야가 아닌 여러 산업분야에 사용될 수 있었던 이유 중 하나는 이렇듯 매체 선택이 자유롭고 또 매체간의 연결을 라우터(Router)를 써서 간단히 구현할 수 있기 때문이다. 론웍스의 라우터는 네트워크의 확장 외에도 이 이종 매체의 연결(파워라인을 TP로, TP를 Fiber Optic으로)을 위해서도 사용된다. 또한 업체들은 론토크을 이더넷(Ethernet)으로, 모뎀(Modem)으로, ISDN으로 연결시켜주는 라우터를 개발하여 판매하고 있다.

3-4-3 론웍스 시스템의 OS(LNS)

론웍스가 여타 필드버스와 차별화될 수 있는 점은 일관된 네트워크 관리(Network Management) 솔루션까지 갖춘 제어용 네트워크라는 것이다. 애쉴론에서 지난 1997년 말에 발표한 LNS는 론웍스 네트워크의 OS(Operating System) 또는 NMS(Network Management System)이라 할 수 있다. LNS(LonWorks Network Service)는 시스템 설치자 및 통합자가 서로 다른 벤더의 제품을 묶어서 전체 네트워크를 구성하는데 편리한 이점을 제공한다. 즉 LNS는 PC를 비롯하여 다른 마이크로프로세서나 마이크로컨트롤러에 구현되어 론웍스 네트워크를 구성, 설치, 모니터링, 컨트롤할 수 있는 어플리케이션을 작성할 수 있게 해준다. 특히 LNS는 클라이언트/서버 아키텍처를 지원하므로 네트워크 관리를 관장하는 네트워크 서비스 서버(Network Service Server : NSS)에 127개까지의 네트워크 서비스 인터페이스(Network Service Interface) 도구들이 연결될 수 있다. 즉 일반 터미널 및 모뎀을 통한 원격 접속, 노트북 등 포터블한 작은 계측기, 심지어는 인터넷 상의 PC 등이 LNS의 클라이언트로 론웍스 네트워크에 접속하여 네트워크를 모니터링 및 제어를 할 수 있다.

LNS는 네트워크 관리 프로그램을 쉽게 구현해준다는 장점만 가진 것은 아니다. 현재 많은 디바이스 제조업체가 LNS 어플리케이션에 탑재되는 디바이스 플러그인(Device Plug-in)을 개발하여 디바이스의 구성값(Parameter)을 손쉽게 조회하고 수정할 수 있게 해준다.

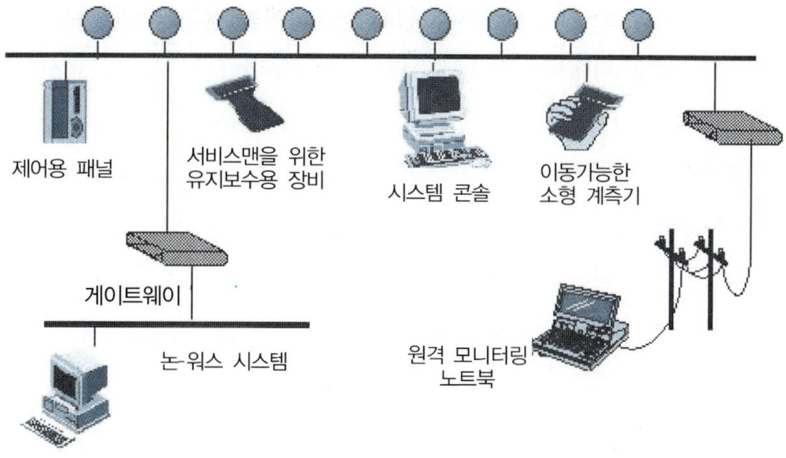

[그림 3-11] LNS 기반의 다양한 모니터링/컨트롤 장비

LNS 아키텍처는 오브젝트 중심(Object Orient Programming) 방식의 프로그래밍 가능한 도구이자 클라이언트/서버 아키텍처를 지원한다. 따라서 LNS 서버는 여러 개의(최대 255개) 클라이언트를 둘 수 있다. 즉, 중앙관제실에 서버용 PC를 두고 각 층에는 서버에 리모트(remote) 클라이언트로 작동하는 PC를 여러 개 둘 수 있다는 뜻이다. 또한, 현재의 LNS 서버는 IP에 접속된 리모트 클라이언트를 둘 수 있으며, i-Lon 등 론토크-IP 라우터를 사용하면 LNS 서버 역시 IP 네트워크상에 위치할 수 있게 된다.

또한 론웍스 네트워크에서 사용되는 윈도우즈용 론메이커도 당연히 LNS 기반의 소프트웨어이다. LNS가 윈도우즈라면 윈도우즈용 론메이커는 MS-WORD 또는 엑셀과 같은 프로그램인 것이다. 윈도우즈용 론메이커는 하부 Lon 디바이스를 구성, 연결하는 소프트웨어로서 LNS 기반의 네트워크 데이터베이스를 생성한다. 이렇게 작성된 네트워크의 구성은 각 단위 디바이스에 로딩되고, 론메이커가 만든 네트워크 데이터베이스는 상위 MMI/HMI툴에서 하위 디바이스의 구성을 참고하여 모니터링 및 컨트롤을 할 수 있도록 사용된다. 윈도우즈용 론메이커가 구성한 네트워크의 정보는 LNS 데이터베이스로 만들어지며, 상위 MMI나 LNS DDE Server는 이 데이터베이스의 정보를 근거로 네트워크를 모니터링/컨트롤하게 된다. 윈도우즈용 론메이커는 Visio V5.0을 내장하고 있으므로 네트워크가 구성된 상태를 CAD 도면 같은 형태로 보여 주게 된다. 윈도우용 론메이커의 스텐실(stencil)에는 개별 디바이스와 해당 디바이스가 갖고 있는 론메이커 오브젝트를 표시하는 FB(Functional Block)이 있다. 사용자는 도면에 채널을 설정하고 해당 채널에 놓일 디바이스를 드래깅하여 도면에 얹고, 사용할 기능함수(Functional Block : FB)를 드래깅한 후 해당 디바이스의 플러그인(LNS Device plug-in)을 불러내어 속성값을 설정하거나 네트워크 변수를 바인딩하는 작업을 하게 된다.

3-5 전력선 통신

3-5-1 전력선 통신 기술이란

(1) 개 요

전력선 통신(Power Line Control) 기술은 그 자체가 갖는 엄청난 매력 때문에 오래 전부터 수많은 회사들이 이 기술 개발에 도전해 왔고 또한 그 구현 방식의 난이도와 단순하지 않은 환경을 극복하지 못하여 수많은 회사들이 포기해왔다. 이렇게 나타나서 시장에 자리잡지 못하고 사라진 기술을 In-and-Out 기술이라고 하는데 우리가 적용 하고 있는 애쉴론의 PL31xx라는 전력선 통신 장치는 현재 지구상에서 가장 신뢰성 있는 전력선 통신 솔루션으로 인정받고 있다.

그렇다면 왜 전력선 통신 기술의 원리는 무엇이며 왜 어려운 것인지를 알아 보자.

전력선 통신 기술은,

① 전력선에 실리는 각종 Noise에서 유효한 데이터를 필터링하는 방법

② 현재의 전력선에 허용된 주파수 규격을 준수하는 한계

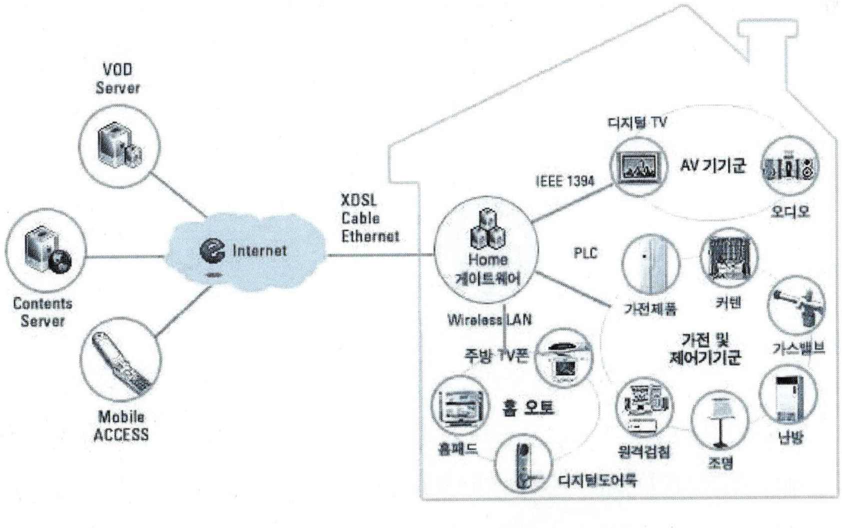

[그림 3-12] 전력선 통신 홈네트워크

③ 용도에 따라 안정적인 통신이 지속적으로 유지시켜야 하는 안정성 등을 어떻게 해결해야 하는가에 따라 차별화된다.

당연한 이야기지만 전력선의 목적은 전원 공급에 있다. 즉 처음부터 데이터 통신을 고려하여 시공 설치된 것이 아니라는 점이다. 따라서 다양한 전기 기구에서 발생하는 노이즈는 그대로 전력선에 인가되어 전력선을 이용한 통신을 어렵게 하고 데이터를 구별해 내는 기술 또한 쉽지가 않다. 특히 가정 내에는 조명 밝기를 조절하는 장치로부터 진공청소기, 세탁기, 그리고 신호의 왜곡 현상을 유발시키는 TV, 컴퓨터 등 다양한 장치가 설치되어 있다. 또한 이러한 장치는 간헐적으로 사용하여 선력선의 품실이 시간에 따라 불특정하게 변화한다. 이와 같이 열악한 전력선 통신 환경에서 사용하는 신호 전달을 위한 변조 기술은 다양한 모듈레이션 기법을 Narrow Band Transmission 방식과 정보 전송에 필요한 최소한의 대역폭보다 더 큰 대역폭을 갖는 캐리어 주파수를 사용하는 Spread Spectrum 방식으로 나눠 볼 수 있다. 특히 Spread Spectrum 방식의 경우는 사용하는 주파수 대역폭이 저주파수의 무선 통신 서비스에 방해가 되지 않도록 제한할 필요가 있으며, 이 주파수 할당 대역은 국가마다 다르다. 미국의 경우는 FCC에서 540kHz, 일본의 경우는 MPT에서 450kHz 유럽은 CENELEC(EN-50065-1)에서 150kHz 이하로 규정하고 있으며, 우리나라는 개정된 전파법에서 30MHz까지의 주파수 사용을 고속구간에서 다른 무선장비와의 방해를 최소화하기 위해 출력을 엄격히 제한하고 있다.

최근에는 위의 두 가지 방법에 국한하지 않고 DSP(Digital Signal Processing) 기술과 마이크로프로세서의 기술 발달에 힘입어 Narrow Band Transmission, Spread Spectrum 방식에 이 기술을 융합하여 여러 가지 노이즈에 대한 성능 저하를 극복하는 방법을 사용하고 있다.

(2) 특 징

진력신 통신(PLC)의 가장 큰 특징은 통신 액세스(Communication Access) 측면에서 추가적인 통신 인트라망 설비 없이 기존의 전력선과 가정 내 전력 설비에 전력선(Power line), 분전반(Distribution panel), 차단기(Circuit breaker), 소켓

(Socket) 등 추가적인 장비를 설치하는 것만으로도 음성 통신과 초고속 데이터 통신이 가능하다는 것이다. 따라서 이러한 특징의 PLC가 마지막 1마일 해결책(Last-mile Solution)으로 도입이 되면 B-WLL(Broadband Wireless Local Loop)과 더불어 망설비에 소요되는 막대한 비용을 크게 절감시킬 수 있게 된다. 또 다른 측면은 네트워킹 응용 측면으로 이 기술을 응용할 경우 홈네트워킹, 홈자동화, 자동제어(Automatic Control), 원격검침(Automatic Meter Reading) 등이 가능해 관련 업계는 신규 서비스와 잠재 시장을 활성화할 수 있을 것으로 기대하고 있다.

(1) 분 류

PLC는 전력선 통신(Power Line Communication)을 말하는 것으로 전기가 공급되는 전력선을 매체로 사용하는 통신 기술을 의미한다. PLC 기술은 크게 통신 액세스(Communication Access) 기술과 네트워킹 응용(Networking Application) 기술로 나눌 수 있다.

이 가운데 통신 액세스 기술은

① 22kV급 이상의 고압 전선을 이용한 고전압 수준
② 22kV급의 고압 전선을 이용한 중간 전압 수준
③ 일반 가정용 220/110V급 저전압 수준의 기술

로 구분할 수 있다.

고압선을 이용한 전송 기술은 현재 전기연구소(KERI)와 한전전력연구원(KEPCO)에서 개발을 추진하고 있으며, 중전압과 저전압 기술 개발은 국내 PLC업체들을 통해 이미 진행중이다. 특히 이 가운데 저전압 수준의 액세스 기술 분야가 최근 많은 관심을 끌며 마지막 마일(또는 로컬 루프)의 수용가 망에 대한 연구 개발이 활발히 진행되고 있다. 네트워킹 응용 기술은 홈네트워킹, 홈자동화, 자동 제어(Automatic Control), 원격 감시 및 보안(Security), 원격검침(Automatic Meter Reading) 등 주로 저속의 인-하우스(In-house) 기술을 말한다.

PCL 기술은 데이터 전송 속도에 따라서

① 저속 60bps～10kbps

② 중속 10kbps～1Mbps

③ 고속 1Mbps～10Mbps

로 구분할 수 있는데 중·고속은 데이터 통신용으로 저속은 제어용으로 통신 목적을 나눌 수 있다. 이와 같이 전력선 통신 기술은 다양한 전압과 환경 그리고 목적에 따라 그 접근하는 방식도 다를 수밖에 없다. 다음 장에서는 우리가 목적으로 하고 있는 홈네트워크를 위한 가정내의 전기, 즉 220V의 상대적 저전압의 저속 제어 통신 기술에 대해서 설명하고자 한다.

3-5-2 전력선 통신의 원리

(1) 개 요

전력선을 이용해서 통신을 한다는 것은 가정 내의 상용 전원을 이용해서 제어 및 관리가 필요한 장치들 간의 정보 공유 및 제어를 위한 정보교환이 이루어짐을 의미한다. 이와 같이 전력선 통신의 범위와 사용하는 용도를 압축하여 한 가정이라는 장소로 한정할 때에 여러 가지 고려해야 할 요소들을 생각해 보자. 우선 전력선 통신을 하게 될 상용 전원의 상태에 관하여 기술하고자 한다.

① 노이즈(Noise)

② 신호감쇠

③ 신호왜곡

[그림 3-13] 전력선에서 발생할 수 있는 장애

위와 같이 전력선 통신의 경우 크게 3가지의 장애물을 만나게 된다. 결국 어떤 업체이든 전력선 통신을 원활하게 하는 기술을 개발하기 위해서는 이 장벽을 넘을 수 있는 기술을 개발하지 않으면 안 된다. 또 하나 중요한 것은 전력선 통신 기술은 디지털 기술이 아니고 아날로그 기술이라는 점이다.

(2) 장애 요인

1) 노이즈(Noise)

노이즈란 전력선에 걸려 있는 전압과 전류의 파형이 일정한 사인파(60Hz)를 유지하지 못하고 변형되거나 다른 주파수의 신호가 걸려 있음을 의미한다. 가정 내에서의 노이즈 발생원은 다양하다.

① 조명기-노이즈

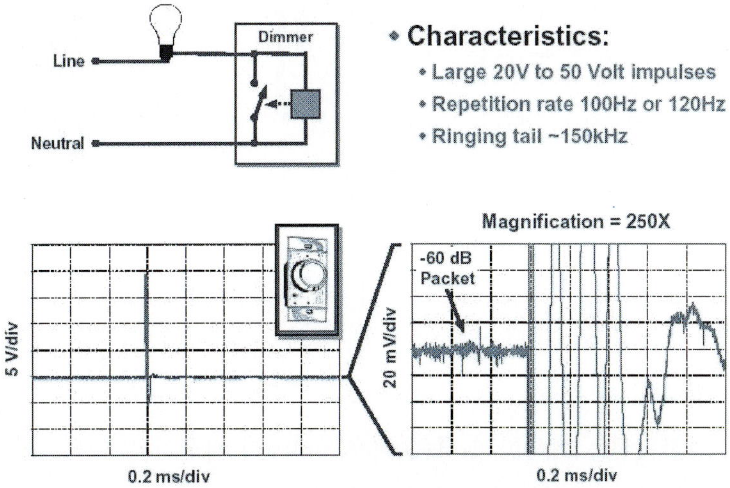

[그림 3-14] 조명기가 발생하는 노이즈

조명의 밝기를 조절하는 조명기는 트라이액이라는 반도체 소자를 이용해서 조명의 밝기를 조절하며, 100Hz에서 120Hz의 노이즈를 발생시킨다.

다음 [그림 3-14]는 조명기에서 발생하는 노이즈가 전원 주파수에 어떻게 나타나는지를 보여 주고 있다.

② 스위칭 전원장치(Switching Power Supply)의 노이즈

컴퓨터 등의 전원 장치(Switching Power Supply)에서 발생하는 노이즈이다. 컴퓨터의 전원 장치 등은 교류 전압을 일단 직류로 바꾼 후에 다시 교류로 만드는 방식을 사용하며 이때에 많은 노이즈가 발생한다.

스위칭 전원장치 노이즈는 20kHz에서 1MHz까지 발생되는 노이즈이다.

[그림 3-15]는 스위칭 파워에서 발생하는 노이즈가 전원 주파수에 어떻게 나타나는지를 보여 주고 있다.

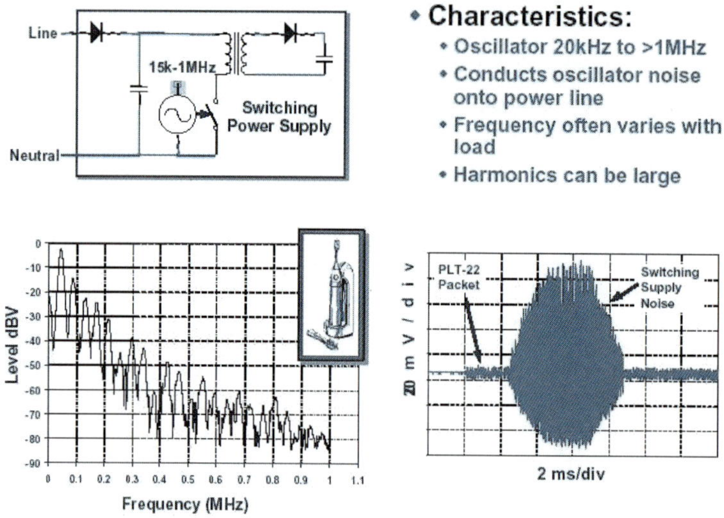

[그림 3-15] 스위칭 전원장치의 노이즈

③ 인터콤 노이즈

전력선을 이용한 인터콤(intercom)에서 발생하는 노이즈이다. 전력선에 음성 데이터를 올리게 되므로 어떤 면에서는 전력선을 이용한 제어 네트워크와 통신

에러가 발생할 확률이 가장 높다고 할 수 있다. 인터콤 노이즈는 150kHz~500kHz에서 발생되는 노이즈이다.

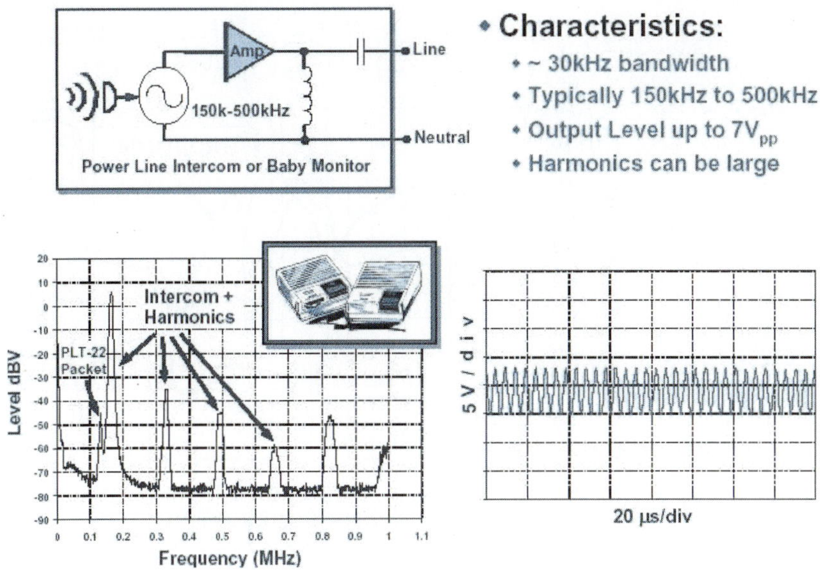

[그림 3-16] 전력선을 이용한 인터콤 노이즈

④ 모터 부하의 노이즈

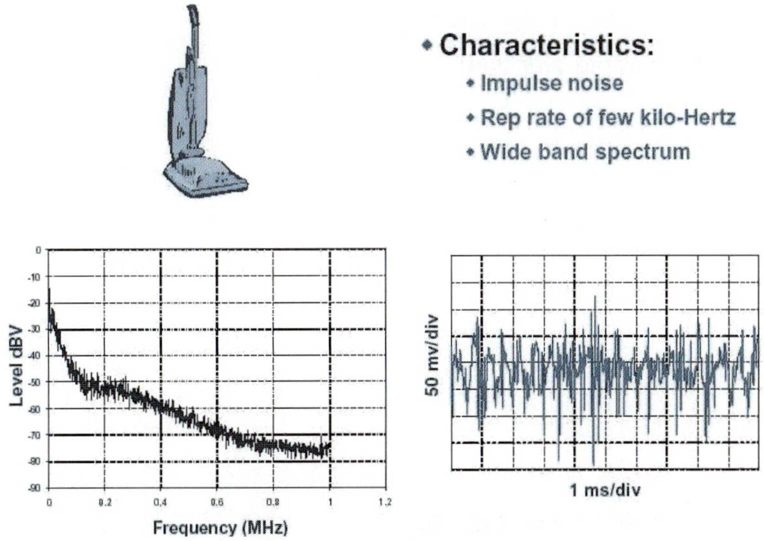

[그림 3-17] 모터부하 노이즈

가정에서 사용하는 모터는 다양하다. 예를 들고 있는 진공청소기를 비롯해서 믹서, 세탁기, 냉장고 등 다양한 모터가 가정 내에서 사용되고 있다. 모터 부하의 노이즈는 수 Hz ~ 수 kHz에서 발생하는 노이즈이다.

⑤ 신호의 왜곡

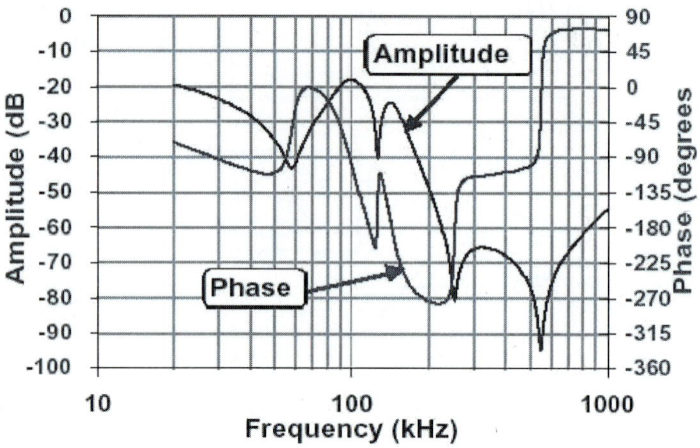

[그림 3-18] 신호 왜곡

- 신호의 왜곡은 3가지로 분류할 수 있다.
  - 일정하지 않은 주파수 응답
  - 일정하지 않은 위상의 응답
  - 시간에 따라 변하는 임피던스(Impedance)

⑥ 신호의 감쇠

감쇠의 원인은 다음과 같다.

- 전압의 분배
- 배선에 의한 인덕턴스
- 부하의 변동
- 패널 로드
- EMC용 콘덴서상 Coupling 손실(R, S, T 상의 이동 시 발생)
- 전력선 통신을 위한 기술

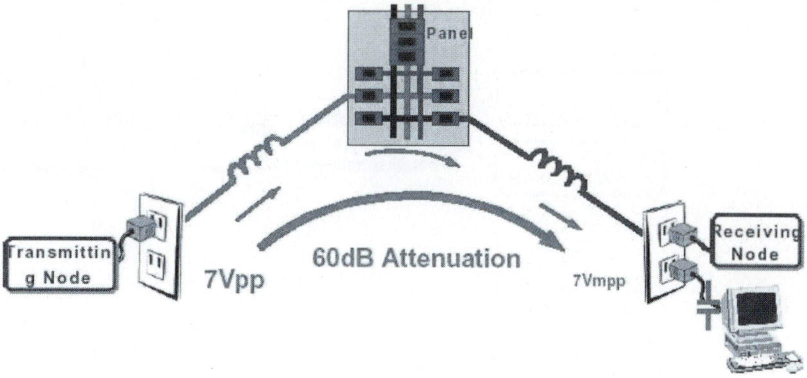

[그림 3-19] 신호 감쇠

위에서 언급한 바와 같이 전력선 통신을 구현을 방해하는 요소들을 극복하고 신뢰성 있는 통신을 하기 위해서는 기술적인 어려움 외에도 많은 경험을 필요로 할 수밖에 없다. 왜냐하면 각 가정에서 갖고 있는 전기 기기의 형식과 소비 전력 개수 등이 모두 다를 수밖에 없기 때문이다.

그러면 지금부터 전력선 통신에 사용되는 기술에 대해서 알아보자. 우선 전력선 통신은 기존의 주파수(60Hz)에 어떤 데이터를 실어서 보내는 형식이 아니고 별도의 주파수를 발생시켜 이 주파수에 데이터를 실어 보내는 형식을 취한다. 따라서 전력선에 전기가 흐르지 않아도 각 기기에 별도의 전원만 공급된다면 통신을 할 수 있다.

전력선 통신에 사용되는 기술은 크게 3가지로 나누어 생각할 수 있다.

① PLL(Phase Locked Loop)

Based Narrow Band(좁은 대역폭을 기반으로 한 위상 고정)

- ASK(Amplitude Shift keying : 진폭의 변화를 이용)

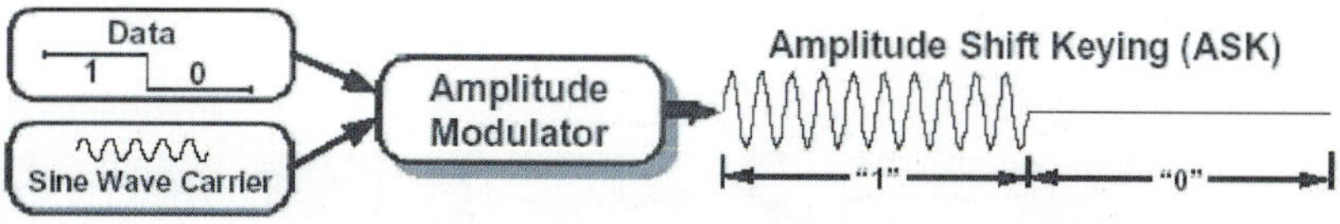

- FSK(Frequency Shift Keying : 주파수의 변화를 이용)

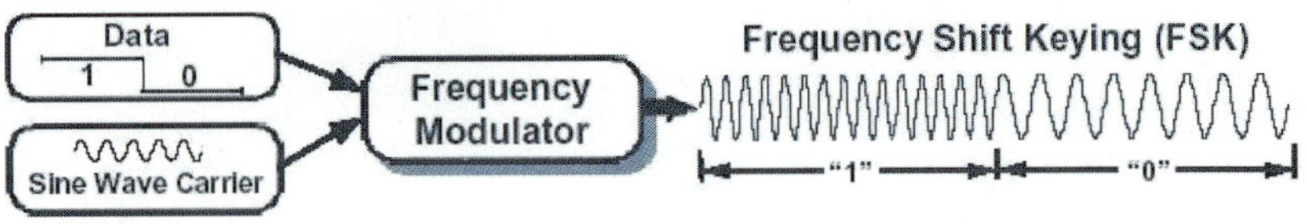

- PSK(Phase Shift Keying : 위상의 변화를 이용)

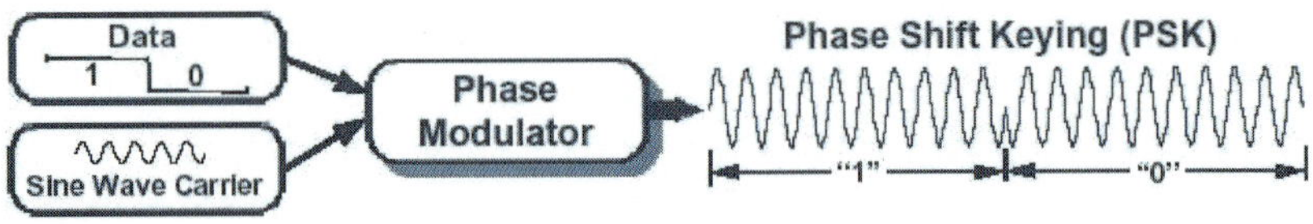

② Correlator

Based Spread Spectrum(넓은 대역을 기반으로 한 연동기)

- Direct Sequence – 직접적인 순차 신호 방식

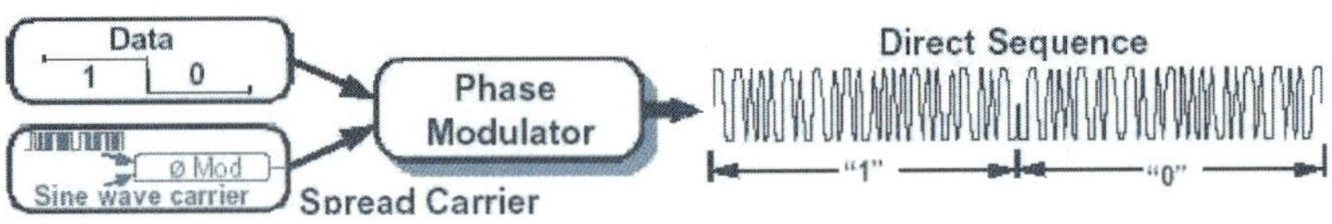

- Chirp

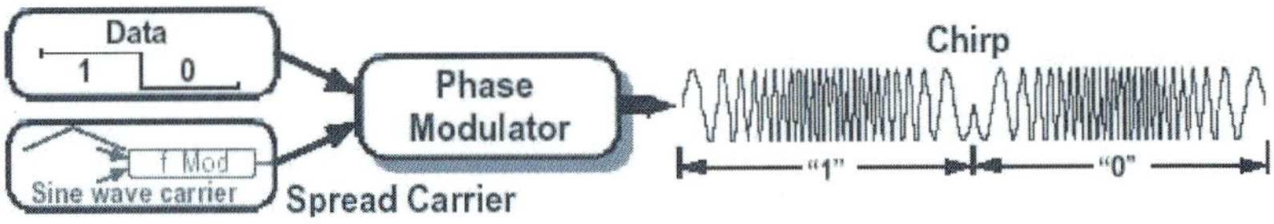

- Frequency Hop – 주파수 변화 방식

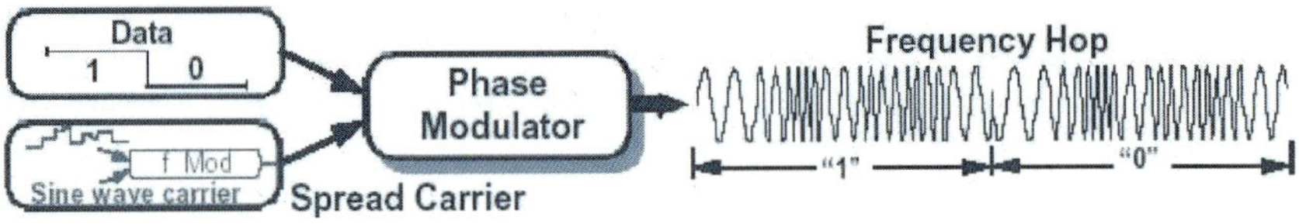

Spread Spectrum 방식은 확산 신호에 의해 사용된 Carrier 주파수의 대역폭이 저주파수의 무선 통신 서비스 방해가 되지 않도록 제한할 필요가 있는데 이 주파수 할당 대역은 국가마다 다르다. 미국의 경우는 FCC에서 540kHz, 일본의 경우는 MPT에서 450kHz, 유럽의 경우는 CENELEC(EN-50065-1)에서 150kHz 이하로 규정짓고 있으면 우리나라는 개정된 전파법에서 30MHz까지의 주파수 사용을 구속구간에서 다른 무선장비와의 방해를 최소화하기 위해 출력을 엄격히 제한하고 있다.

③ 디지털 신호 처리

- Based BPSK(Narrow Band의 위상 변화를 이용한 DSP)
  - 2개의 캐리어 주파수 운용 : 2개의 주파수를 이용한다.

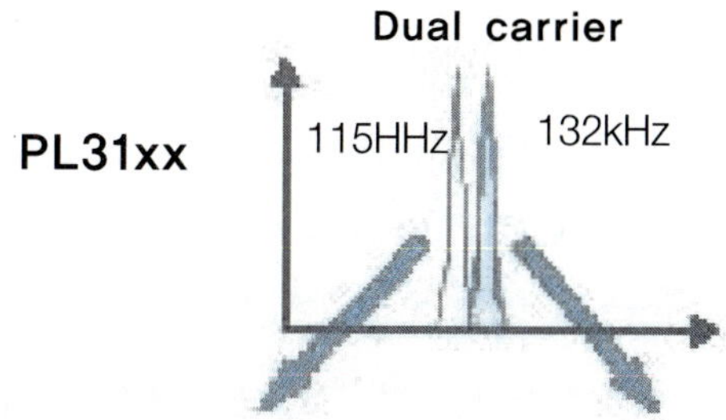

- 임펄스 노이즈 소거 왜곡 교정이 가능

좀더 깊은 내용에 대해서는 별도의 과정을 통해 공부할 필요가 있겠지만 전력선 통신을 응용하고자 하는 입장에서는 이 정도만 이해해도 충분하리라 생각된다. 즉 이와 같은 전력선 통신 전송 방법의 고민은 원하는 곳까지 신호를 정확하게 전달할 수 있는 수단을 고려하는 과정에서 나온 것이므로 우리가 이용하고자 하는 기술이 무엇인지 아는 것이 더 중요하다고 할 수 있다.

위의 설명을 통해서 우리가 사용하고 있는 기술이 무엇인지는 쉽게 알 수 있었을 것으로 생각된다. 즉 DSP를 이용한 듀얼 밴드 통신 기술이다.

3-5-3 고속 전력선 통신

최근 DSP(Digital Signal Processing) 기술과 마이크로프로세서 기술이 비약적으로 개선되므로 인해 이를 Narrow Band 방식이나 Spread Spectrum 방식에 복합 사용하여 여러 가지 노이즈에 의한 성능 저하를 극복하는 방법으로 사용하고 있다.

앞에서도 언급하였지만 전력선 통신의 응용 분야는 전송 속도에 따라 다르다고 할 수 있다. 즉 전송속도가 1Mbps~10Mbps 이상인 고속 전력선 통신 기술은 주로 인터넷/데이터 네트워크용으로 저속인 60bps-1Mbps 사이는 제어, 계측(검침)용이나 홈오토의 용도를 목표로 하고 있다.

현재 많은 업체가 고속 전력선 통신 기술을 개발하기 위해 노력 하고 있지만 아직은 그 갈 길이 멀어 보인다. 왜냐하면 고속 통신에 적합한 대역폭을 갖기 위해서는 적어도 [1.10.100+]MHz 단위의 주파수를 사용해야 하는데 이는 앞서 말한 바와 같이 각국의 주파수 제한 규정을 훨씬 뛰어 넘는 주파수를 사용하게 되는 것이며, 고속 전력선 통신 개발회사였던 Nortel이 영국에서 테스트를 하다가 국방성 헬기를 떨어뜨릴 뻔한 적이 있었고(Nortel사는 그 후 전력선 통신 사업을 포기했다), 독일의 전력 회사인 RWE가 시범 사업으로 구축한 고속 전력선 통신 테스트 베드 지역의 아마추어 무선 햄(HAM) 사용자 그룹과 지역의 단파 라디오 방송사가 고속 전력선 통신이 자신들의 주파수를 오염시키는 주범으로 반대 서명 운동을 벌였다는 사실은 고속 전력선 통신의 환경적 한계를 잘 말해주고 있는 사건이라 할 수 있다.

또 다른 고속 전력선 통신 기술 회사인 독일의 지멘스(Siemens)는 2001년 3월 기술적 한계보다는 '마케팅적인 한계'를 느껴서 고속 전력선 통신 사업을 포기한다고 발표하였다.

3-6 론웍스 시스템 적용 사례

론웍스 제어 네트워크 기술은 이미 빌딩, 시설물 자동화 분야 및 산업 자동화, 홈네트워크, 철도 차량 분야, 유틸리티 검침 분야 등에 두루 사용되어 오고 있다. 이러한 적용 사례는 애쉴론사 사이트(www.echelon.com)나 론마크 협회 사이트(www.lonmark.org)에서 찾아볼 수 있다.

대표적인 사례를 살펴보면 다음과 같다.

3-6-1 빌딩/건물/시설물 자동화 분야

① 일본 동경의 롭본기 힐(Roppongi Hill)의 13개 건물, 18만여 제어 포인트의 빌딩 자동화 시스템 구축에 론웍스 디바이스 네트워크와 LonWorks/IP 채널 사용

② 미국 군시설 및 연방 정부 시설에 대한 신축, 개보수의 자동 제어 시스템에 대하여 LonMark 인증 제품 사용 및 LNS 기반의 상위 어플리케이션을 시방에 명시함.

③ 프랑스 파리 르부르 박물관의 보안(security) 시스템에 론웍스 네트워크가 적용됨.

④ 보잉(Boeing) 항공사의 항공기 제작 건물의 자동화 시스템

⑤ 마카오 베네시안(Venetian) 호텔

⑥ 영국 항공(British Airways) 본사 사옥, ABN AMRO 은행 본사 사옥 등

3-6-2 산업 자동화 분야

① 지능형 가로등 제어 시스템(노르웨이 오슬로시, 독일 브레멘시, 네델란드 A16 고속도로, 말레이지아 쿠알라룸프르 고속도로 등)

② 지능형 교통 시스템(ITS) (독일 뮌헨, 이태리 브레스티카 등)

③ 중국 태호강 홍수 관리 시스템
④ 반도체 제조 장비 협회(SEMI), 주유소 제어 시스템(IFSF)의 표준

3-6-3 철도 차량 분야

① 뉴욕 지하철 개보수 시스템, MTA, NJ transit, 동경 모노레일, Platform doors 등
② 론웍스 제어 네트워크는 IEEE 1473-L 철도차량 제어 네트워크의 표준
③ 일본 여객선 비상등 제어 시스템
④ 중국 티벳 열차내의 여객 산소 공급 제어 네트워크

3-6-4 유틸리티 검침 분야

① 이태리 ENEL사의 2천 7백만 가구에 대한 원격 검침 솔루션(2005년 설치완료)
② 스웨덴 Vatenfall, 네덜란드 Nuon 등 원격 검침 시스템

3-6-5 기타 분야

① 태국 다마카야 수도원의 음향 제어 시스템
② 라스베가스 벨라지오(Bellagio) 호텔의 분수쇼
③ 일본 편의점 에너지 관리 네트워크(7/11 및 Ecobino 프로젝트) 등

3-6-6 국내 론웍스 적용 현황

(1) 빌딩/산업 제어 분야

① SBS 목동 사옥, KT 여의도 사옥, 서초동 교보 사옥, 대치동 D&T Motors 등등 의 빌딩 제어 시스템
② 인천 공항의 VAV 제어 시스템

③ 예술의 전당 및 부산 월드컵 경기장, 강원랜드 리조트 시설물 제어 시스템
④ 대림 아크로빌/아크로텔의 빌딩 냉난방 및 전력/조명 제어 시스템
⑤ 삼성 반도체, 하이닉스 반도체의 설비 시스템
⑥ 고려강선 양산/포항 공장 설비라인 모니터링 시스템
⑦ SK 저유소 출하 시스템 (울산)

(2) 홈네트워크 분야

① 삼성전자 홈비타(homevita), 삼성중공업 바하(BAHA), 경동 e-ga, 르네코 등
② 도곡동 타워팰리스 I, II, III차, 분당 파크뷰
③ 대구 태왕 아파트를 비롯하여 한승 미메이드, 삼성 래미안 등
④ 2006년말까지 약 36만개의 론웍스 전력선 통신 제품이 설치됨

(3) 철도 차량 분야

대구, 광주 지하철의 차량간 네트워크에 론웍스 제어 네트워크 사용

(4) 기타 분야

① 가로등 제어 설비(평택, 양재천 등)
② 선박 용접 제어 시스템

제 4 장
론웍스 디바이스의 개요

4-1 론웍스 세부 기술

4-1-1 디바이스 네트워크 기술의 조건

① 지능 분산 제어(Distributed intelligence)

- 센서/액추에이터 레벨의 컴퓨팅과 네트워킹

② 프로토콜, PTP(Peer-to-Peer)가 가능한 통신 방식

- 디바이스 네트워킹에 맞는 프로토콜

③ 신뢰성 있는 물리적 통신 및 네트워크 구성

- EMI와 EMC (1000–4–2/3/4/5/6/ at heavy industrial level)
- 자유 배선 구조

④ 멀티 벤더 솔루션 제공

- 개방형 표준 프로토콜
- 상호운용 호환성에 대한 가이드라인(Interoperable guideline)
- 상용화된 솔루션
  - 개발툴과 써포트 프로그램
  - "Time to market"의 비용과 기간 최소화

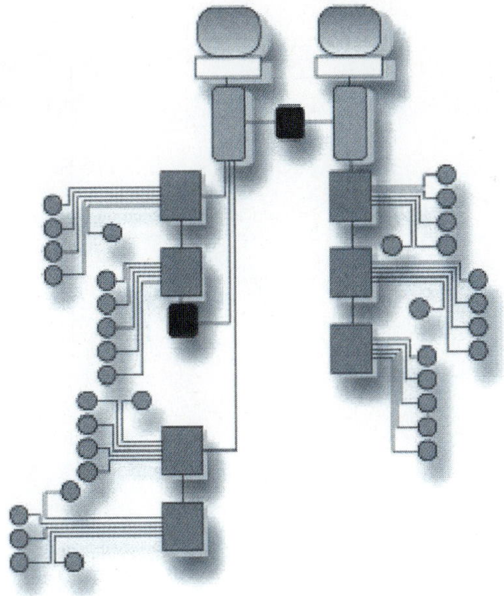

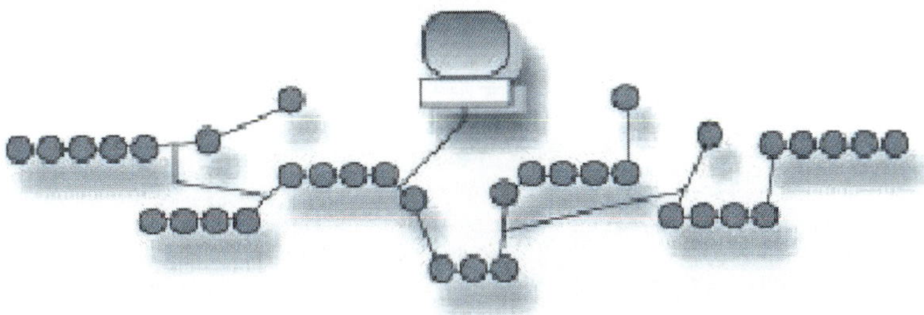

4-1-2 론웍스 플랫폼 솔루션

① 지능 분산 제어

- 센서/액추에이터 레벨의 컴퓨팅과 네트워킹
  디바이스 레벨에서 저가와 단일 칩 솔루션이다.

② 프로토콜, Peer-to-Peer가 가능한 통신 방식

- 디바이스 네트워킹에 맞는 프로토콜
  론웍스 프로토콜 : Official & de facto standard

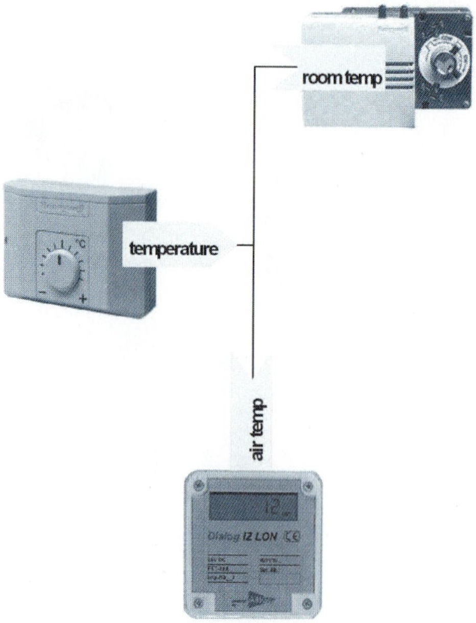

③ 신뢰성 있는 물리적 통신 및 네트워크 구성

- EMI와 EMC
- 자유 배선 방식

  FT31xx, PL31xx 채널

④ 멀티 벤더 솔루션 제공

- 상호운용 호환성에 대한 가이드라인(LonMark)

⑤ 상용화된 솔루션

- 애쉴론의 개발 플랫폼

4-2 론웍스 기술의 활용

4-2-1 론웍스 기술

① Open와 Published

- ANSI/EIA/CEA 709.1, EN14908, GB/Z 20177-1
- ANSI/EIA/CEA 709.2(전력선 채널), GB/Z 20177-2
- ANSI/EIA/CEA 709.3(프리 토폴로지 TP 채널), GB/Z 20177-3
- ANSI/EIA/CEA 709.4(론웍스/광섬유 채널), GB/Z 20177-4

② 산업 표준

- IEEE 1473-L(transportation), SEMI 56.1, IFSF

③ 전세계가 4,000개 이상 OEM업체와 6천만 개 이상 디바이스에 설치되었다.

4-2-2 론웍스 플랫폼의 주요 시장

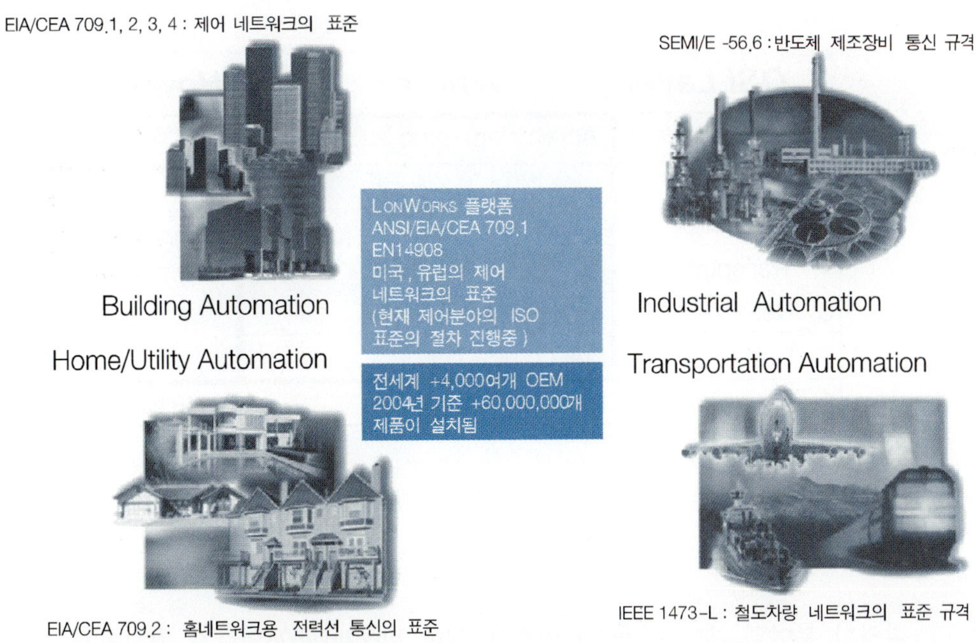

4-2-3 ANSI/EIA/CEA-709.1, EN14908 프로토콜

① 제어 어플리케이션에 최적화된 개방형 표준 프로토콜

- 제어 네트워크와 데이터 네트워크는 다르다.
- TCP/IP는 데이터 네트워크용 솔루션
- 709.1 프로토콜은 글로벌 엔지니어에서 공개되어 있다.

② 프로토콜에 대한 구현은 여러 벤더에 의해 제공되고 있다.

- 이 프로토콜은 어떠한 프로세서에서도 구현 가능
- 이 중 애쉴론이 구현한 것이 론토크(LonTalk) 프로토콜
- 애쉴론이 개발한 뉴런 폼웨어는 론토크(LonTalk) 프로토콜을 포함하고 있다.
- 애쉴론의 개발 시스템은 이 폼웨어 사용자에게 로얄티 없이 무제한 라이센스 제공

4-2-4 론토크 프로토콜의 구현

OSI Layer	Where?		How?
7 Application	Application processor *	Neuron Core	User software
6 Presentation 5 Session 4 Transport 3 Network	Network processor		Neuron firmware
2 Link	MAC processor		
1 Physical	Media transceiver		XCVR hardware

*Note: Processor can be a non -Neuron host

4-2-5 물리 계층

다양한 분야의 제어 어플리케이션을 위해 비용과 퍼포먼스가 최적화됨

이 름	메디어	비트비율	정의	표준
DC-1250	Direct-Connect Connect Twisted Pair	1.25Mbps	Neuron Chip Data Book	No
FO-20L	Fiber Optic	1.25Mbps	ANSI/EIA/CEA-709.4	Yes
FO-20S	Fiber Optic	1.25Mbps	ANSI/EIA/CEA-709.4	Yes
IP-852	EIA/CEA-852 IP Tunneling	N/A	ANSI/EIA/CEA-852	Yes
PL-20A	CENELEC A-band Power Line	2613bps	ANSI/EIA/CEA-709.2	Yes
PL-20C	CENELEC C-band Power Line w/access protocol	4.8kbps	ANSI/EIA/CEA-709.2	Yes
PL-20N	CENELEC C-band Power Line w/o access protocol	5.4kbps	ANSI/EIA/CEA-709.2	Yes
TP/FT-10	Free Topology Twisted Pair	78.13kbps	ANSI/EIA/CEA-709.3	Yes
TP/RS485-39	RS-485 Twisted Pair	39.06kbps	EIA/TIA-232-E	Yes
TP/XF-1250	Transformer-Isolated Twisted Pair	1.25Mbps	LONMARK Interoperability Guidelines	Yes

4-2-6 물리 계층 TP/FT-10

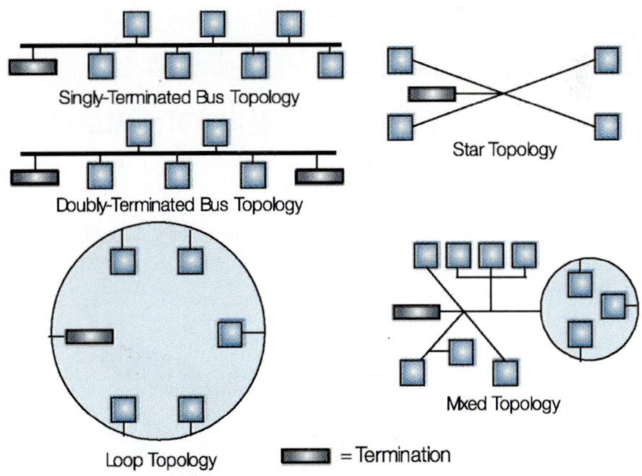

① ANSI/EIA/CEA-709.3-A 자유 배선 TP 채널 사양으로 정의된 채널

② 자유 배선 TP용 채널 및 링크 전력 채널과 혼용 가능

- 일반적인 TP 케이블 사용 - unshielded와 shielded 0.50mm (24AWG) to

1.3mm(16AWG) TP선

- 무극성(polarity insensitive)
- 설치와 유지보수가 간편하고 저렴함

③ 노이즈에 강한 채널

④ 한 칩으로 가격 면에서 효과적인 디바이스

- 트랜시버, 어플리케이션 프로세서, 메모리가 1개의 칩에 구성됨

4-2-7 물리 계층 PL-20 채널

① 안정적인 통신을 위한 진보된 기술의 접목

- 두얼 캐리어 주파수에서 동작
- 디지털 신호 처리 기술

② 전세계적으로 통용되는 기술

- Meets FCC, Industry Canada, Japan MPT, and European CENELEC EN50065-1 regulations regulations
- ANSI/EIA/CEA-709.2 compliant

③ 유럽의 유틸리티 밴드 지원

- AMR/DSM 응용을 위해 한 밴드에서 듀얼 주파수 DSP 성능

④ 단일 칩으로 가격에 효과적인 디바이스

- 트랜시버와 어플리케이션 프로세서, 메모리가 1개의 칩에 구성됨

⑤ 검증된 기술

- 전 세계에 3천만개 이상 디바이스에 인스톨되었다.

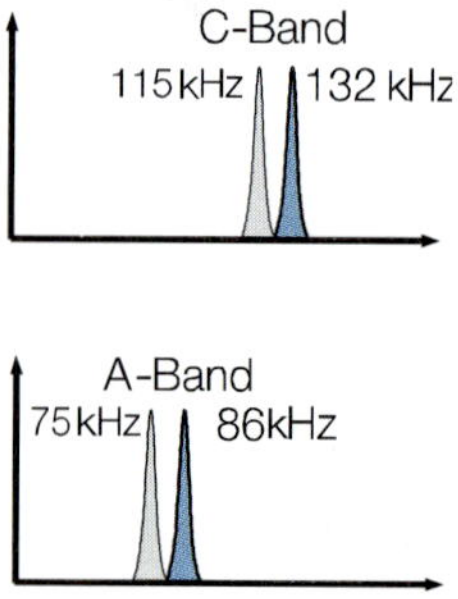

4-2-8 PL31xx 전력선 통신 디바이스 구성 예

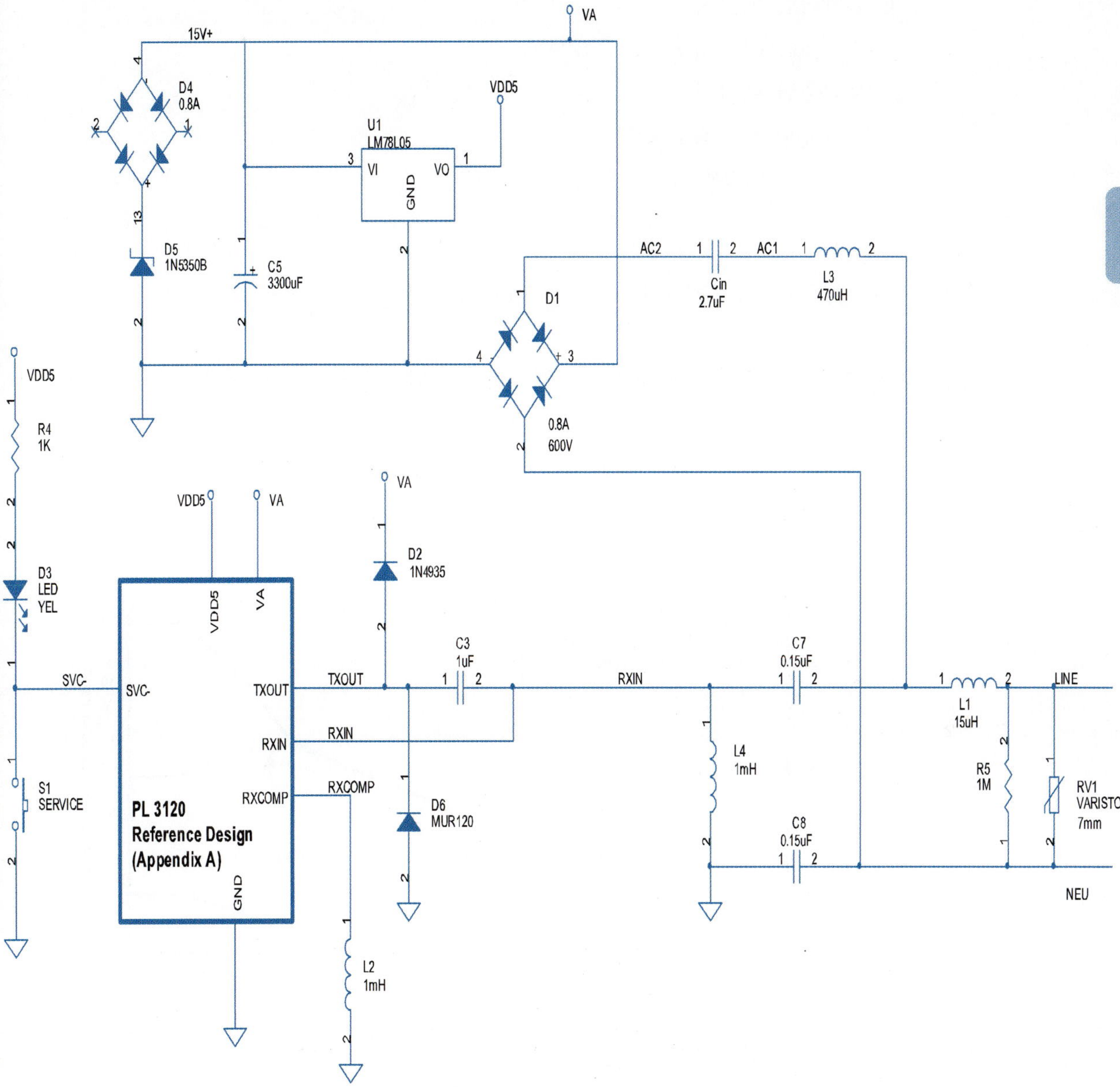

4-2-9 링크 계층–메디어 액세스

① 일반적인 메시지

- Predictive p-persistent CSMA/CA

② 우선순위 메시지

- 고정된 타임 슬롯 사용
- 채널의 대역폭 사용에 효과적

4-2-10 링크 계층–EIA 709.1 MAC vs. Ethernet

① 99%의 채널 사용에 대해서도 리니어한 응답 시간을 보장. 전력선과 같은 공용 미디어에서는 아주 중요한 기능이 됨.

② 통신의 정지 없이 디바이스를 추가하고 제거할 수 있음

③ 고순위 메시지에 대해서는 고정된 응답 시간 예측 가능

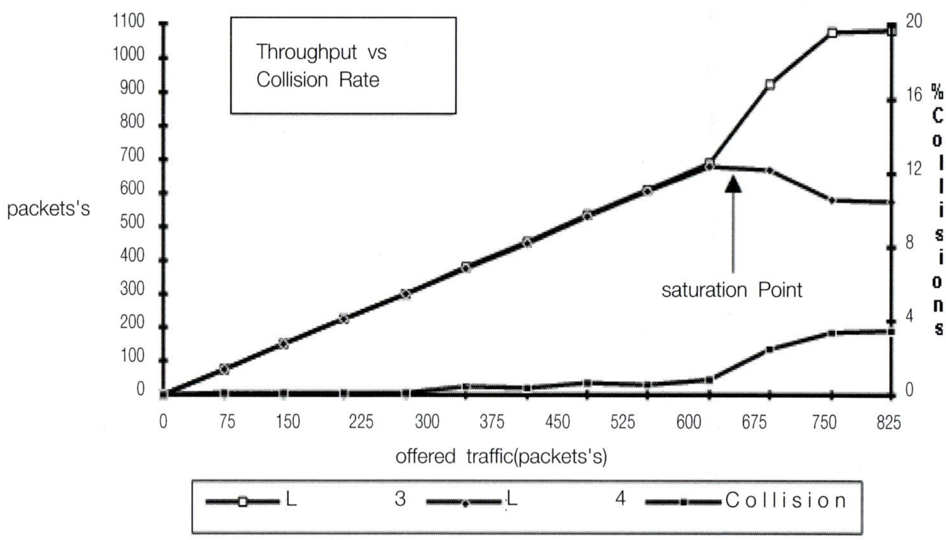

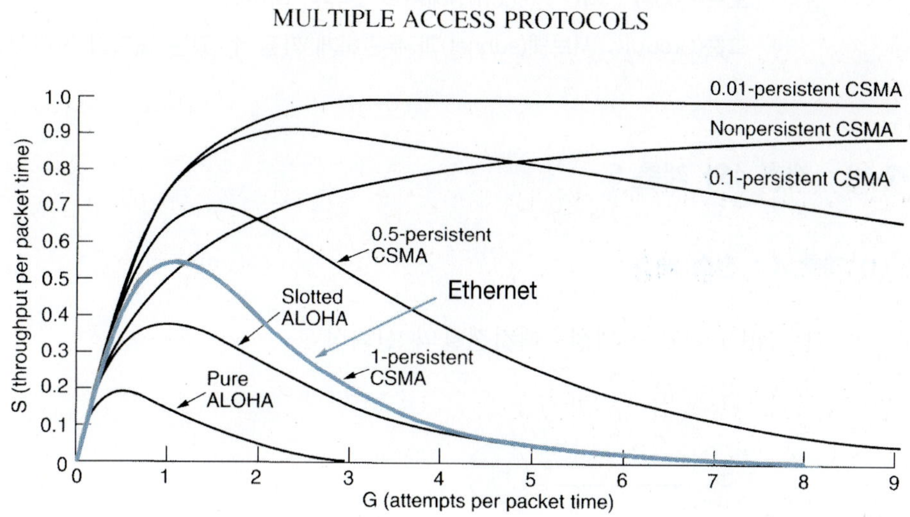

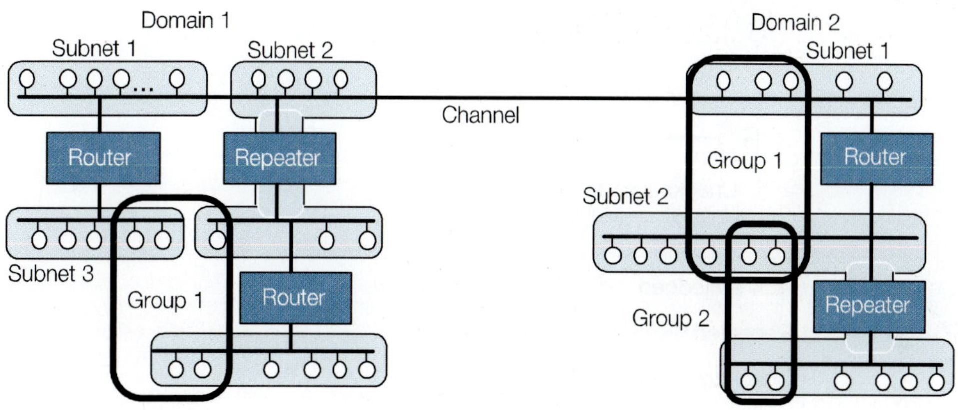

4-2-11 네트워크 계층

① 물리적인 어드레스

- 48비트 뉴런 ID–최초 구성을 위해 사용된다.

② 논리적인 어드레스

- 도메인(Domain) : 통신할 수 있는 논리적 범위(공용 미디어에서는 하우스 코드의 용도)
- 서브넷(Subnet) : 대부분 채널에 의해 구분된다.

- 노드(Node) : 서브넷(subnet)에서의 고유한 아이디
- 그룹(Group) : 서브넷(subnet)과 무관하게 가질 수 있는 노드의 논리적인 정보

4-2-12 계층 4와 계층 5

(1) 계층 4 : 전송 계층

① End-to-end 신뢰성－패킷전달의 신뢰성

② 3가지 종류

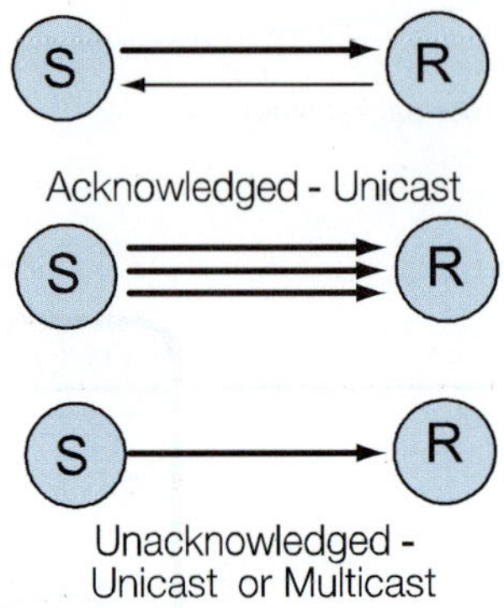

- Acknowledged
- Repeated
- Unacknowledged
  - 어플리케이션에서의 중복 방지 기능

(2) 계층 5 : 섹션 계층

- 하부 계층에서의 데이터 통신에 대한 제어
- Request/Response
- Authentication

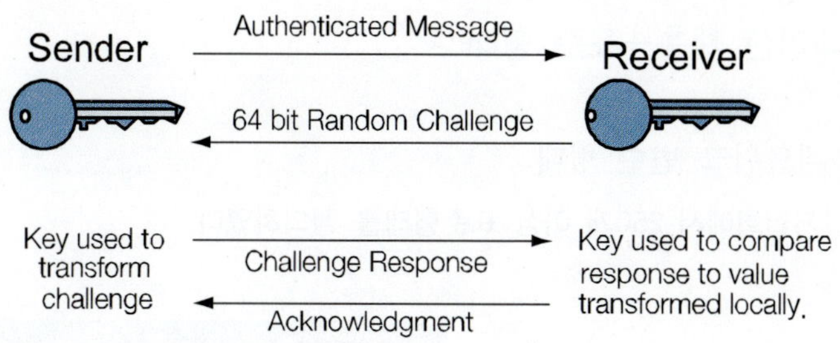

4-2-13 프리젠테이션 계층(Presentation Layer)

① 네트워크 변수에 의한 데이터의 교환

- 메시지 전달은 뉴런 폼웨어에서 담당
- 빠르고 간단한 코드 지원

② 서로 다른 벤더간의 데이터가 동일한 번역으로 통신 가능

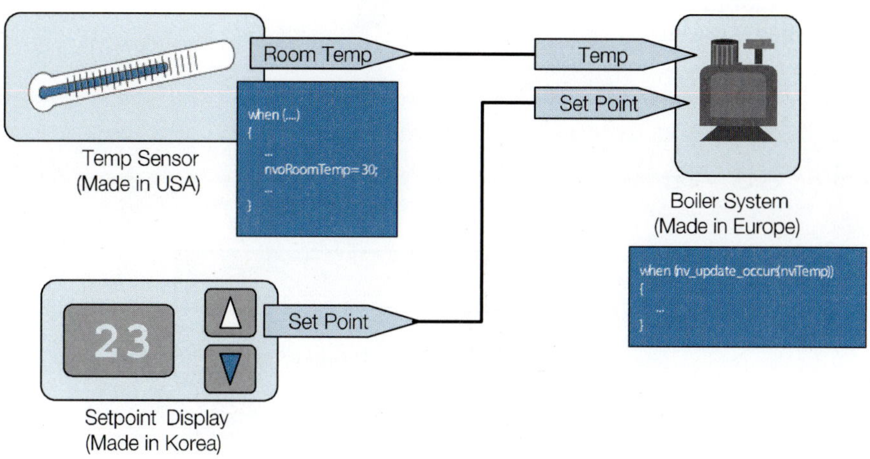

4-2-14 프리젠테이션 계층-표준 형태

① 표준 네트워크 변수 형태

- 론마커협회에서 250개 이상 표준형태를 정의하였다.

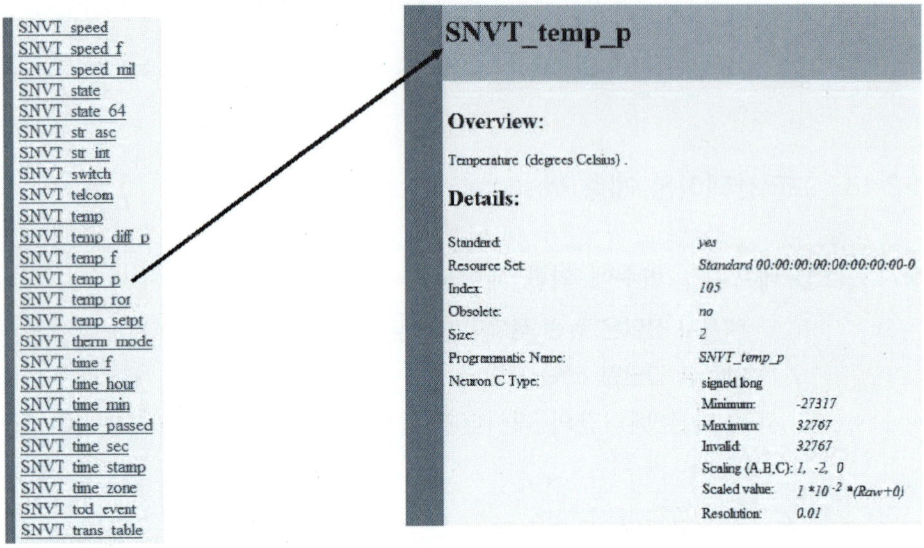

4-2-15 응용 계층

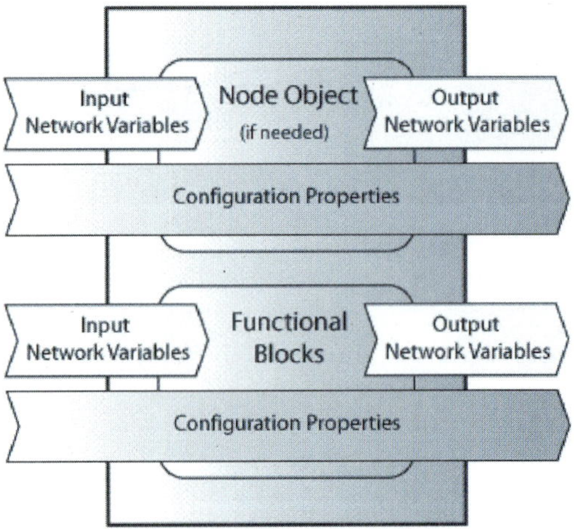

① 기능 함수 블록

- 디바이스 어플리케이션의 태스크(task) 단위
- 구성값과 입력 데이터값 수신
- 데이터 처리
- 데이터 전송

4-2-16 론마크 코리아(LonMark Korea)

① 론마크(LonMark) 회원사

- 삼성전자, 대림정보통신, 삼성중공업, LG전자(에어콘 사업부), 디씨아이, LG산전, 에이딕, 델다전자, 에버론, 유론

http://www.lonmark.org
http://www.lonmark.or.kr

part Ⅲ

유비쿼터스 홈네트워크 디바이스

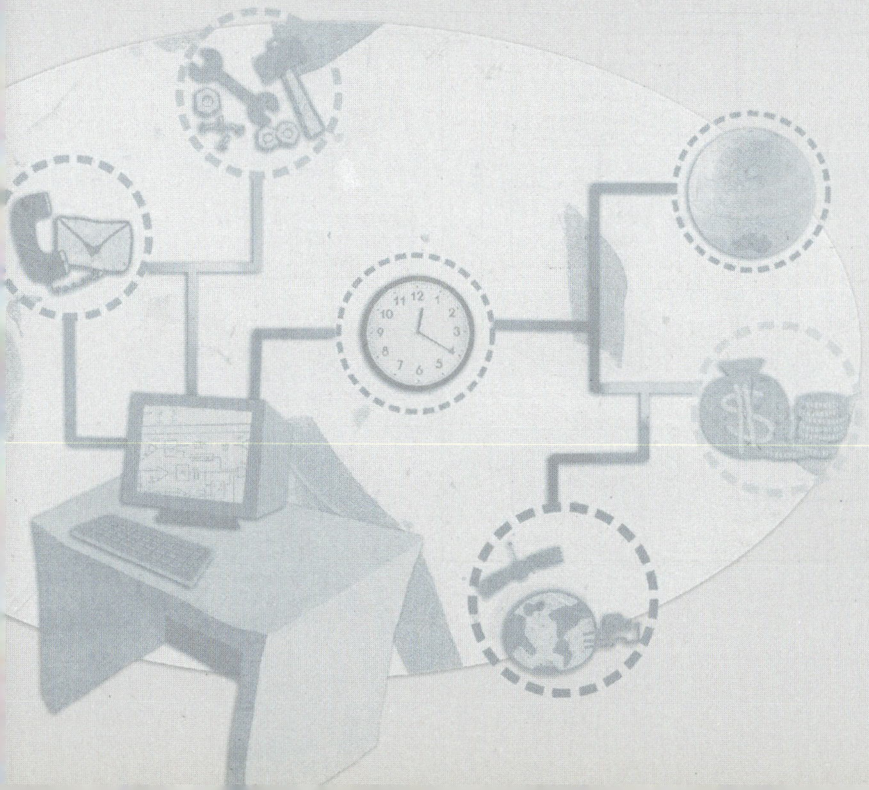

제 5 장

론웍스 디바이스 개발 개요

5-1 론웍스 디바이스 개발과정

5-1-1 디바이스 개발과정

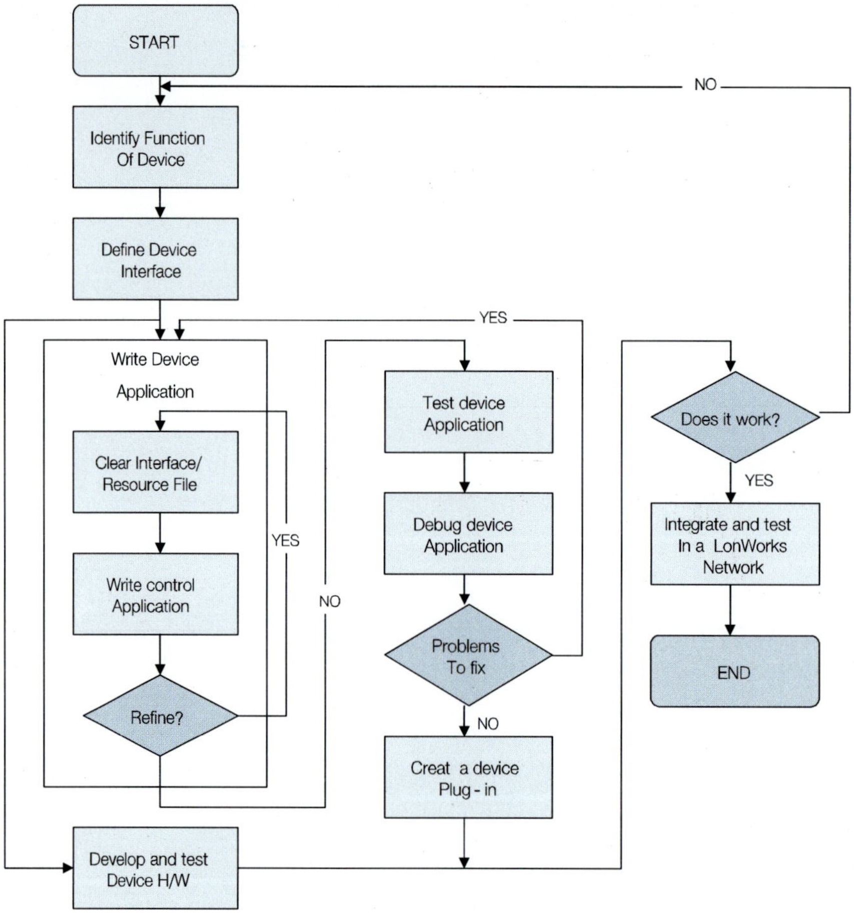

5-1-2 디바이스 기능 및 인터페이스 정의

(1) 디바이스 기능

① 액추에이터(Actuator)와 제어기(Controller) 디바이스를 위한 네트워크 정보를 제공하는 센서 디바이스

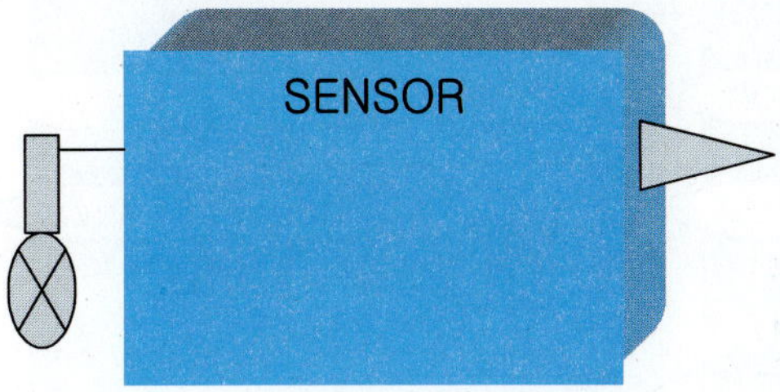

② 센서나 제어기로부터의 정보를 가지고 동작하는 액추에이터 디바이스

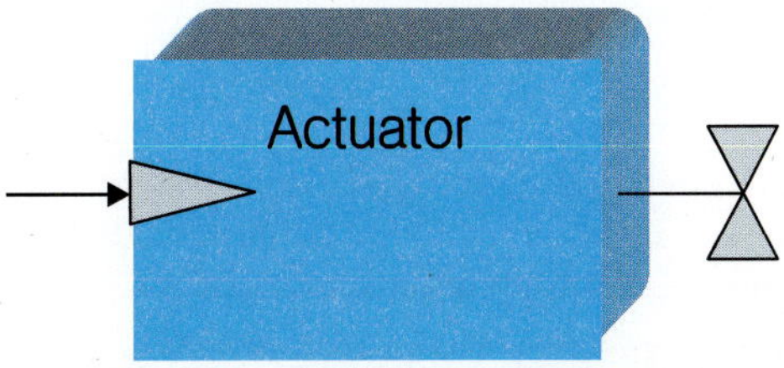

③ 센서로부터 정보를 받아 활용하거나 액추에이터로 네트워크 정보를 넘겨주는 제어 디바이스

- 디바이스 인터페이스 정의
  - 네트워크 변수(Network Variables) : NV

- 기능함수 블록(Function Blocks) : FB
- 구성 도구(Configuration properties) : CP

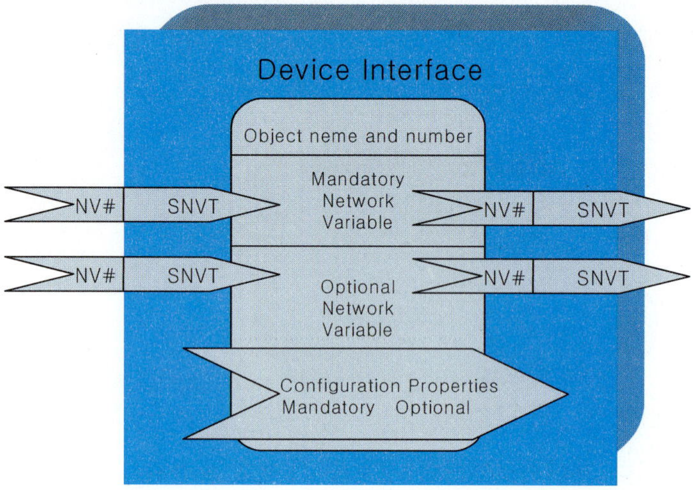

5-1-3 디바이스 응용 프로그램

① 디바이스 응용 만들기

뉴런 칩 기반 디바이스의 뉴런 C 언어 버전 2로 코딩한다.

② 디바이스 인터페이스 만들기

기능블록(Function Block), 네트워크 변수(Network Variables), 구성 도구(Configuration Properties) 선언

③ 필요한 경우 리소스(Resource) 파일 만들기

④ 제어 응용 프로그램 코딩(뉴런 C)

〈예문〉

```
when(nv_update_occurs(nviLampValue))
//
//}}NodeBuilder Code Wizard End
{
```

```
        if (fblockNormalNotLockedOut(fblock_index_map[nv_in_index]))  {

                updateDeviceState(nv_in_index,
nv_array_index, fblock_index_map[nv_in_index]);

                lampActuatorprocessNV();
        }
}

void lampActuatorprocessNV(void)
{

        int nviLampValueIndex;
        // Find out which NV was updated
        nviLampValueIndex = nv_table_index(lampActuator::nviLampValue);
        if(nviLampValueIndex == deviceState.nvIndex){
        // set the lamp actuator to the new input value
        if (lampActuator::nviLampValue.state == 0){
                // turn the lamp OFF
            io_out(ioLED, 0);
            // Update feedback NV
            lampActuator::nvoLampValueFb = nviLampValue;
        }
        else {
         // turn the lamp ON, set the level
            io_out(ioLED, nviLampValue.value);
            // Update feedback NV
            lampActuator::nvoLampValueFb = lampActuator::nviLampValue;
        }
        }
}
```

5-1-4 네트워크 상에 결합된 디바이스

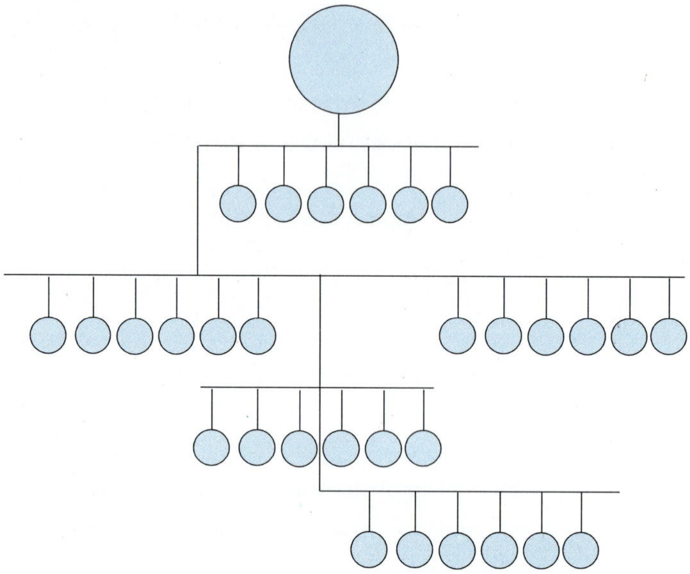

① 디바이스 검사 툴(Device testing Tool)

- 론메이커 툴(LonMaker tool) : 네트워크 내에서의 결합
- 노드빌더 툴(NodeBuilder tool) : 컴파일, 디버거, 리소스 파일 에디터, 프로젝트 매니저(Project Manager)

② 네트워크 검사 툴(Network testing tool)

- 론메이커 툴(LonMaker tool), 프로토콜 분석기(Protocol Analyzer), 전력선 통신 분석기(Power Line Communication Analyzer)
- 네트워크를 형성하고 각 디바이스의 인터페이스를 위해서는 기본적으로 론메이커 툴이 필요하며, 각 프로젝트를 관리하며 컴파일, 디버깅을 하기 위한 노드빌더라는 툴을 사용되게 된다.

5-2 노드빌더 개발 툴

프로젝트 매니저, 리소스 에디터, 코드 위저드(Code Wizard), 디버거 등의 기능으로 론메이커 통합 툴과 함께 론웍스 디바이스 전문개발 툴이다.

5-2-1 개발 디바이스(Development Device) 개발과정

① 윈도우즈용 론메이커를 이용하여 임의의 네트워크를 형성한다.

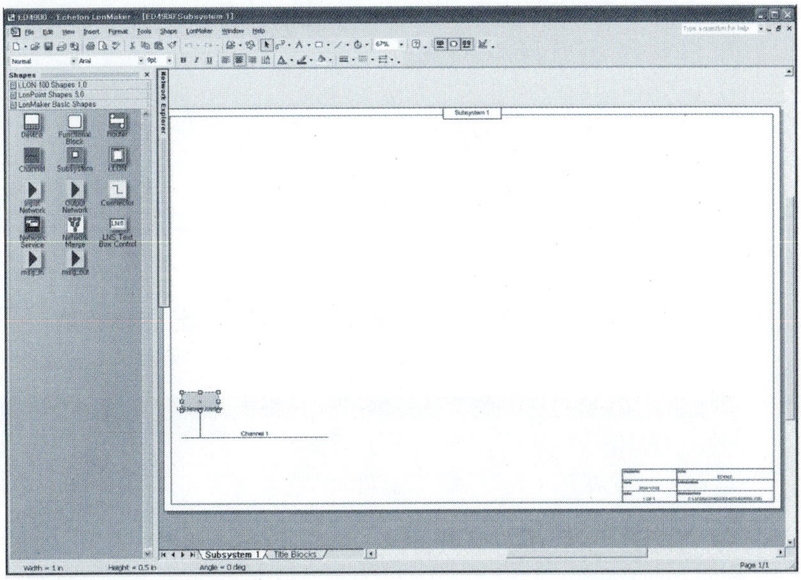

② 좌측 메뉴에서 Development Target Device를 드래그 앤 드롭하여 작업화면에 가져다 놓는다. 다음과 같은 창이 뜨면 Device name을 test로 쓰고 Commission Device 체크 후 Next 클릭한다.

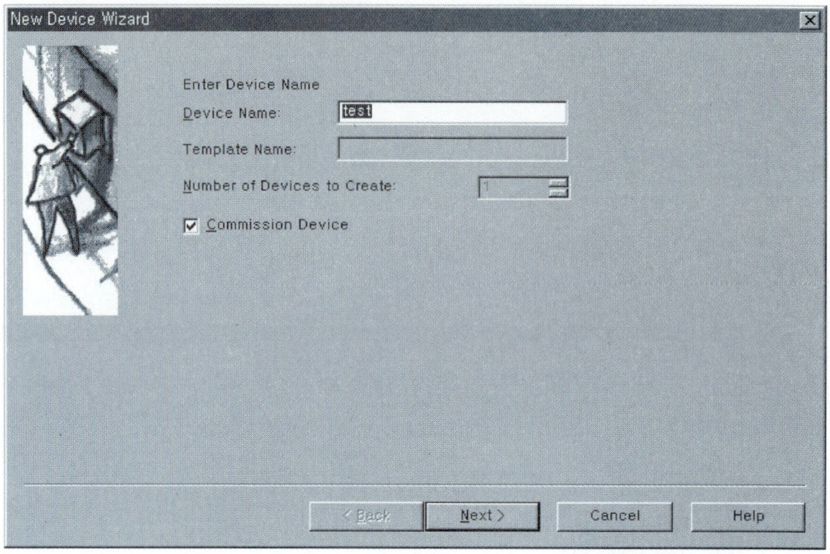

③ 다음과 같은 창이 나타나면 Start NodeBuilder를 클릭한다.

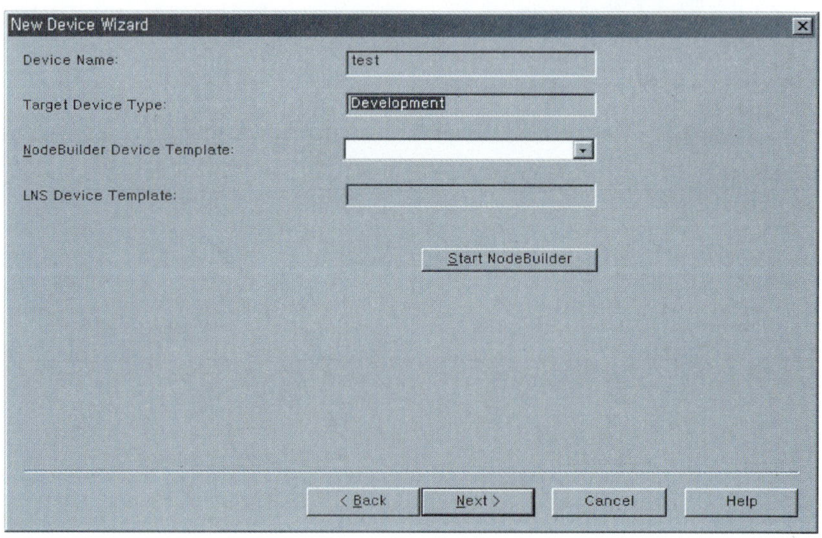

④ 다음과 같은 NodeBuilder Project 창이 뜬다. 새로운 Project를 생성하기 위하여 Create a New NodeBuilder Project 클릭 후 다음 클릭한다.

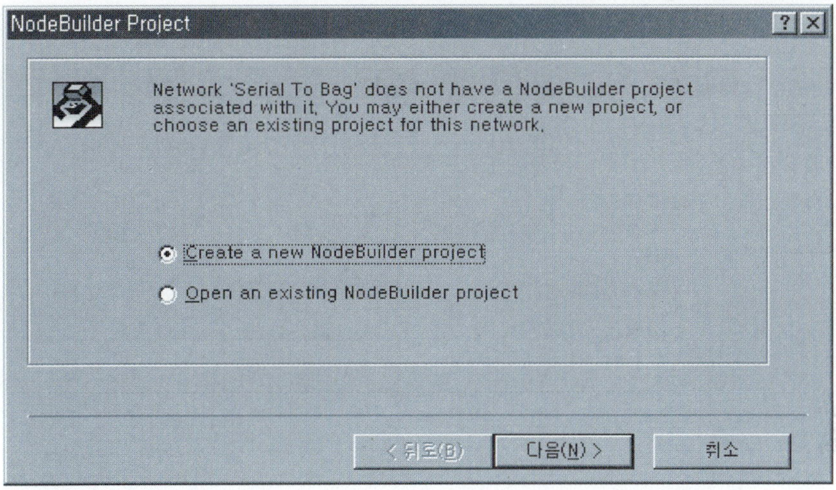

⑤ 다음과 같은 창이 뜨면 Project Name을 적고 다음을 클릭한다. 여기서 경로는 C:/ 드라이브의 LM폴더의 Source밑에 프로젝트 이름이 생성된다.

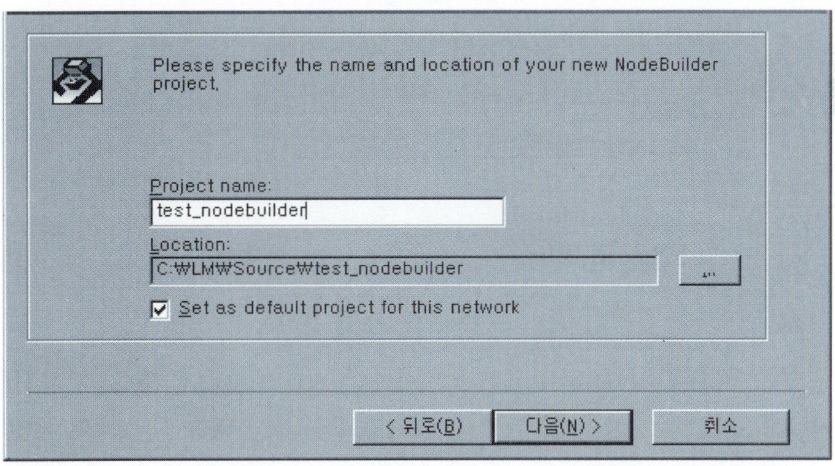

⑥ 다음과 같은 창이 뜨면 Defult transceiver type을 Pl-20N으로 선택한다. 이때 Run NodeBuilder device template wizard를 선택하게 되면 디바이스 등록 창으로 넘어갈 수 있다.

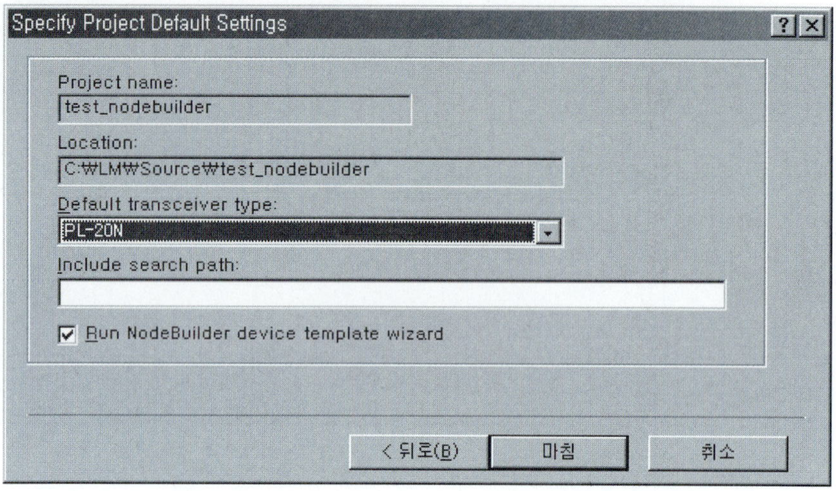

⑦ 다음 New Device Template Wizard 창이 뜨면 name을 적어주고 다음을 클릭한다.

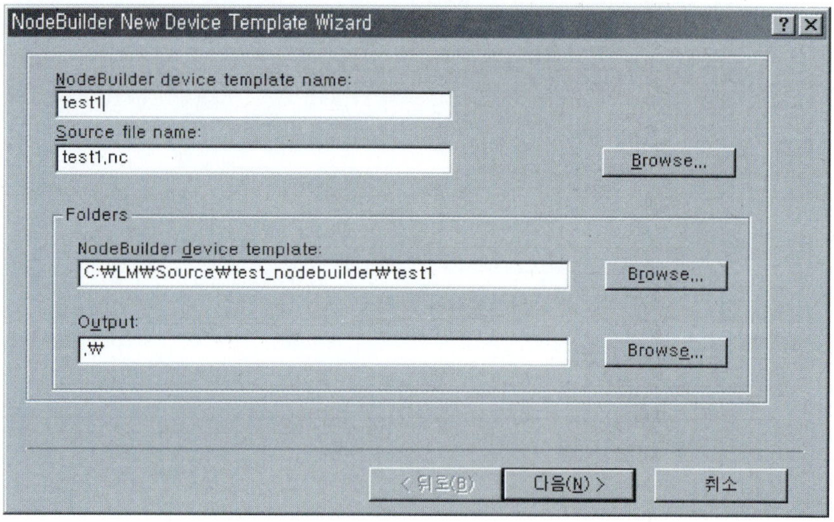

⑧ 다음으로 Program ID를 등록하는 창이 뜨게 되는데 여기서 Calculator 버튼을 누른다.

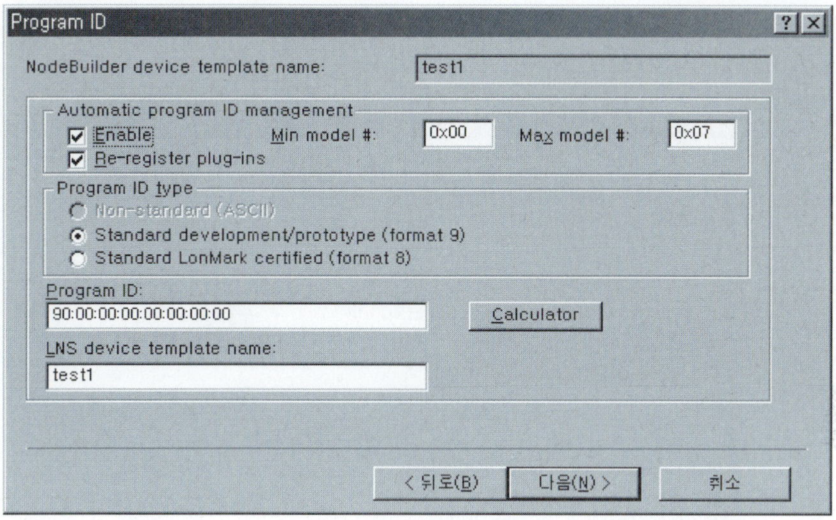

⑨ 다음 창이 뜨게 되면 Manufacturer에서 Example을 선택하고 Catagory, Device class, Usage 등을 적절한 목록으로 설정한 후 Channel type에서 PL-20N을 선택하면 Program ID가 설정된다. 그런 후 OK를 클릭한다.

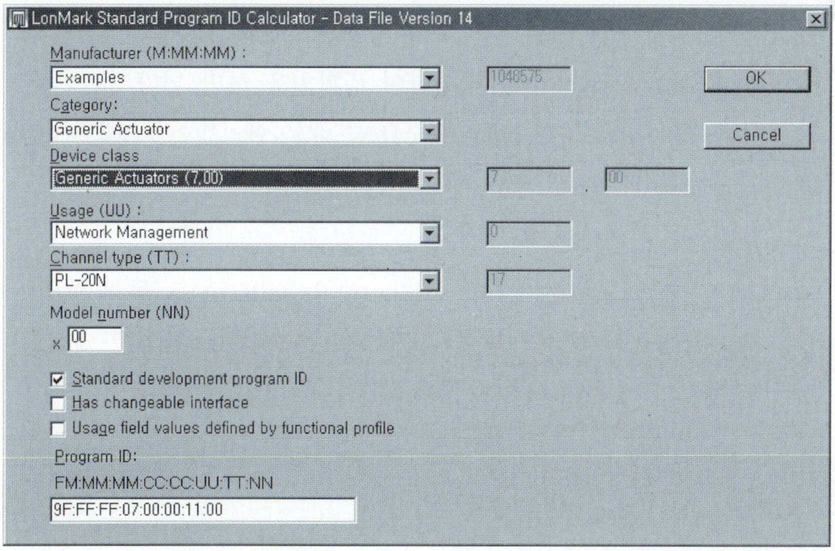

⑩ 다음은 Hardware Templates 창이 뜨게 되면 여기서 사용할 H/W를 선택한다. 만약 적절한 H/W가 없을 경우 다음과 같은 경로로 H/W를 등록한다. C/LonWorks/NodeBuilder/Templates/Hardware/Minkit에서 찾아서 Standard로 Copy한다. Run NodeBuilder Code Wizard는 클릭하지 않는다.

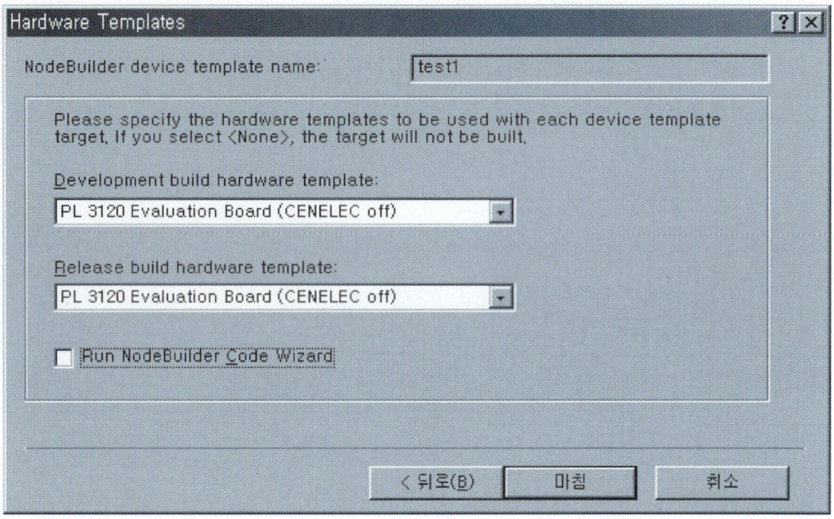

⑪ 마침을 클릭하면 Project가 생성되고 그 밑에 Device 1개가 User가 설정한 대로 생성되어 있음을 확인할 수 있다.

이제 메인 창에 뉴런 C로 앞에서 배운바와 같이 제어 응용 프로그램(Control Application Program)을 작성하여 컴파일을 하면 된다.

이때 Hardware Template를 H/W 사양에 맞는 것을 설정하여야 하며 Transceiver Type을 틀리지 않도록 주의한다.

컴파일을 진행하면 다음과 같은 파일들이 생성된다.

Development 폴더에 .NRI, .NEI, .APB, .XIF, .XFB 등의 파일이 생성된다.

MinEvk로 컴파일하게 되면 출력(Output) 폴더에 파일이 생성된다.

각 파일의 용도는 다음에 논하기로 한다.

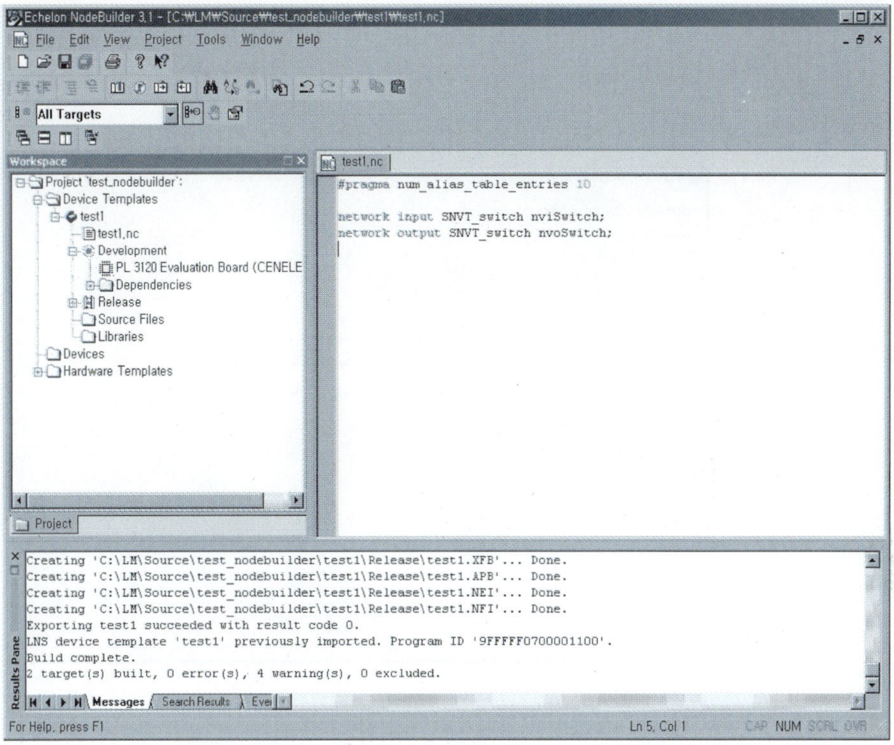

⑫ 컴파일하게 되면 다음과 같이 "test1"이라는 Device가 나타나게 된다. Device를 선택하고 Next를 클릭한다.

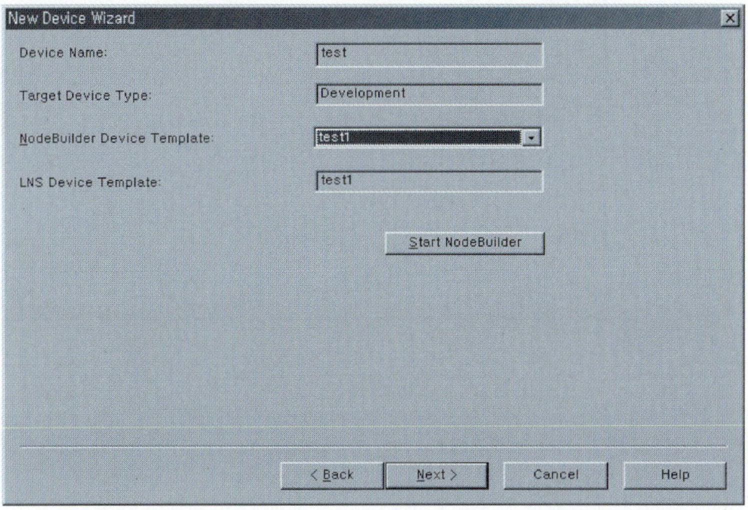

⑬ Device가 연결된 채널을 설정해 주는 창이다. Channel 1을 선택한 후 Next 버튼을 클릭한다.

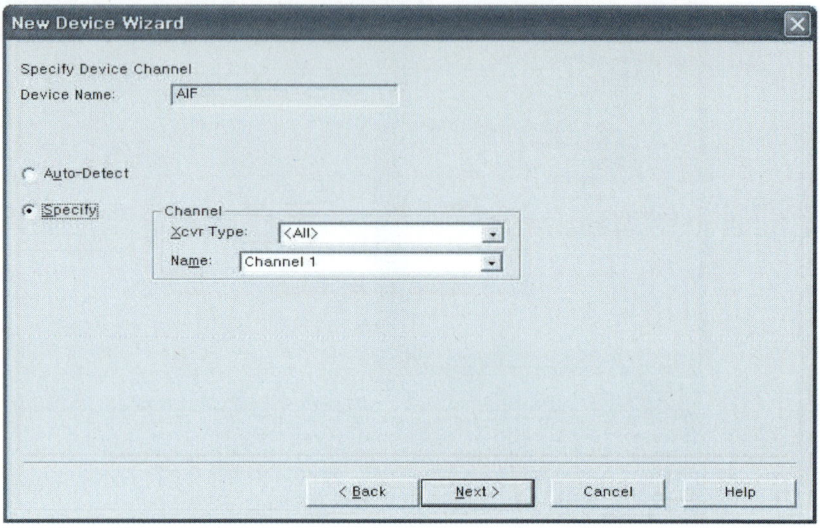

⑭ Device의 Property와 설명을 써주고 싶으면 써준 후 Next를 눌러준다.

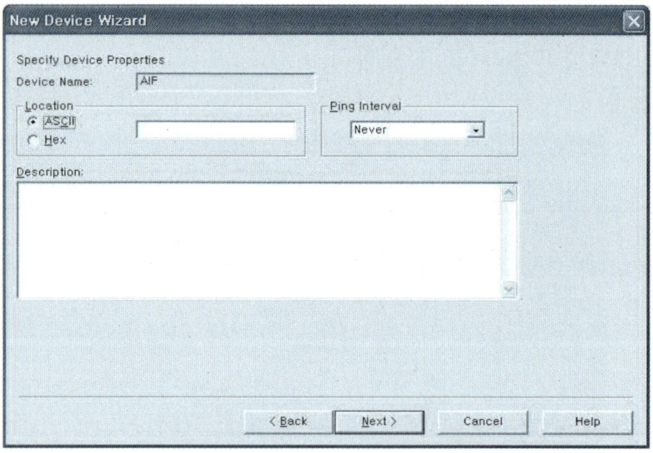

⑮ Device를 인식시키는 방법에 대한 선택으로 Service Pin 방식으로 설정한 후 Next를 눌러준다.

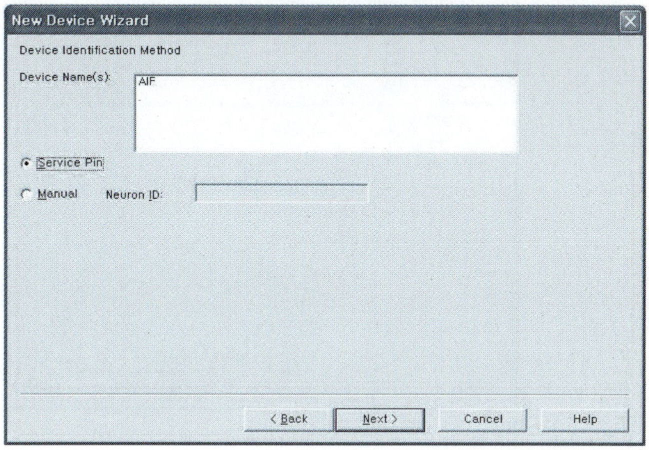

⑯ Device의 Application Image를 설정해주는 부분으로 새로운 이미지를 Load하는 부분이므로 Load Application Image를 클릭하고 Next를 눌러준다.

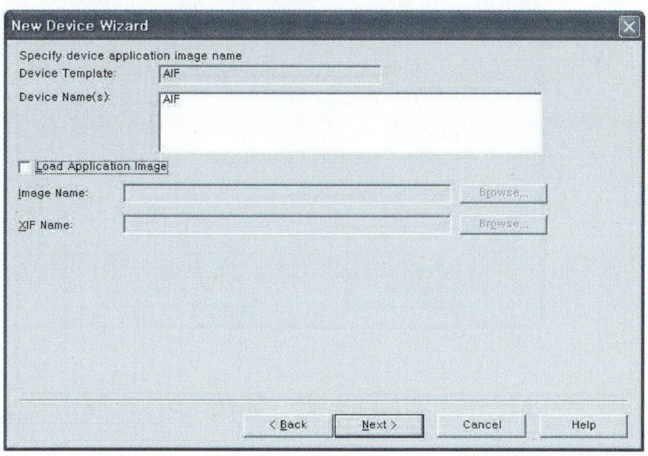

⑰ Device의 상태를 Online으로 체크해 준 후 Finish를 눌러준다.

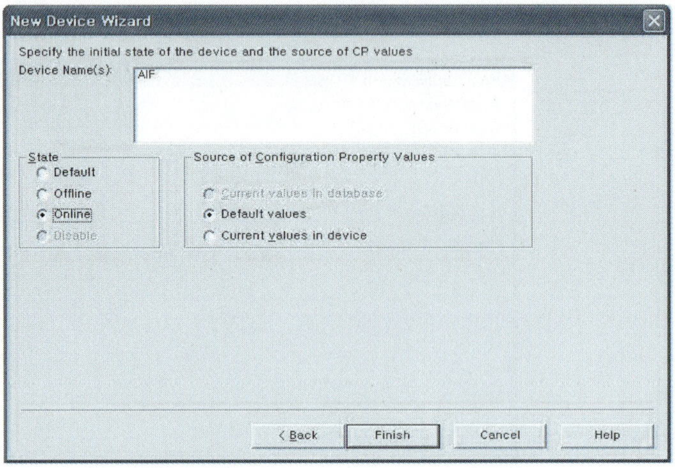

⑱ Service Pin 대기 상태가 되면 다음과 같은 창이 뜨게 되고 Service Pin 입력이 들어올 때까지 대기한다.

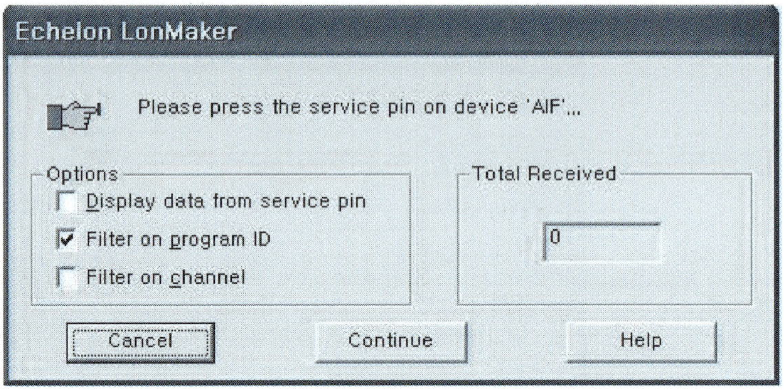

Device에서 Service Pin을 누르게 되면 Load 및 Commission 작업이 이루어진다.

5-2-2 노드빌더 개발 툴 기능

(1) 리소스 에디터(Resource Editor)

표준(Standard), 유저(User)로 정의된 각각의 네트워크 변수(Network Variable), 구성 도구(Configuration Property) 등의 변수들을 검색(Search), 편집(Edit) 및 새로운 리소스 파일을 만들 때 사용하는 프로그램이다.

- 리소스 파일의 생성 및 편집
  - 네트워크 변수 형태(Network Variable types)
  - 구성 도구 형태(Configuration Property types)
  - 기능 프로파일(Function Profiles)
  - 리소스 문자열(Resource strings)
  - 포맷(format)

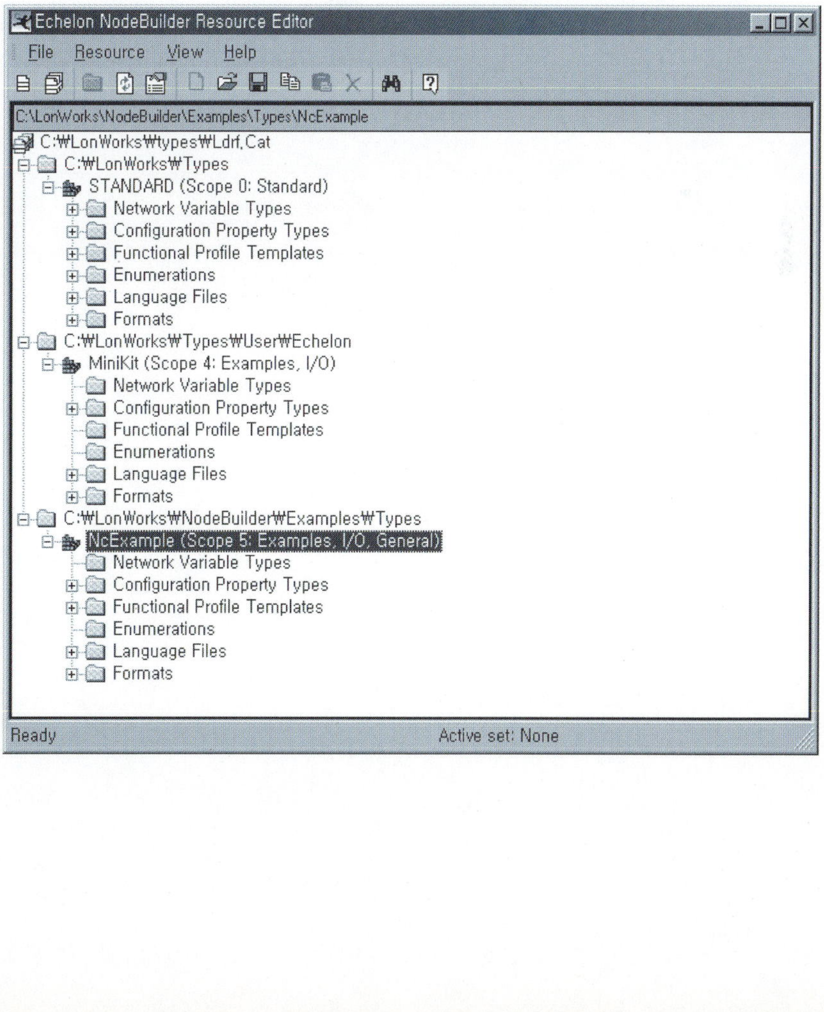

5-2-3 노드빌더 코드 위저드(NodeBuilder CodeWizard)

뉴런 C 버전 2 코드를 기반으로 리소스 목록의 내용을 사용하여 빠르게 기능 블록, 네트워크 변수, 구성 도구 등을 설정하며 다양한 기본 코딩을 도와준다.

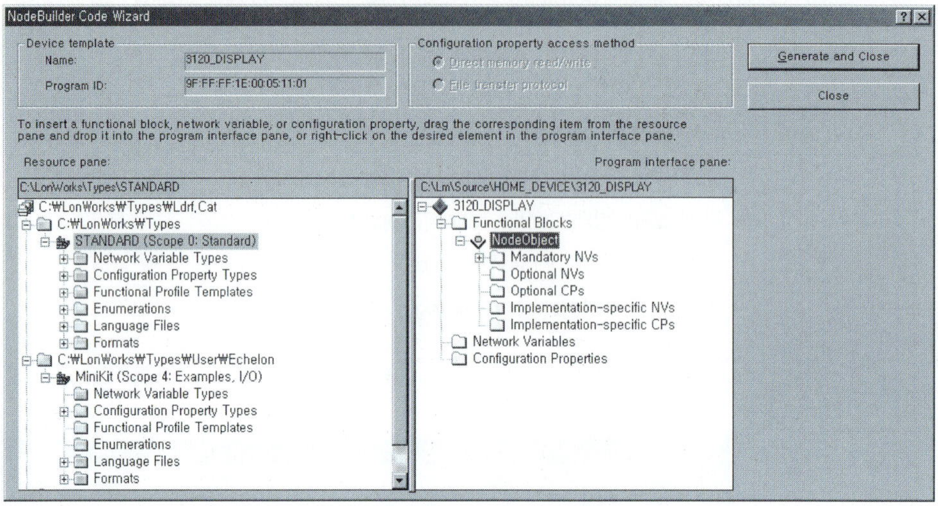

5-2-4 노드빌더 디버거(NodeBuilder Debugger)

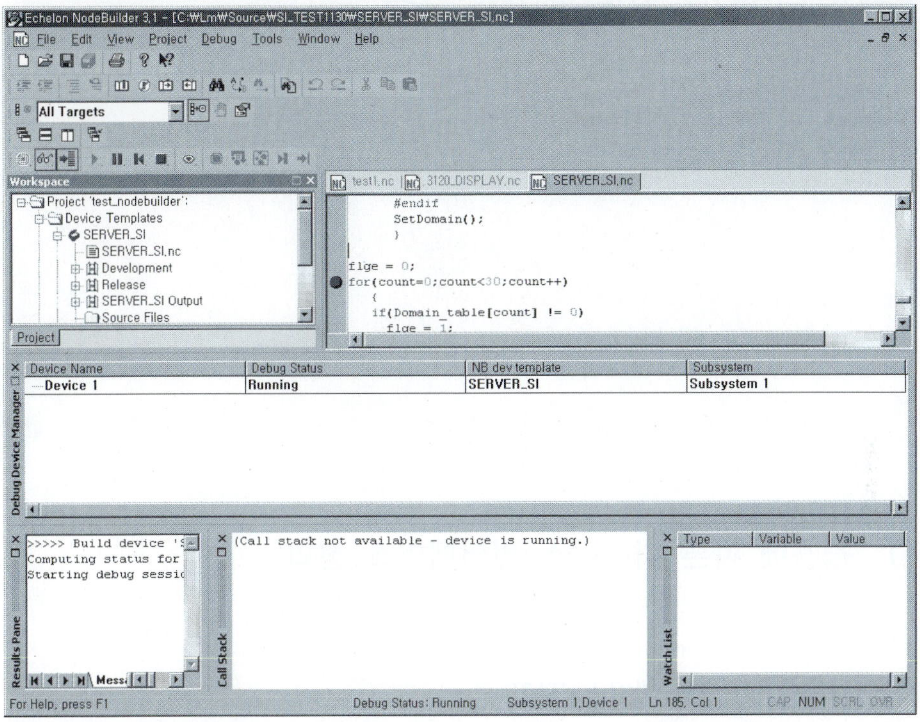

- 주요 기능
  - 브레이크포인트 설정(Set breakpoints)
  - 모니터 네트워크 변수(Monitor Network Variables)
  - Halt 응용
  - 응용을 통한 단계(Step through the application)
  - 콜 스택 뷰(View the call stack)
  - Peek와 poke 메모리
- 노드빌더 유저 가이드와 디바이스 응용 디버깅을 참조하라.

제 6 장
론웍스 디바이스 인터페이스 구축

6-1 응용에 따른 디바이스 인터페이스 정의

6-1-1 디바이스 인터페이스 정의

디바이스의 논리적인 인터페이스로써 그 디바이스에 무슨 정보를 어떻게 넘겨줄 것인가? 하드웨어 개념과 연계된 적절한 네트워크 변수(NV)들의 설정을 통하여 필요한 데이터가 정확히 전달될 수 있도록 하는 부분이다.

6-1-2 함수 프로파일

특별한 함수와 관련된 그룹화된 네트워크 변수(NV), 구성도구(CP)들을 기능 프로파일(Function Profile)이라 한다.

6-1-3 표준 함수 프로파일(SFP; Standard Function Profile) 예제

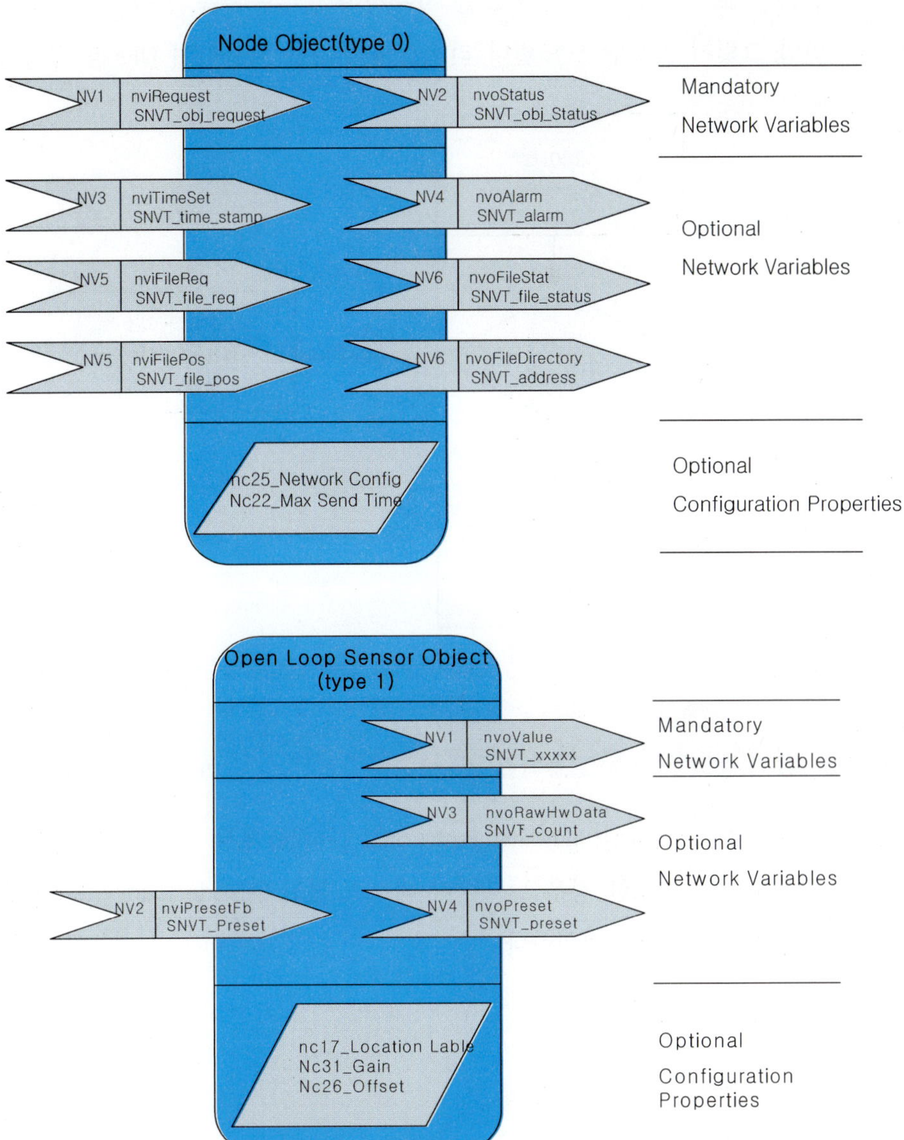

[그림 6-1] 표준 함수 프로파일

6-1-4 디바이스 인터페이스 처리순서

디바이스의 함수를 정의한 후 표준 함수 프로파일(SFPs)가 적당한지를 검토 후 적당하면 노드빌더 코드 위자드를 사용하여 함수블록을 생성한다.

만약 그렇지 않으면 노드빌더 리소스 편집기를 사용하여 UFP를 생성하면 된다.

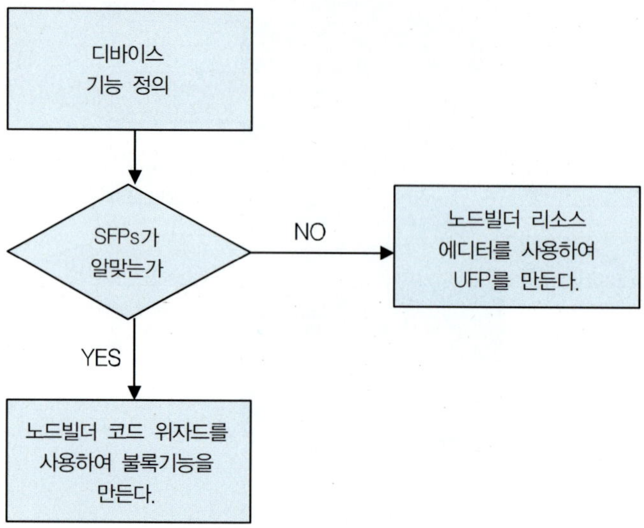

[그림 6-2] 디바이스 인터페이스 처리순서

6-1-5 유저 정의된 함수 프로파일(UFPs; User-Define Functional Profiles) 만들기

표준 함수 프로파일(Standard Functional profile)에서 정의되어 있지 않는 새로운 프로파일이 필요한 경우 노드빌더 리소스 편집기(NodeBuilder Resource Editor)를 사용하여 UFPs를 정의한다.

UFPs 포함 내용은 다음과 같다.

- SNVTs
- SCPTs
- UNVTs
- UCPTs

6-1-6 함수 블록(Functional Blocks)만들기

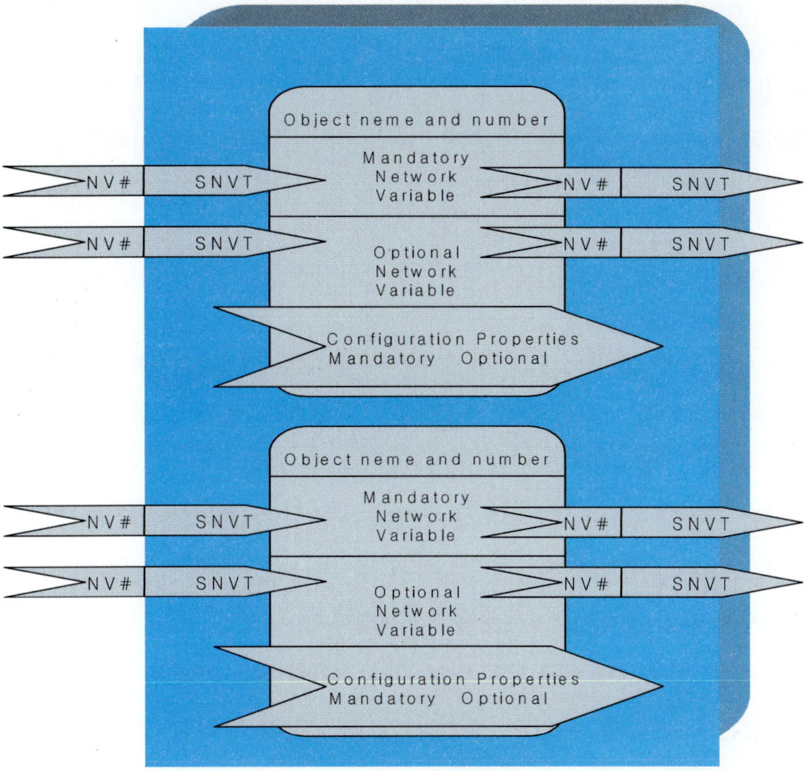

[그림 6-3] 함수 블록

6-2 뉴런 C 기초

뉴런(Neuron) C 버전 2의 기초를 배우며 디바이스 인터페이스의 구성요소들을 선언하고 사용하는 방법을 배운다. 뉴런 C의 기본구조를 이해한다.

6-2-1 뉴런 C

뉴런 C는 뉴런 칩과 스마트한 송수신기를 위해 개발된 것으로 ANSI C에 기반의 프로그래밍 언어다. 뉴런 C는 분산 제어 응용의 특별히 요구 사항에 맞도록 개발되었고 ANSI C에 언어 확장의 풍부한 설정을 제공한다.

경험이 풍부한 C 프로그래머는 뉴런 C가 잘 알려져 있는 ANSI C 패러다임에서 자연적으로 확장된 것을 알 수 있다. 뉴런 C는 내장형 형식 검사를 제공하고, 프로그래머에게 분산형 론웍스 응용을 위해 매우 효율적인 코드를 작성하는 것을 허용한다. 뉴런 C는 ANSI C에 네트워크 통신, 입출력과 이벤트-처리 확장을 포함한다. 이것은 뉴런 C를 론웍스 응용의 개발을 위한 강력한 도구로 한다.

[그림 6-4] 뉴런 C의 구조

특별한 주요 장점은 다음과 같다.

① 데이터 공유를 촉진하는 함수 블록과 네트워크 변수를 기반으로 하는 네트워크 통신 모델은 같은 것 또는 다른 디바이스 사이에서 데이터 공유를 추진하고 단순화한다.

② 네트워크 형태 모델은 상호 운용 가능한 네트워크 형태 도구를 용이하게 하는 함수 블록과 구성 속성 변수에 기반으로 구성되어 있다.

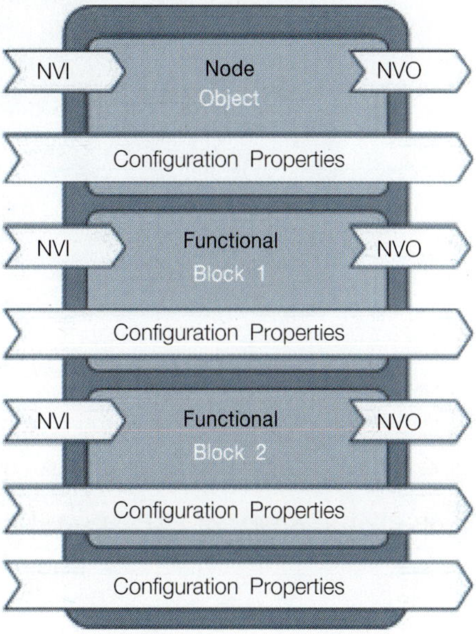

[그림 6-5] 네트워크 형태 모델

③ I/O의 광범위한 내장된 설정은 뉴런 칩과 스마트한 송수신기의 강력한 I/O 능력을 지원하고 있다.

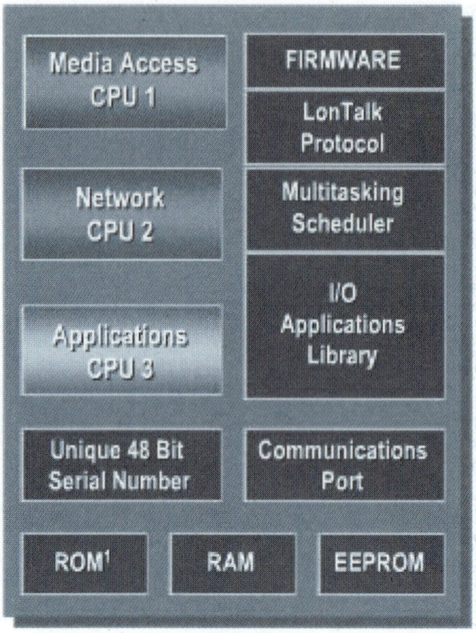

[그림 6-6] 스마트 송신기 시스템

④ 강력한 이벤트 구동의 프로그램 작성 확장은 새로운 상태를 근거로 할 때 네트워크, I/O와 타이머 이벤트의 간단한 처리를 제공한다.

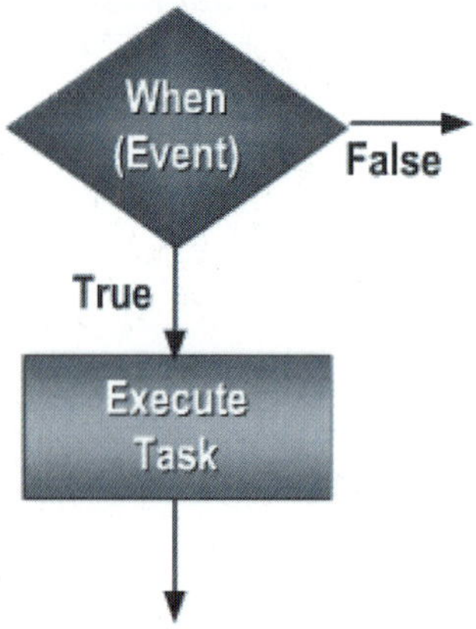

[그림 6-7] 이벤트 구동 순서도

뉴런 C는 유사하지만 ANSI C와 일치하지 않는다.

예를 들면, 뉴런 C는 파일 I/O를 위해 표준 실행 시간 라이브러리를 포함하지 않고 대신에 뉴런 C는 부가의 언어 구문(Syntax) 요소와 함께 실행 시간 라이브러리를 스마트한 송수신기와 뉴런 칩을 위해 특별히 설계되었다.

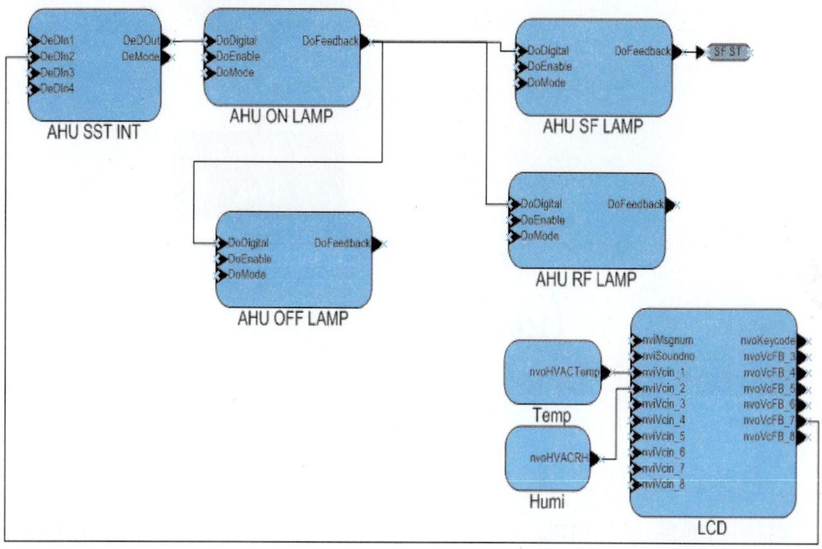

뉴런 C는 모든 기본 ANSI C 형태와 형태 변환으로 구현되는데 추가적으로 독특한 데이터 요소를 제공하고 이 독특한 특징은 다음과 같다.

언어와 시스템 펌웨어를 지원하는 것을 가지는 네트워크 변수 데이터는 C 프로그램에서 변수처럼 보이는 것을 제공한다. 그러나 그 네트워크 위에서 하나 이상의 다른 디바이스를 위해 론웍스 네트워크를 통하여 전파되는 추가적인 특성을 가지고 있다.

네트워크 변수는 론웍스 디바이스를 위해 디바이스 인터페이스의 부분을 만든다. 또한 구성 속성 변수 데이터는 디바이스 인터페이스의 부분으로 구성되어 있다.

구성 속성 변수는 디바이스의 동작에 론메이커 통합 도구와 같은 네트워크 도구 또는 디바이스를 위해 만들어지는 맞춤 플러그인을 사용하면서 커스터마이즈되는 것을 허락한다. 뉴런 C는 함수 블록으로 디바이스에서 네트워크 변수와 구성 속성 변수을 편성하는 방법을 제공한다. 제각기는 네트워크 변수의 수집과 함께 하나의 태스크를 수행하기 위해 사용되는 구성 속성을 제공한다.

이 네트워크 변수와 구성 속성은 함수 블록 구성 요소라고 불린다.

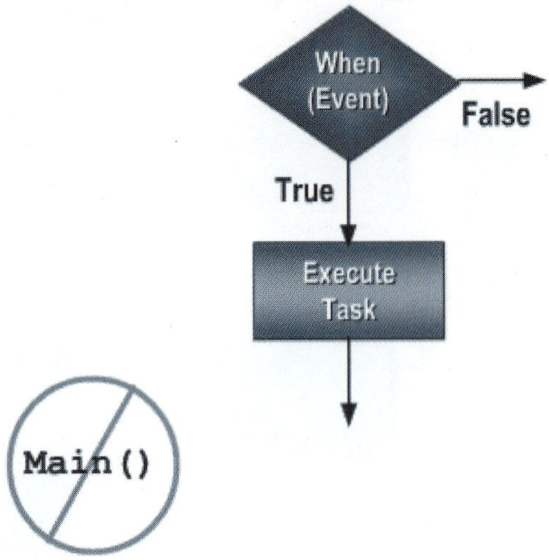

론웍스가 이벤트 구동의 제어 방식으로서 있고 응용 프로그램 태스크의 스케줄러는 이벤트 구동이다. 주어진 조건이 참이 될 때 그 조건과 관련되는 코드(태스크라고 불리면서)의 보디는 실행된다.

스케줄러는, 즉 입력 핀의 상태에서 변경, 네트워크 변수를 위한 새로운 값 또는 타이머의 종료를 수신과 같은 이벤트의 결과로써 실행되는 태스크로 정의한다.

main()구성요소는 사용되지 않는 대신, 뉴런 C 프로그램 실행 가능 오브젝트는 함수에 더하여 When의 상태로 구성된다. 실행의 스레드는 항상 When 상태로 시작된다. 타이머는 선언될 수 있고, 변수처럼 조작될 수 있는 뉴런 C 자료 객체다.

타이머가 만기가 될 때 시스템 펌웨어는 자동적으로 타이머 이벤트를 관리하고, 프로그램에 그 이벤트를 신고한다. 뉴런 C는 많은 내장형 입출력 객체를 제공하고 이 입출력 객체는 뉴런 칩 또는 스마트한 송수신기 입출력 하드웨어를 위한 표준화되는 입출력 "디바이스 드라이버"이다. 각 입출력 객체는 이벤트 구동의 프로그래밍 모델에 꼭 맞는다. 함수 호출 인터페이스는 각 입출력 객체와 상호 작용하기 위해 제공된다.

6-2-2 뉴런 C 프로그램 요소

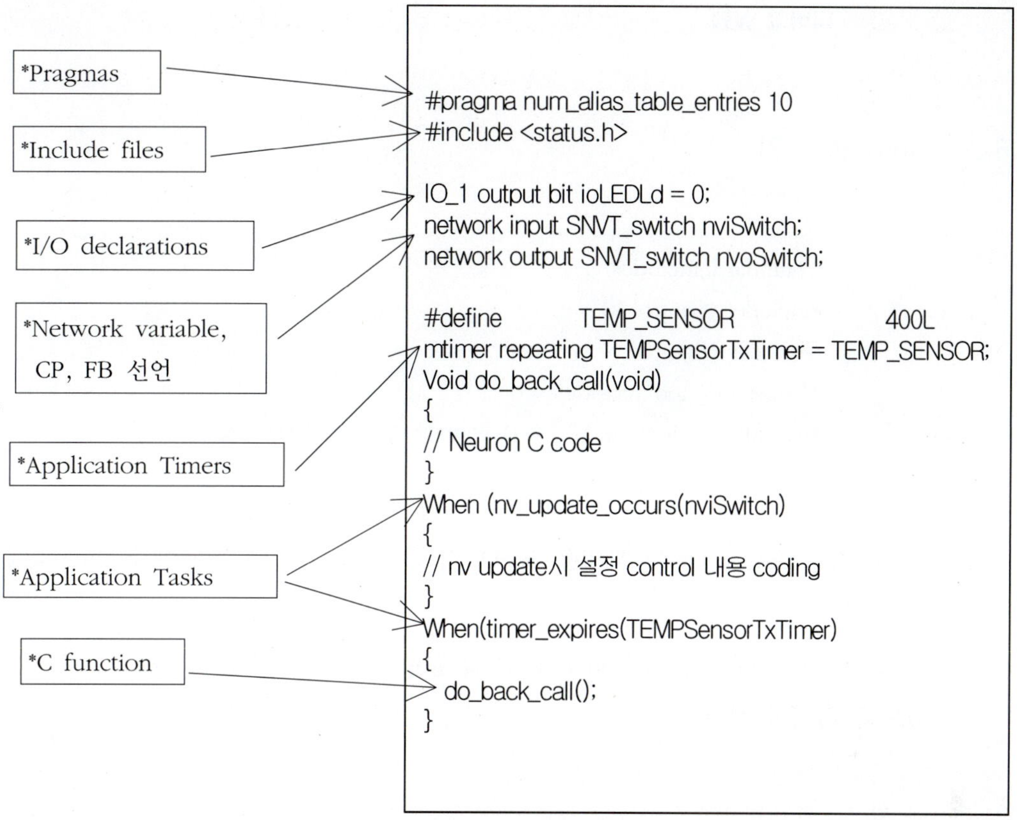

6-2-3 뉴런 C 컴파일러 Pragmas

```
#pragma enable_io_pullups
#pragma net_buf_in_count 3
#pragma num_alias_table_entries 10
```

뉴런 C 컴파일러를 위한 명령이다.

- 메모리 할당
- 옵션 최적화
- 디버그 실행

6-2-4 Include 파일

```
//Standard includes
#include <control.h>
#include <float.h>
// user defined includes
#include "myinclude.h"   ----> Path할 수 있는 경로지정
```

기본적인 표준 include 파일은 노드빌더 툴(NodeBuilder tool)이나 MinEvk에서 지원가능하다.

표준이 아닌 유저가 정한 include 파일 같은 경우는 컴파일러가 패스(Path)할 수 있도록 하여야 한다.

6-2-5 when 절 선언

```
when(event)
{
// task to be executed
}
when(this_is_true)
{
// another task to be executed
}
```

- when 절 요소
  - 이벤트를 체크하여 참 혹은 거짓을 확인
  - NV 업데이트 체크
  - 이벤트가 참(true)될 때와 NV가 업데이트(Update)될 때 태스크(Task)는 실행된다.
- 뉴런 C는 멀티태스킹이 가능하다.
  - 한 번 태스크 실행에 들어가면 그 태스크가 수행될 때까지 진행된다.

6-2-6 이벤트의 정의

(1) 사전 정의된(Predefined) 이벤트

```
when (reset)
{    .................        }
when (offline)
{    ..................        }
when (online)
{    .................        }
when (wink)
{    ................        }
when (nv_update_succeeds(nvoABC))
{  .....................................}
when (nv_update_fails(nvoABC))
{  ....................................}
when (nv_update_occurs(nviZHE)
{    ................................    }
when (timer_expires(tmrtick)
{    ..............................    }
when (io_changes(in_switch))
{  .....................................}
when (io_change(in_switch))
{    ....................................    }
```

(2) 유저 정의된 이벤트(User defined Events)

```
when(x 〉 12)
{. ..... .... ......
}
when (fcheckit())
{   . .. ... .. .
}
when (nv_update_occurs(nvispeed) && (flag == TRUE))
{  ..... ..... .. .. . ...
}
```

가능한 유저 정의된 이벤트보다는 사전에 정의된 이벤트를 주로 사용하도록 한다. 더 효율적이며 에러가 발생하는 빈도도 낮다.

6-2-7 네트워크 변수(Network Variables) 선언

다음은 네트워크 변수 선언과 사용의 대한 예제이다.

```
network input   type nviName [=initialValue];   // input network variable
network output  type nvoName [=initialValue];   // output network variable
```

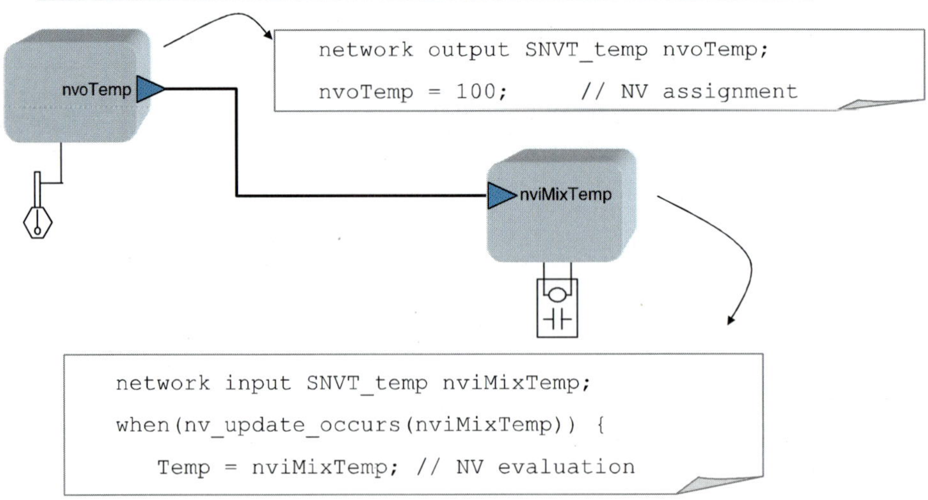

6-2-8 함수 블록 선언

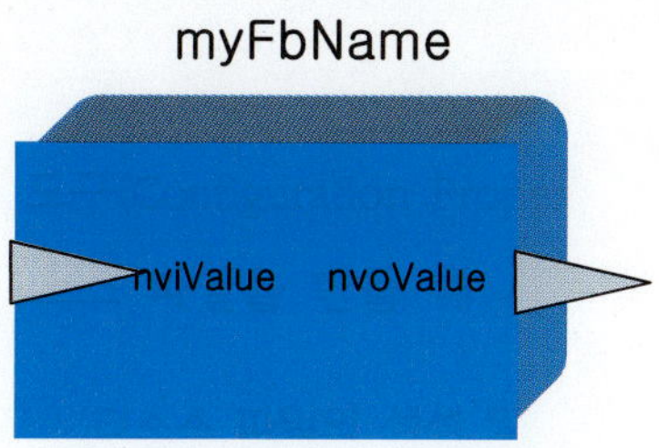


```
// network variable declaration
network output SNVT_switch nvoValue;
network input SNVT_switch nviValue;
// Functional Block Declaration
fblock 〈 FPT name〉 {
     nviValue implements FPTname_nv1;
     nvoValue implements FPTname_nv2
} myFbName;
...
...
if(myFbName :: FPTname_nv1.state == 1)  {
   myFbName :: FPTname_nv2.state == TRUE;
   myFbName :: FPTname_nv2.value == 200;
}
....
```

6-2-9 속성 변수(Configuration Property) 선언

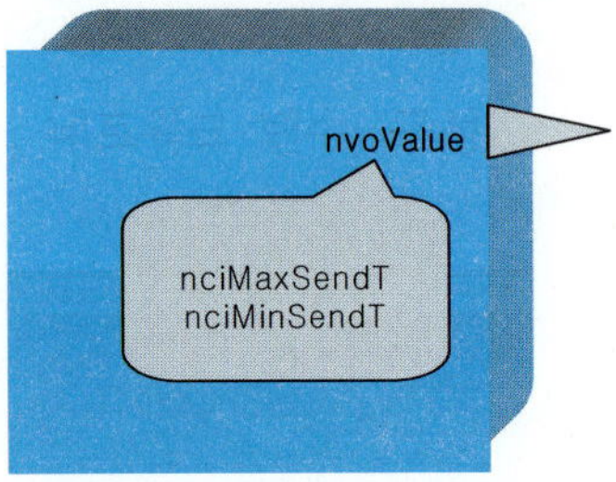


```
//〈Fblock CP Family Declarations〉
SCPTmaxSendTime cp_family nciMaxSendT;
SCPTminSendTime cp_family nciMinSendT;
//
//〈Fblock Output NV Declarations〉
network output SNVT_lux nvoLuxLevel
nv_properties {
   nciMaxSendT,
   nciMinSendT
};

//〈Fblock Declaration〉
fblock SFPTlightSensor {
   nvoLuxLevel        implements nvoLuxLevel;
   director  lightSensorDirector;
} lightSensor
...
...
...
if ( (ulLightSensorMinSendT 〉= lightSensor::nvoLuxLevel::nciMinSendT) )
               {
                  ulLightSensorMinSendT = 0;
                  ulLightSensorMaxSendT = 0;
                  // Transmit new value
                  lightSensor::nvoLuxLevel = ulLightSensorTempLux;
                  }
```

6-3 프로그램 IDs

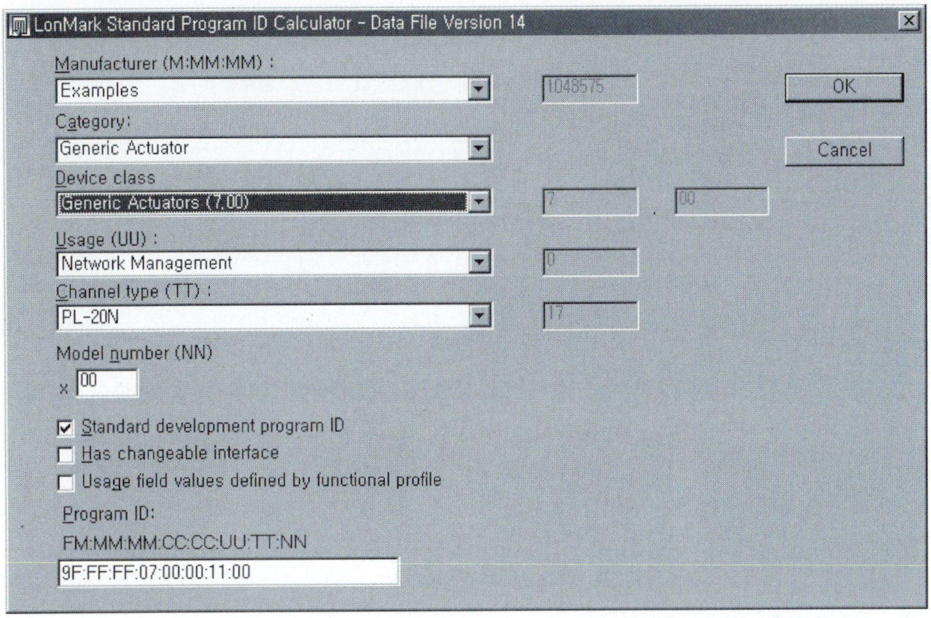

각 디바이스는 각각의 프로그램 ID를 갖는다. 다음과 같이 분류한다.

- 생산자(Manufacturer)
- 디바이스 기능(Device Function)
- 채널 형태(Channel Type)
- 버전(Version)

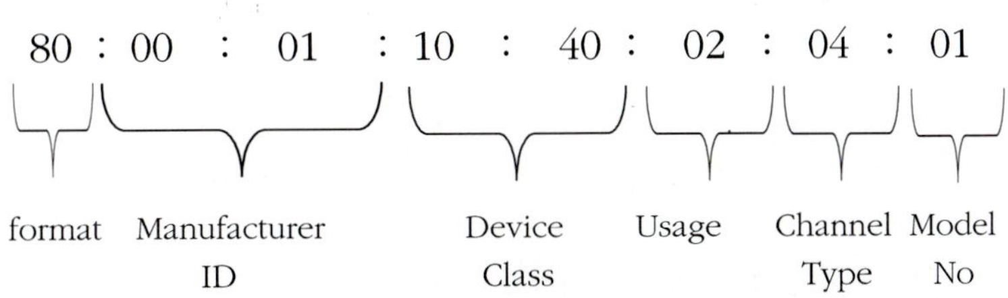

6-3-1 프로그램 ID란

프로그램 ID는 쉽게 말하면 네트워크 디바이스의 모델 번호라고 할 수 있다. 즉, 프로그램 ID는 네트워크상의 디바이스 어플리케이션을 구분하기 위해 사용할 수 있는 ID 체계이다. 즉, 동일한 프로그램(어플리케이션)을 갖는 디바이스는 동일한 프로그램 아이디를 갖게 된다. 예를 들어, 동일한 조명스위치가 여러 개 설치되었다면 이러한 조명 스위치는 동일한 디바이스 어플리케이션을 가지고 있다. 따라서, 프로그램 아이디는 모두 동일하다고 할 수 있다. 이는 디바이스의 칩셋 아이디인 뉴런 ID(Neuron-ID)와는 구별된다. 따라서, 동일한 조명 스위치 5개가 있다면, 이들의 프로그램 아이디는 모두 동일하고 디바이스 아이디(뉴런 아이디)는 모두 다르다.

프로그램 ID는 디바이스를 구분하고 초기 디바이스에 대한 정보를 파악하는 키(key)가 된다. 아울러 디바이스의 설치 및 관리, 향후 업그레이드에 대한 중요한 정보가 된다.

6-3-2 프로그램 ID의 체계

론웍스에서 프로그램 아이디(program-id) 8바이트 문자열로 표현되며 표준여부, 제조사, 사용 분야, 모델 번호 등과 같은 디바이스 어플리케이션에 대한 정보를 나타내게 된다.

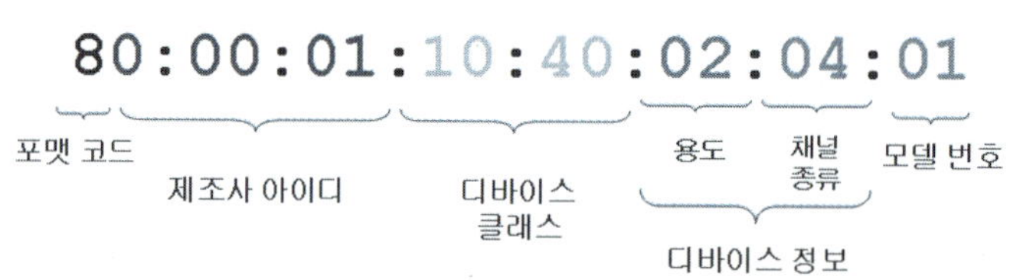

[그림 6-8] 디바이스 프로그램 아이디(program-id) 체계

론마크 협회(LonMark)에서 규격화한 프로그램 아이디 체계를 살펴보면 다음과 같다.

(1) 포맷 코드

9	LonMark 표준 인증 획득 제품
8	LonMark 표준 호환 제품 (업체 주장)
기타 숫자	기 표준 제품

(2) 제조사 아이디(MID-Manufacturer ID)

20비트의 업체 아이디 부여

(예) 삼성 전자(191), LG전자(204)

(3) 디바이스 클래스

2바이트로 구성된 디바이스 클래스

(예) Access 관련, Whitegoods, Gateway류, HVAC 관련 기기 등

(4) 디바이스 정보

용도(1바이트)와 채널(1바이트) 등 총 2바이트 정보로 구성됨

용도	commercial, regidential, commercial+residential 등등
채널	Powerline, RS485, RF 등등

(5) 모델 번호

모델별 인덱스 : 업체가 모델에 따라 부여 가능

6-3-3 프로그램 ID의 예

삼성전자의 전력선 통신 기반의 조명 스위치 모듈에 대해 프로그램 ID는 다음과 같다.

80:00:BF:20:00:06:11:01		
	8	〉론마크 인증 제품
	0:00:BF	〉제조사(삼성전자)
	20:00	〉조명 스위치
	06	〉댁내용(residential)
	11	〉통신 채널(PL-20N, 전력선)
	01	〉모델 번호

제 7 장
디바이스 응용구축

7-1 뉴런 C 네트워크 변수 어레이

Network 〈input | output〉〈type〉〈nv name〉[array-bound][=〈initialValues〉];

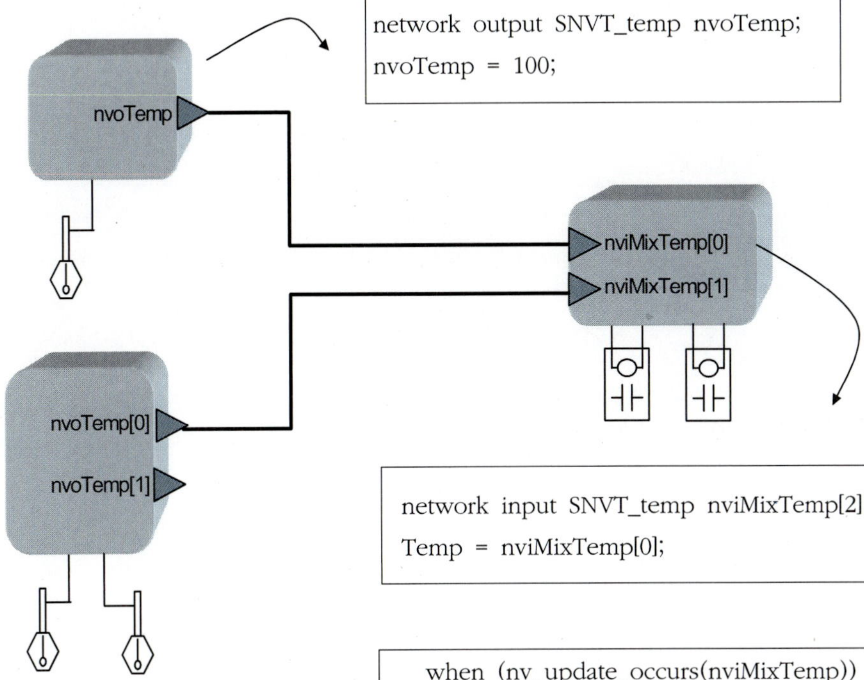


```
network output SNVT_temp nvoTemp;
nvoTemp = 100;
```

```
network input SNVT_temp nviMixTemp[2];
Temp = nviMixTemp[0];
```

```
when (nv_update_occurs(nviMixTemp))
    {
        short int channel;
        channel = nv_array_index;
    }
```

배열형태의 네트워크 변수를 선언하면 한 가지 형태의 NVs를 선언하여 단순한 모니터 응용(Monitor Application)에 응용할 수 있다.

앞 그림은 nviMixTemp[2]로 배열형태로 네트워크 변수(NV)를 선언하여 한 번에 nv_array_index값을 업데이트(Update)시켜 활용하는 예문이다.

7-2 뉴런 C 구성 속성 변수

7-2-1 네트워크 변수에 적용되는 구성 속성 변수(Configuration Properties)

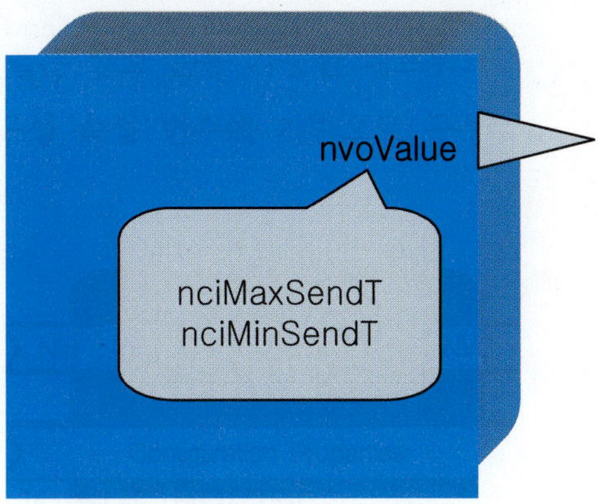


```
//<Fblock CP Family Declarations>
SCPTmaxSendTime cp_family nciMaxSendT;
SCPTminSendTime cp_family nciMinSendT;
//

//<Fblock Output NV Declarations>
network output SNVT_lux nvoLuxLevel
nv_properties {
        nciMaxSendT,
        nciMinSendT
};

//<Fblock Declaration>
fblock SFPTlightSensor {
        nvoLuxLevel        implements nvoLuxLevel;
        director  lightSensorDirector;
} lightSensor
...
```

```
...
...
if ( (ulLightSensorMinSendT )= lightSensor::nvoLuxLevel::nciMinSendT) )
        {
                ulLightSensorMinSendT = 0;
                ulLightSensorMaxSendT = 0;
                // Transmit new value
                lightSensor::nvoLuxLevel = ulLightSensorTempLux;
                }
```

7-2-2 함수 블록에 적용되는 구성 속성 변수

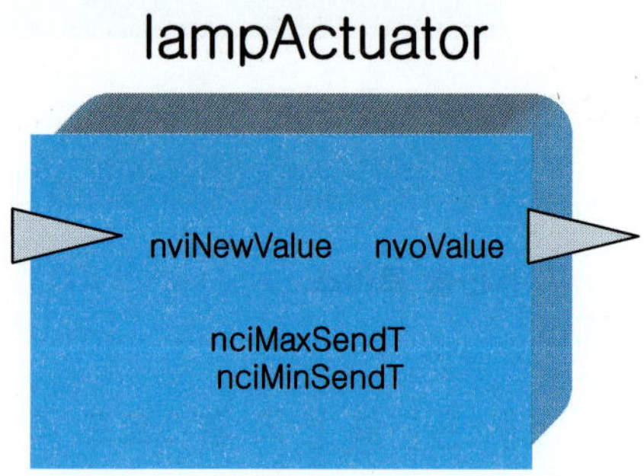


```
SCPTmaxSendTime cp_family nciMaxSendT;
SCPTminSendTime cp_family nciMinSendT;

//〈Fblock Output NV Declarations〉
network output SNVT_switch nvoValue;l
network input SNVT_switch nvinewValue;

//
//〈Fblock Declaration〉
fblock SFPlampactuator {
   nvinewValue      implements nvilampvale;
```

```
    nvoValue            implements nvolampvale;
} lampActuator

fb_properties {
   nciMaxSendT,
   nciMinSendT
};
…
…
if(lampActuator :: nciMaxSendT && lampActuator :: nciMinSendT)
      Dosomething();
```

노드빌더에서는 위와 같은 구성 속성 변수를 코드 위저드(Code Wizard)로 지원하고 있다. 그러므로 노드빌더 사용자들은 하이레벨의 논리적(logical) 구조만 집중하면 된다.

7-3 뉴런 C의 I/O

PL3120/3150은 총 11개의 I/O를 가지고 있다 기본적으로 상태제어(Direct) I/O 항목을 지원하며 또한 병렬(Parallel) I/O, 직렬(Serial) I/O 항목을 지원한다.

〈표 7-1〉 상태 제어 I/O 항목

I/O 항목	I/O 핀	IN, OUT 값
bit input	I/O0~I/O11	0,1 binary Data
bit output	I/O0~I/O11	0,1 binary Data
Byte input	I/O0~I/O7	0~255 binary Data
Byte output	I/O0~I/O7	0~255 binary Data
leveldetect input	I/O0~I/O7	Logic 0 Level detect
Nibble input	I/O0~I/O7	0~15 binary Data
Nibble output	I/O0~I/O7	0~15 binary Data

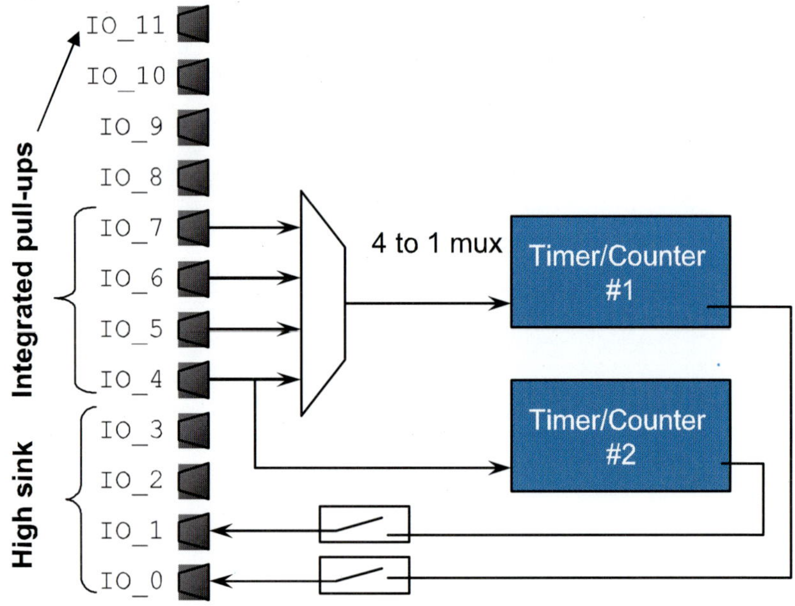

위 그림과 같이 Timer/Count 기능도 지원하고 있다.

7-3-1 병렬(Parallel) I/O 사용

```
〈I/O PIN〉 〈parallel I/O model〉 [options] 〈io-object-name〉;

IO_0 muxbus io_local_bus;

when(...)
{
        // write two byte to addresses 0x20 and 0x21
        io_out(io_local_bus,0x20,128);
        io_out(io_local_bus,0x21,1);
        // wait for the data at 0x20 to contain 0x80
        if(io_in(io_local_bus, 0x20) & 0x80) == 0){
                // continue to read the same address
                while((io_in(io_local_bus) & 0x80) == 0);
        }
}
```


7-3-2 직렬(Serial) I/O 사용

```
〈I/O PIN〉 〈〈input|output〉〈serial I/O model〉[options]〈io-object-name〉;

IO_8 input serial io_keyboard;
char input_buffer [20];
unsigned int num_chars;

when(...)
{
   num_chars = io_in(io_keyboard, input_buffer,20);

}
```

7-3-3 타이머/카운터 입력(INPUT) I/O 사용

```
〈I/O PIN〉 [input]〈TC input model〉 [options]〈io-object-name〉;

IO_4 input quadrature io_dial;
long dial_angle = 0;
when(io_update_occurs(io_dial))
{
    dial_angle += input_value;
}
```

7-3-4 타이머/카운터 출력(OUTPUT) I/O 사용

```
〈I/O PIN〉 [output]〈TC output model〉 [options]〈io-object-name〉;

IO_1 output pulsewidth clock(7) io_lamp_led;
unsigned long brightness;

when(.....)
{
   io_out(io_lamp_led, (short) brightness);
}
```

7-4 뉴런 C 응용 처리

7-4-1 타이머 사용한 응용

```
Millisecond timers
1~64000 Milliseconds
Second timers
1~65535 seconds
```

한 프로그램에서 15개 타이머까지 사용 가능하다(Software Based Timer event).

```
mtimer [repeation] timer-name[=initial_value];
stimer [repeation] timer-name[=initial_value];

mtimer repeating tmrPidcal = 500;

when(timer_expires (tmrPidcal))
 {
        ProcessPID();
        DoBackgroundProcessing();
 }
```

7-4-2 함수 블록 배열

여러 함수 블록(Switch functional blocks)이 하나의 디바이스에 존재할 때 주로 사용한다.

```
//〈Fblock Output NV Declarations〉

network output SNVT_switch nvoSwitch[2];

//〈Fblock Declearation〉
fblock SFPTswitch {
        nvoSwitch[0] implements nvoSwitch;
        director        switchDirector;
} switch[2];
```

7-4-3 함수 블록 활성화, 비활성화, 핸드링(Handling)

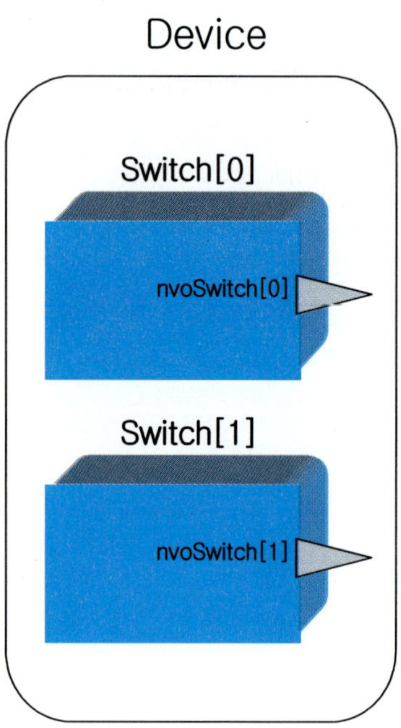

fblockNormalNotLockedOut()을 사용하여 함수 블록 상태를 확인한다.

```
//only process if the function block is enabled
if(fblockNormalNotLockedOut(fblock_index_map[nv_in_index])) {
  updateDeviceState(nv_in_index, nv_array_index,
        fblock_index_map[nv_in_index]);
  lightSensorprocessNV();
  }

void lightSensorprocessNV(void)
{
// TODO: Add code to handle input network variable //processing
// Use the TDeviceState structure to find out which NV //was updated.
}
```

7-5 뉴런 C 상태 제어 함수

예제와 같이 FBC_INITIALIZE_FB, FBC_WHEN_OFFLINE, FBC_WHEN_ONLINE 등과 같은 상태 제어 함수(Director Functions)들이 있다. 함수 블록에 디렉터(director)를 선언하고 소스파일에서 함수 스타일로 사용가능하다[노드빌더 활용 시 기본 코드 제공하고 코드 위저드(code Wizard)도 제공한다].

```
fblock SFPTlightSensor {
        nvoLuxLevel         implements nvoLuxLevel;
        director  lightSensorDirector;
} lightSensor

void lightSensorDirector(unsigned uFblockIndex, int iCommand)
{
        SNVT_obj_status    *pStatus;
        pStatus = getObjStatus(uFblockIndex);    // point to current status

        pStatus->invalid_id = FALSE;
        pStatus->invalid_request = FALSE;

        if ((TFblock_command)iCommand == FBC_INITIALIZE_FB)  {
                // TODO: Add code for supported commands.

        } else if ((TFblock_command)iCommand == FBC_WHEN_OFFLINE)  {
                // raised by when (offline) task
                // TODO: Add code for supported commands.

        } else if ((TFblock_command)iCommand == FBC_WHEN_ONLINE)  {
                // raised by when (online) task
                // TODO: Add code for supported commands.

        } else if ((TFblock_command)iCommand == FBC_UPDATE_STATUS)  {
```

```
            // raised by node object
            // TODO: Add code for supported commands.

    } else if ((TFblock_command)iCommand == FBC_WHEN_RESET)  {
            // raised by when (reset) task

            setLockedOutBit(uFblockIndex, FALSE);
            GizmoDisplayString(0,0,"Rotate SW5 for lux");
            GizmoDisplayString(0,1,"Lux Level:" );
            GizmoDisplayNumber(11,1,ulLightSensorTempLux);

    }

}
```

7-6 출력 파일 정의

파일 형태	파일 예제	파일 사용
뉴런 ROM 응용 이미지	.NRI	외부 PROM
뉴런 EEPROM / Flash 응용이미지	.NEI .NFI	내부, 외부 EEPROM /Flash 프로그래밍
다운로드 응용 이미지	.NXE .APB	네트워크의 응용 다운로드하기 위하여 네트워크 관리 장치에 의해서 사용됨
디바이스 인터페이스	.XIF .XFB	디바이스 템플렛(template)을 정의하기 위해서 네트워크 관리 장치에 의해서 사용됨

7-6-1 뉴런 ROM 이미지(NRI; Neuron ROM Image)

3150 계열의 뉴런 칩, 또는 스마트 트랜시버의 외부 ROM, PROM 등에 로딩하는 경우 사용된다.

7-6-2 뉴런 EEPROM 이미지(NEI; Neuron EEPROM Image)

3150 계열의 뉴런 칩, 또는 스마트 트랜시버의 외부 EEPROM에 로딩하는 경우와 PL3120 칩을 프로그래머로 로딩하는 경우 사용한다.

7-6-3 뉴런 플래시 이미지(NFI; Neuron Flash Image)

3150 계열의 뉴런 칩, 또는 스마트 트랜시버의 외부 Flash에 로딩하는 경우와 FT3120 칩을 프로그래머로 로딩하는 경우 사용한다.

7-6-4 뉴런 실행 가능(NXE / APB; Neuron Executable)

네트워크 디바이스에 다운로드될 수 있는 응용의 부분을 포함한다.

APB는 LNS에서 사용되는 NEX 파일의 새로운 바이너리 버전이다.

7-6-5 디바이스 인터페이스(XIF; Device Interface file)

디바이스 템플렛(Device template)을 정의하기 위해서 네트워크 관리 장치(network management tools)에 의해서 사용되는 것으로 디바이스 인터페이스 정보를 포함한다.

제 8 장

네트워크 전이 및 론메이커 구축

8-1 네트워크 전이

디바이스로 네트워크 설계 파라미터를 전송한다.

디바이스 네트워크 일치(device Network Identity)를 위한 논리적 어드레스(Logical Address), 네트워크 변수 연결(Network Variable connection), 구성 속성 변수의 설정(Configuration Properties)이 필요하다.

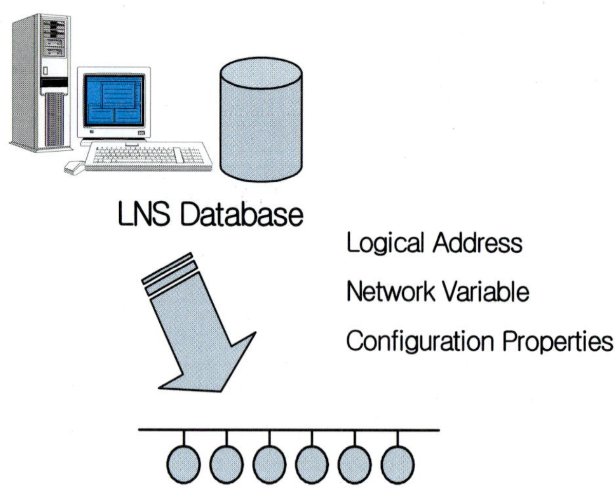

8-2 설치 시나리오

8-2-1 엔지니어 설치 시나리오

설계(Design)과 전이(Commissioning)는 별개의 단계로 진행된다.

설계하는 동안은 네트워크 장치(Network tool)는 연결되지 않는다.

분리된 장치는 일반적으로 현장에서 네트워크에 전이(Commission)하는데 사용되고 쉽고 빠르고 전이(Commissioning)에서 에러발생을 줄인다.

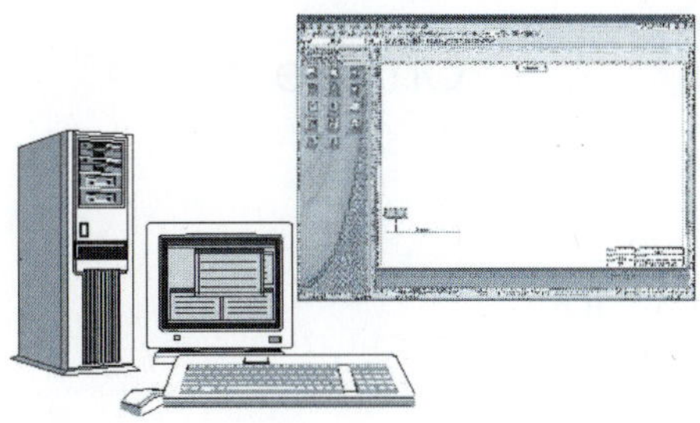

At the office

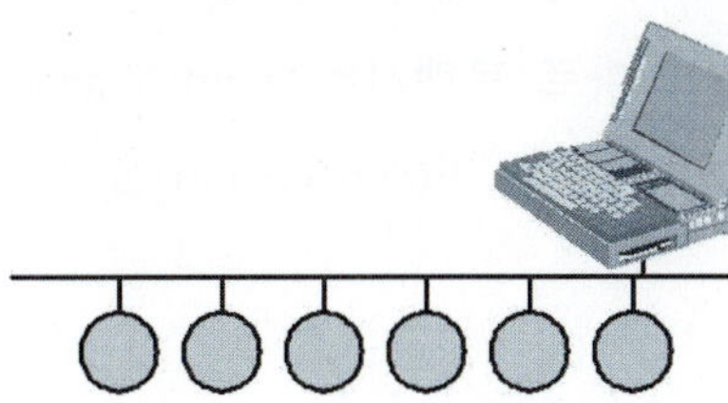

On site

8-2-2 애드 홈(Ad Hoc) 설치 시나리오

설계와 네트워크 전이(Commission)를 한 곳에서 진행하는 방식이고 다이나믹한 네트워크 환경에서 설계를 수정하기가 용의하기 때문에 매우 유연성 있는 네트워크 환경에 적합하다.

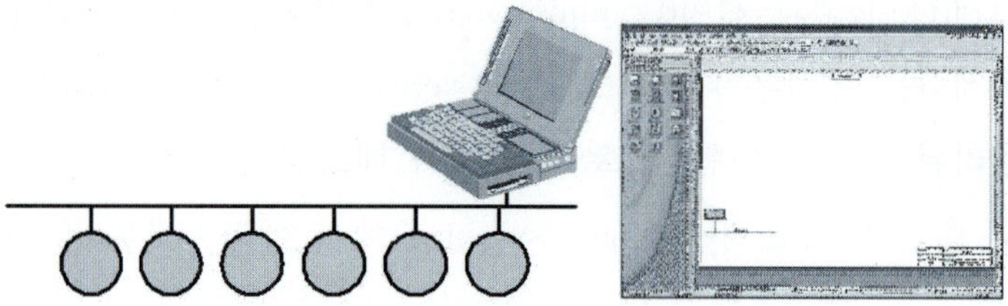

On site

8-2-3 뉴런 ID(Neuron ID)

모든 디바이스는 고유한 뉴런 ID를 갖는다.

이는 모든 디바이스를 구분할 수 있는 중요한 코드이고 이는 소프트웨어로 수정할 수 없고 이를 제작하는 공장에서 고유번호를 코어 프로세서(Core Processor), 뉴런 칩(Neuron chip), 스마트 트랜시버(Smart Transceiver)에 부여해 주는 것이다.

이는 각 디바이스의 서비스 핀(Service Pin)을 누르면 각 네트워크를 타고 전달되게 된다.

8-3 윈도우용 론메이커 사용법

① 윈도우용 론메이커는 론웍스 네트워크 프로그래밍을 하기 위한 기본 프로그램으로서 각종 론웍스 디바이스들을 도면 상에 등록시킨 후 마이크로소프트사의 Visio 기반에서 그래픽 처리한 방식으로 프로그래밍을 하게 된다. 윈도우 화면 아래쪽 트레이의 시작 → 프로그램에서 LonMaker for Windows를 실행한다. New Network 버튼을 클릭하여 새로운 프로젝트를 작성한다.

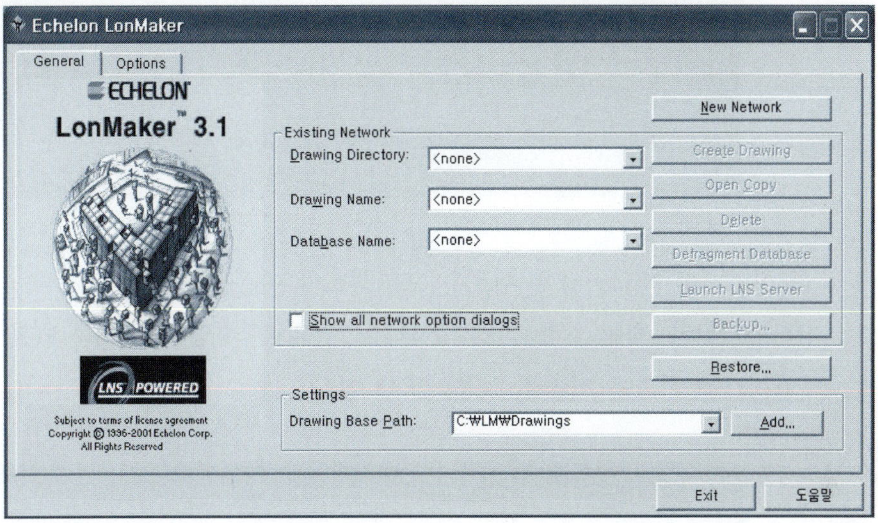

② Enable Macros를 눌러서 Network 생성을 시작한다.

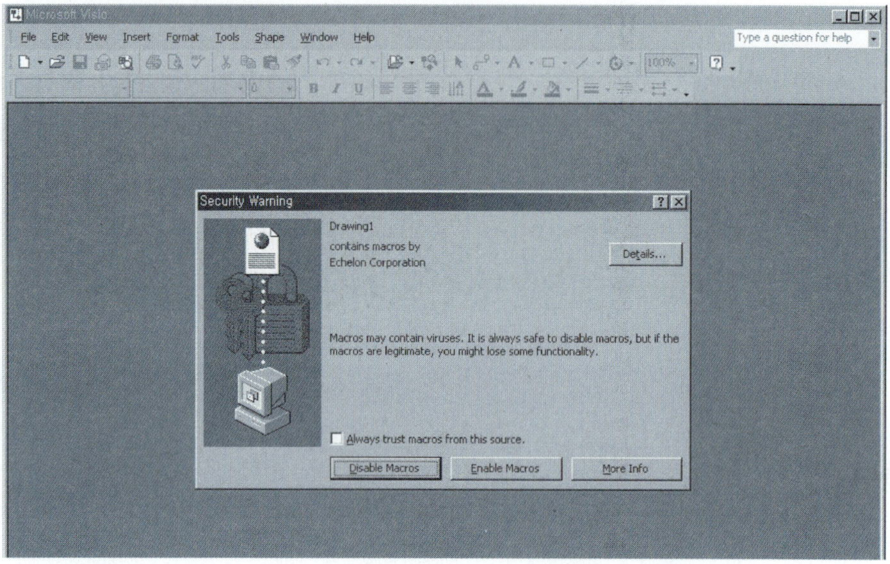

③ Network Name 창에 새로운 프로젝트의 이름을 넣어준다.
만들고자 하는 Network의 이름을 임의로 설정해서 써준다(본 장비에서는 ED5965이라는 이름을 사용하도록 한다).

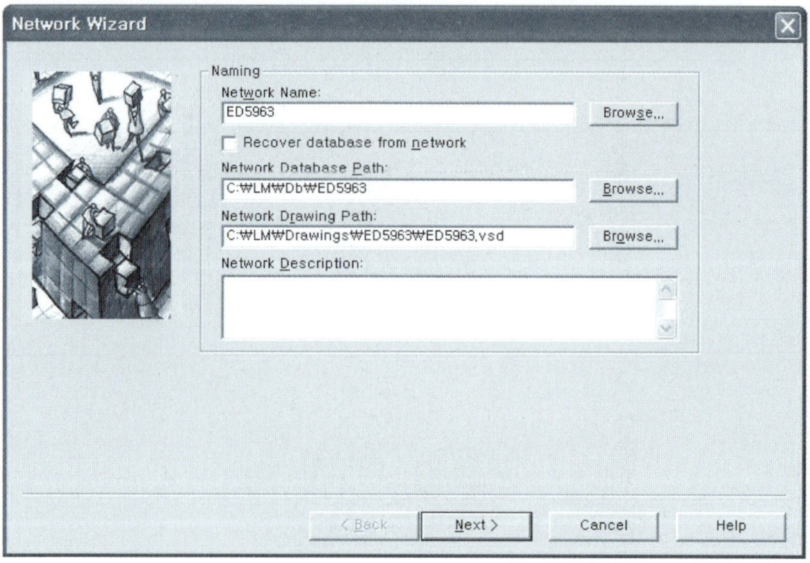

④ Network Attached란 이름의 라디오 버튼과 Network Interface Name을 LON1(USB INTERFACE)을 선택하고 Next를 클릭한다.

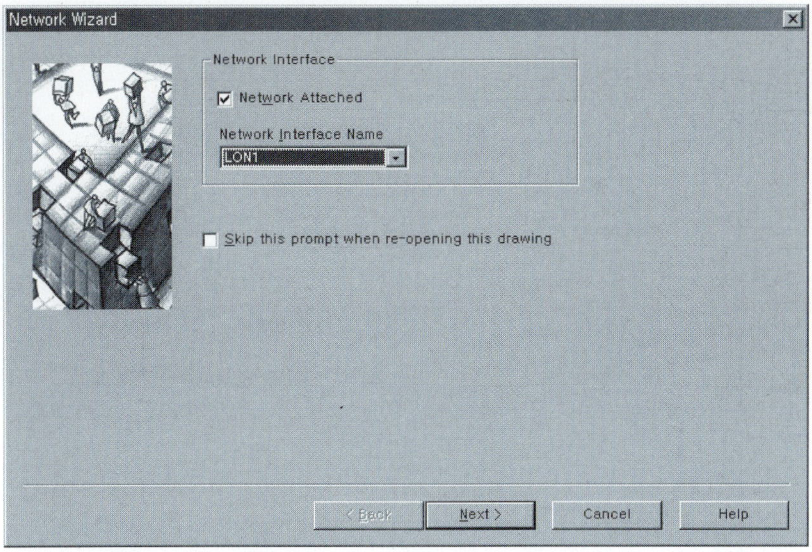

⑤ Management Mode를 설정한다. 장비와 연결되어져 있는 상태에서 작업을 할 경우에 onnet을 선택한 후 Next를 클릭한다.

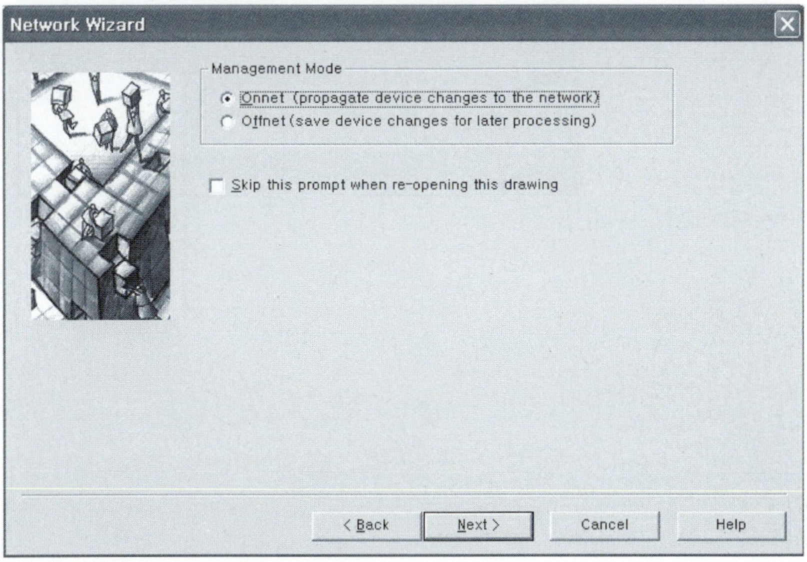

⑥ 작업할 Plug-in을 등록하기 위한 창이다. Rempve ALL을 클릭 후 Finish를 눌러서 다음으로 진행한다.

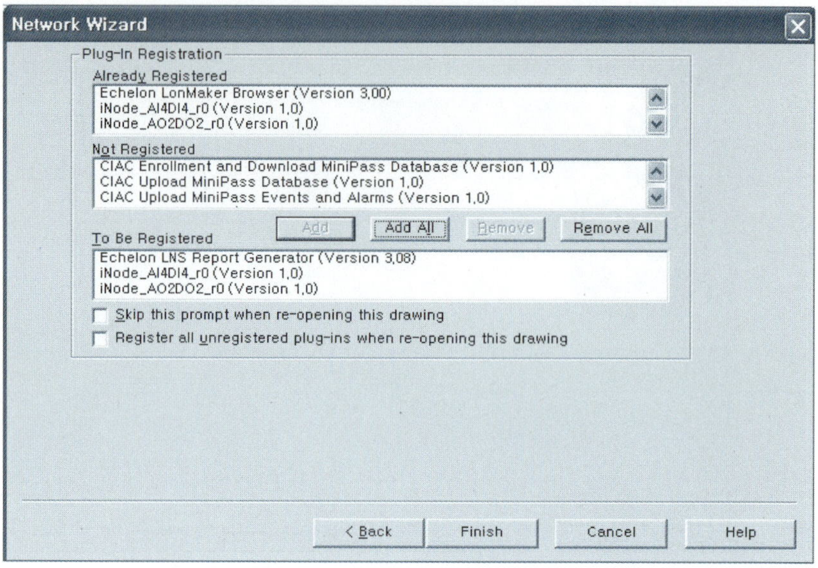

⑦ Network 생성이 이루어지고 있으면 다음과 같은 진행 화면과 함께 진행된다.

⑧ 완료가 되면 다음과 같은 네트워크 인터페이스가 생성된다.

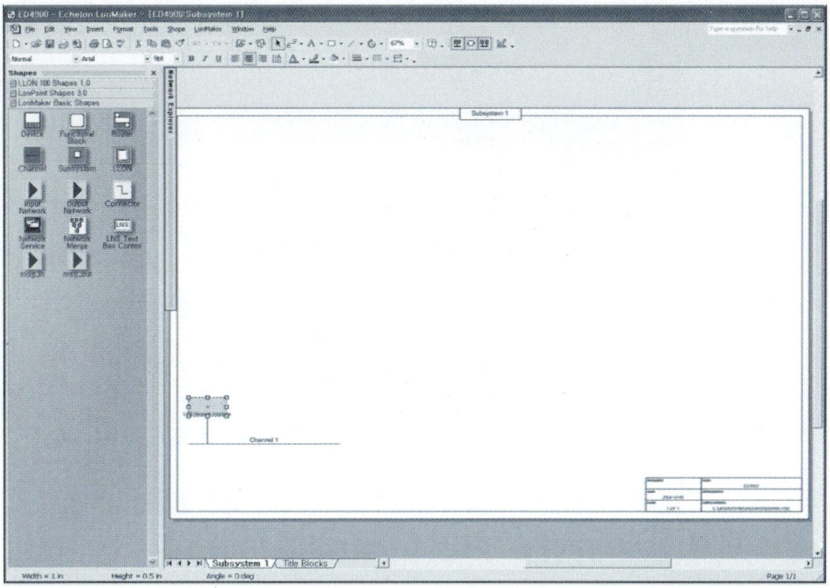

⑨ 디바이스들을 등록하기 위해 왼쪽 작업 창에서 디바이스를 드래그 앤 드롭하여 작업 화면에 갖다 놓는다. 다음과 같은 창이 뜨면 Name "3150FINGER"로 쓰고 Commission 클릭한 다음에 NEXT를 클릭한다.

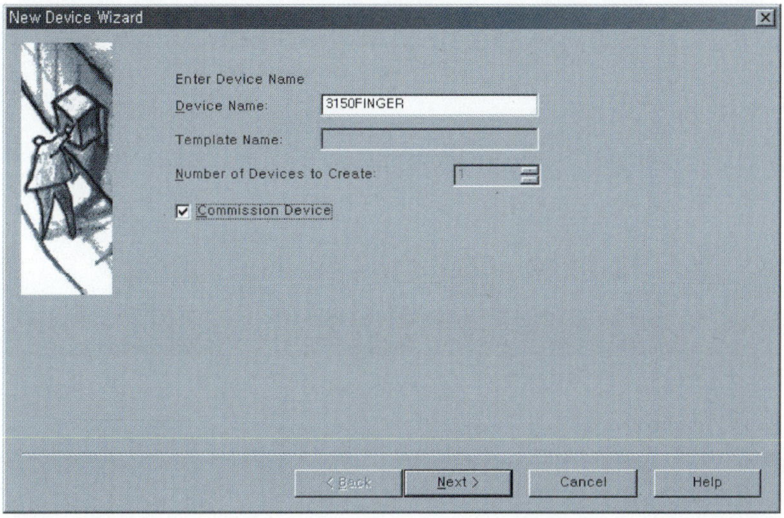

⑩ 다음과 같은 창이 뜨면 Load XIF 클릭한 후 Brouse에서 소스파일 중 3150FINGER 파일 OUTPUT 파일에서 XIF 파일 찾아서 클릭한 다음 NEXT를 클릭한다.

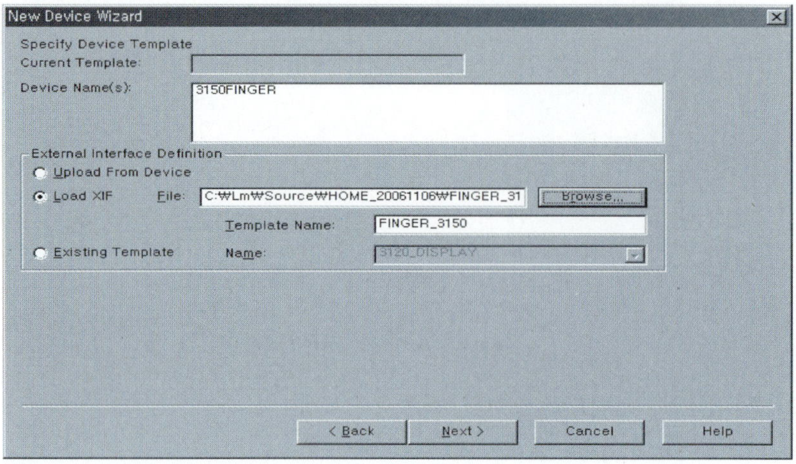

⑪ 다음과 같은 창이 뜨면 NEXT 클릭한다.

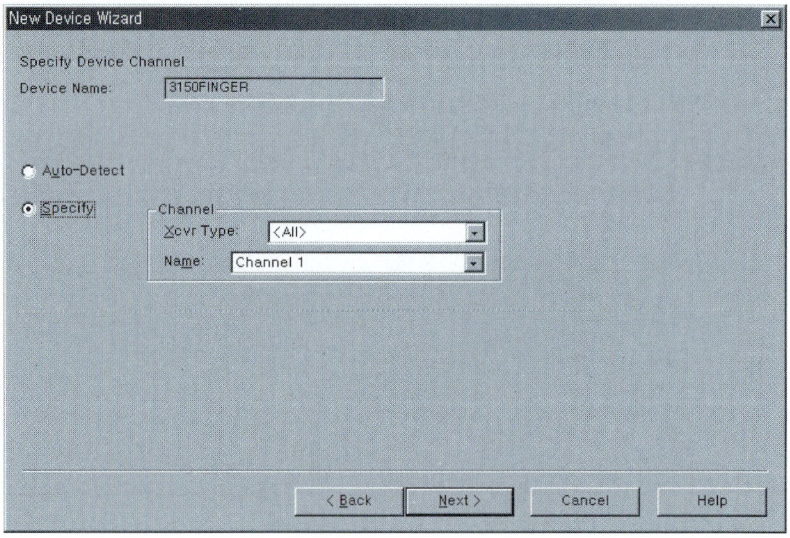

⑫ 다음과 같은 창이 뜨면 NEXT 클릭한다.

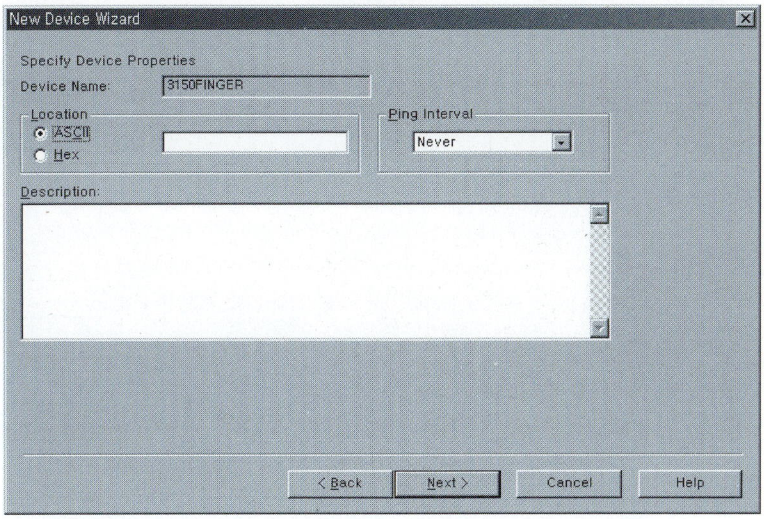

⑬ 다음과 같은 창이 뜨면 NEXT 클릭한다.

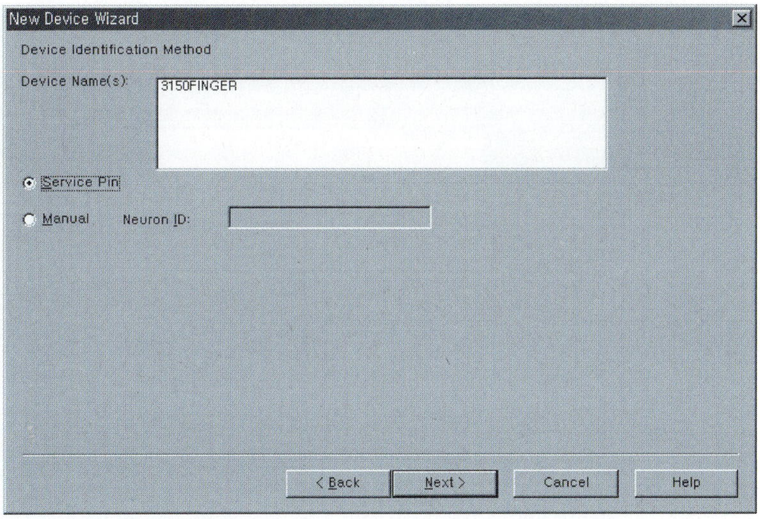

⑭ 다음과 같은 창이 뜨면 그대로 NEXT 클릭(새로운 이미지를 올릴 때 Load Application Image 클릭함)한다.

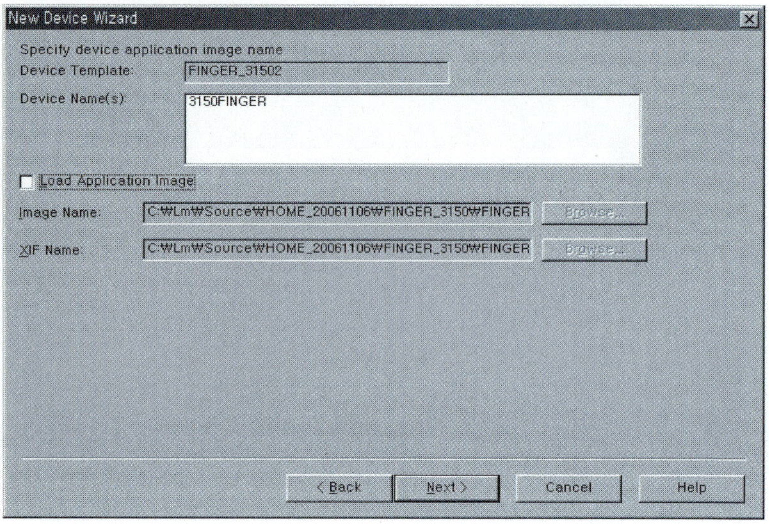

⑮ 다음과 같은 창이 뜨면 Online 클릭 후 Finish 클릭한다.

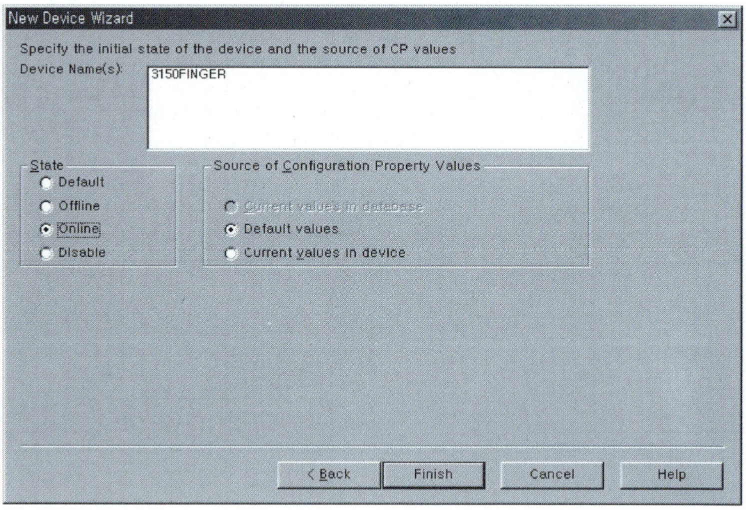

⑯ 다음과 같은 창이 뜨면 3150FINGER BOARD SERVICE PIN 누르면 Commission 진행된다.

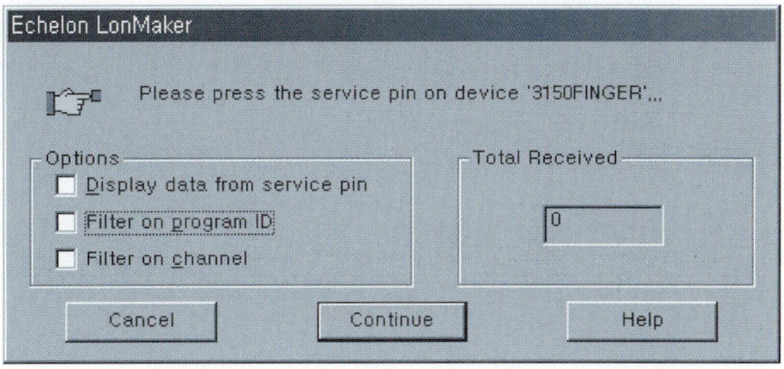

⑰ 좌측 매뉴얼에서 Functional Block을 드래그 앤 드롭하여 메인 창에 올리면 다음과 같은 창이 뜨고 Name을 확인한 후 NEXT 클릭한다.

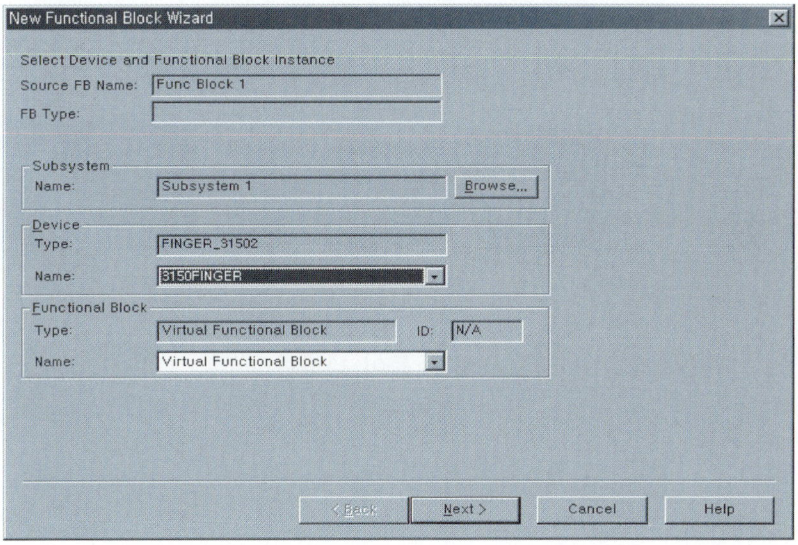

⑱ 다음과 같은 창이 뜨면 Function Block Name 적고 Create shapes for all network variables 클릭 후 Finish 클릭한다. 그러면 Function Block이 나타난다.

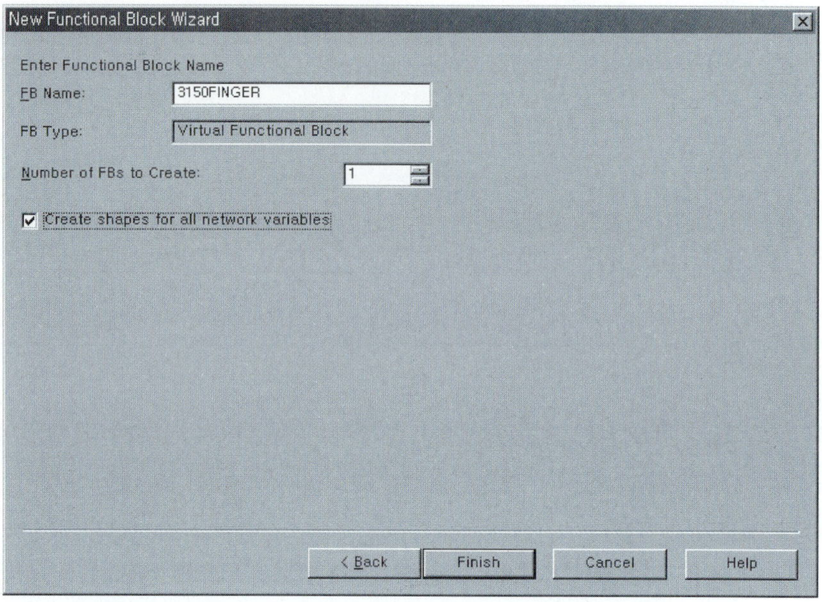

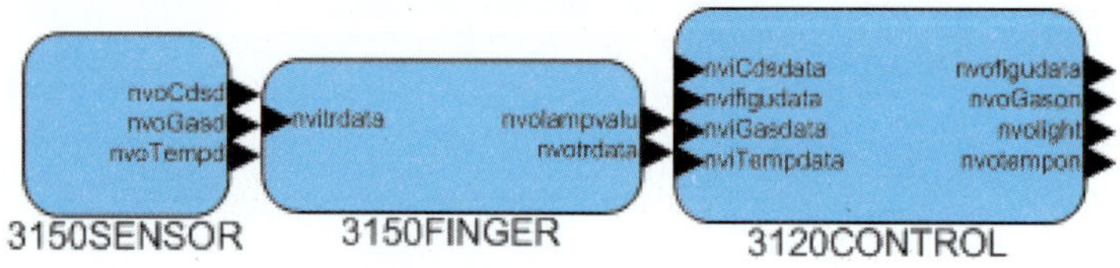

* 위와 같은 Function Block들이 나타난다.

⑨~⑱번까지 반복하여 총 5개의 디바이스를 등록한다.

등록 후 좌측 메뉴에서 커넥터(connector)를 드래그 앤 드롭하여 각 NV에 연결한다. 다음 그림과 같이 연결하여 하나의 홈네트워크를 완성한다.

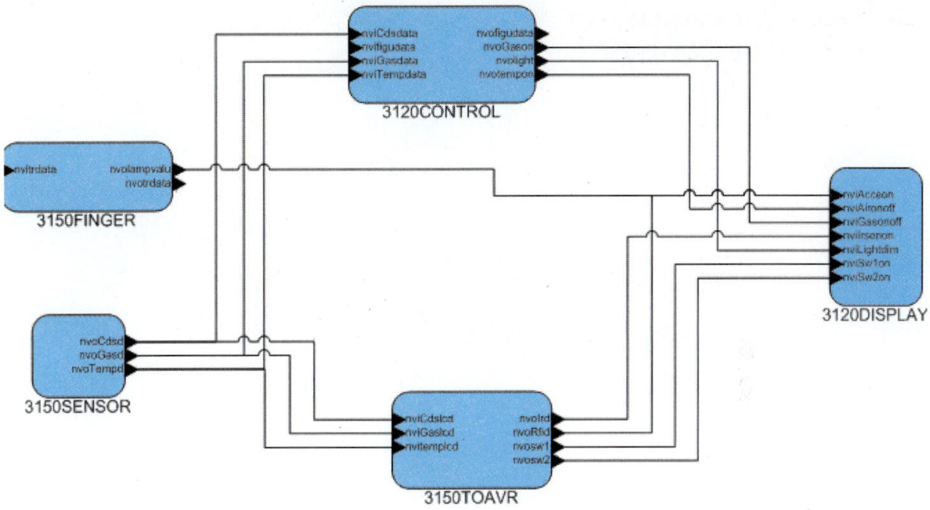

위와 같은 네트워크를 통합(Integration)하게 되면 하나의 홈네트워크 시나리오가 완성되는 것이며 각 네트워크 NV를 통해서 실제 DATA들을 주고받을 수 있는 것이다.

실제 지문인식 장치나 RFID 기타 센서 동작 상태에 따라 실제 데이터가 전달되는 것을 확인할 수 있을 것이다.

여러분들은 각각의 디바이스의 설정값들을 바꾸어 보면서 변화되는 것을 확인하길 바란다.

여기까지 총 5개의 디바이스를 설계하고 윈도우용 론메이커를 사용하여 통합(Integration)하는 실습을 해보았다.

제 9 장
디바이스 H/W 설계의 환경구축

9-1 디바이스 하드웨어 부품 선택

9-1-1 3120x 패밀리

이들 3120x 패밀리는 뉴런 칩의 경우 도시바(Toshiba)와 사이프레스(Cypress)에서 제작하고, 스마트 트랜시버(즉, 트랜시버와 통합된)는 애쉴론에서 판매한다.

옵션 사항에 따른 다양한 제품들이 존재하고 최대 40MHz까지 지원하고 4kbytes의 RAM과 4kbytes의 응용 코드 공간을 갖고 있으며 단일 칩 RAM, EEPROM/FLASH으로 구성되어 있다.

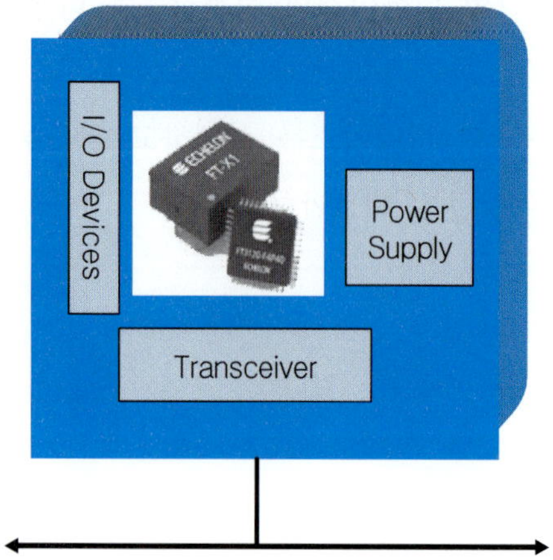

9-1-2 3120 구조

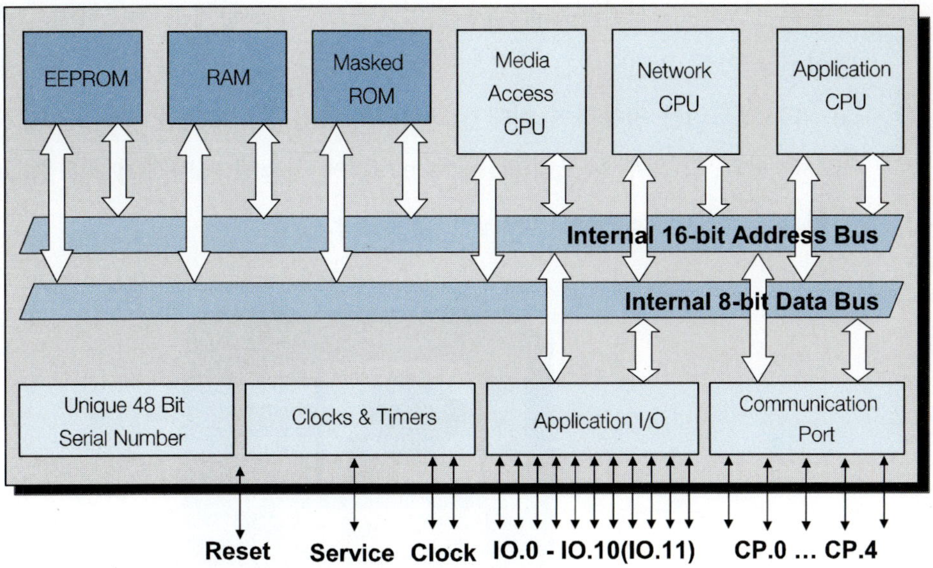

9-1-3 3120x 패밀리 선택항목

제조사	부품 번호	ROM	SRAM	EEPROM	클록	패키지
Cypress	CY7C5310E2-10SI	10KB	2KB	2KB	10MHz	SOIC-32
Cypress	CY7C5310E2-10AI	10KB	2KB	2KB	10MHz	TQFP-44
Cypress	CY7C5310E4-40SI	12KB	2KB	4KB	40MHz	SOIC-32
Cypress	CY7C5310E4-40AI	12KB	2KB	4KB	40MHz	TQFP-44
Toshiba	TMPN3120A20M	16KB	1KB	1KB	20MHz	32 PIN-SOP
Toshiba	TMPN3120A20Q	16KB	1KB	1KB	20MHz	44 PIN-QFP
Toshiba	TMPN3120B1AM	10KB	1KB	0.5KB	10MHz	32 PIN-SOP
Toshiba	TMPN3120E1M	10KB	1KB	1KB	10MHz	32 PIN-SOP
Toshiba	TMPN3120FE3M	16KB	2KB	2KB	10MHz	32 PIN-SOP
Toshiba	TMPN3120FE3C	16KB	2KB	2KB	20MHz	44 PIN-QFP
Toshiba	TMPN3120FE5M	16KB	4KB	3KB	20MHz	32 PIN-SOP

9-1-4 3150x 패밀리

뉴런 3150은 도시바(Toshiba)와 사이프레스(Cypress)에서 제조하며, 트랜시버와 통합된 스마트 트랜시버는 애쉴론에서 판매한다. 최고 20MHz까지 속도를 지원하고 외장 메모리를 활용하여 최대 64kbytes의 응용 코드영역을 지원 RAM, EEPROM/FLASH 단일 칩 외부 메모리(Flash Memory)에 시스템 이미지(System Image)와 디바이스 응용(Device Application)이 존재한다.

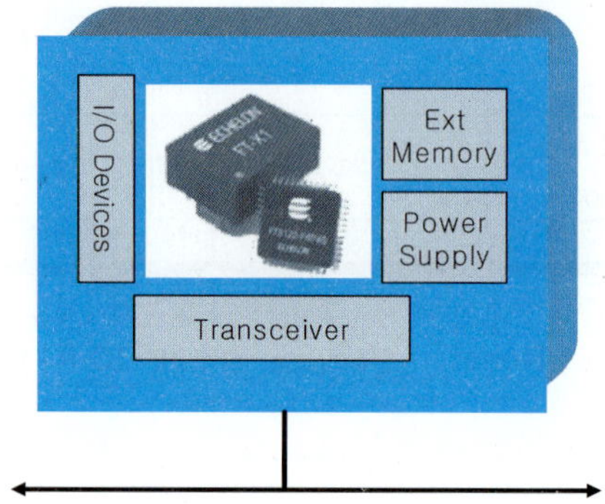

9-1-5 3150 구조

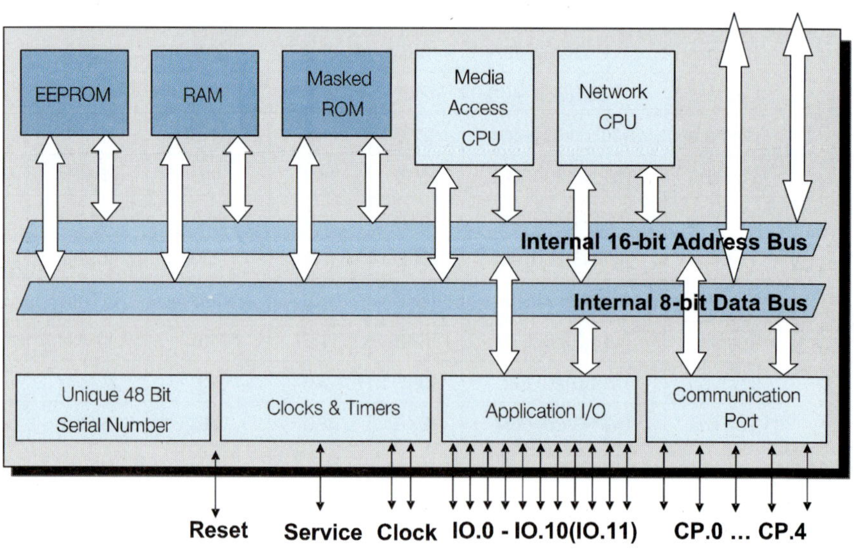

9-1-6 3150x 선택사항

제조사	부품번호	ROM	SRAM	EEPROM	클록	패키지
Cypress	CY7C53150-20AI	0KB	2KB	0.5KB	20MHz	TQFP-64
Toshiba	TMPN3120B1AF	0KB	2KB	0.5KB	10MHz	64PIN-QFP

9-1-7 스마트 트랜시버 선택사항

제조사	부품번호	ROM	SRAM	EEPROM	클록	패키지
Echeon	FT3120-F4S40	12KB	2KB	4KB	40MHz	32PIN -SOP
Echeon	FT3120-F4P40	12KB	2KB	4KB	40MHz	44PIN-QFP
Echeon	FT3150-P20		2KB	0.5KB	20MHz	64PIN-QFP
Echeon	PL3120-E4T10	24KB	2KB	4KB	6.5536MHz 10MHz	38 TSSOP
Echeon	PL3150-L10		2KB	0.5KB	6.5536MHz 10MHz	64 LQFP

9-1-8 3150 메모리 선택

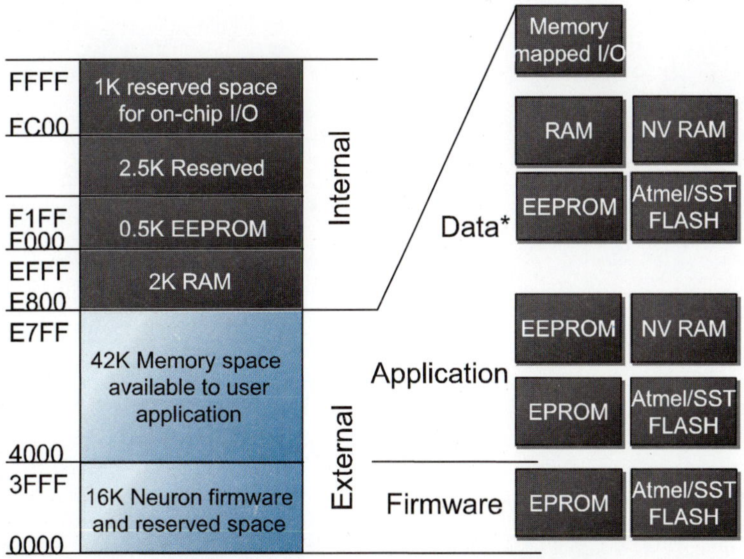

* Data paging/bank switching is possible

9-1-9 스마트 트랜시버(Smart Transceiver)

FT3120/FT3150	PL3120/3150
• Enhanced Embedded Neuron 3120/3150 Core • Embedded Free Topology transceiver • Embedded RAM and EEPROM • Embedded FT3120 programing algorithm via I/O interface • Fast clock rates up to 40MHz	• Enhanced embedded Neuron 3120/3150 • Embedded Power Line Communications Transceiver • Embedded RAM and EEPROM • Enhanced 3120 programming algorithm via I/O interface

9-2 디바이스 하드웨어 설계 및 방안

9-2-1 서비스 핀(Service Pin) 회로

양방향 핀이 접지일 때 +/−50%의 듀티 사이클를 갖고 디바이스는 자기 인식 메시지(뉴런 ID, 프로그램 ID)를 내보낸다. 일반적으로 메시지 출력을 알아볼 수 있는 LED를 사용한다.

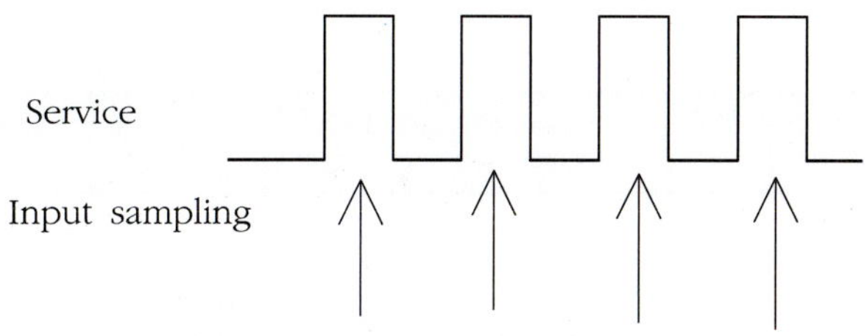

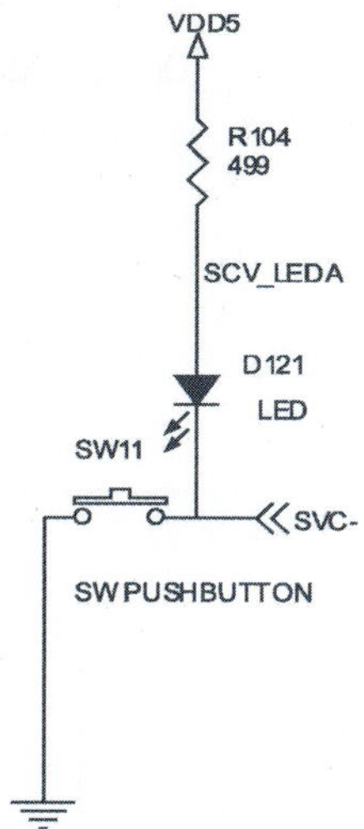

9-2-2 입력 클록 고려사항

① 뉴런 칩과 스마트 트랜시버는 다음과 같은 주파수로 동작한다.

- 625kHz, 1.25MHz, 2.5MHz, 5MHz, 10MHz, 20MHz, 40MHz
- PL3120과 PL3150을 위한 C–밴드 동작으로는 10MHz가 사용된다.
- PL3120과 PL3150을 위한 A–밴드 동작으로는 6.5536MHz가 사용된다.

② 높은 주파수를 사용 시 장점과 단점

- 전체적인 성능이 높아진다.
- 소비 전력이 높아진다.

- 보다 빠르고 비싼 외부 메모리를 사용하여야 하고 비용 증가된다.
- PCB는 2층에서 4층으로 올라간다.
- CE, FCC 인증이 어려워진다.

9-2-3 하드웨어 설계 지침

- LonMark, Echelon, Toshiba 그리고 Cypress 설계사양에 따라 설계한다.
- 전력선 스마트 트랜시버(Power Line Smart Transceiver)를 위한 설계 제공 키트 (Design Support Kit)를 적극 활용한다.
- 설계된 디바이스는 현장 테스트를 실시한다.

9-2-4 패킷 사이즈 예제(Packet Size Example)

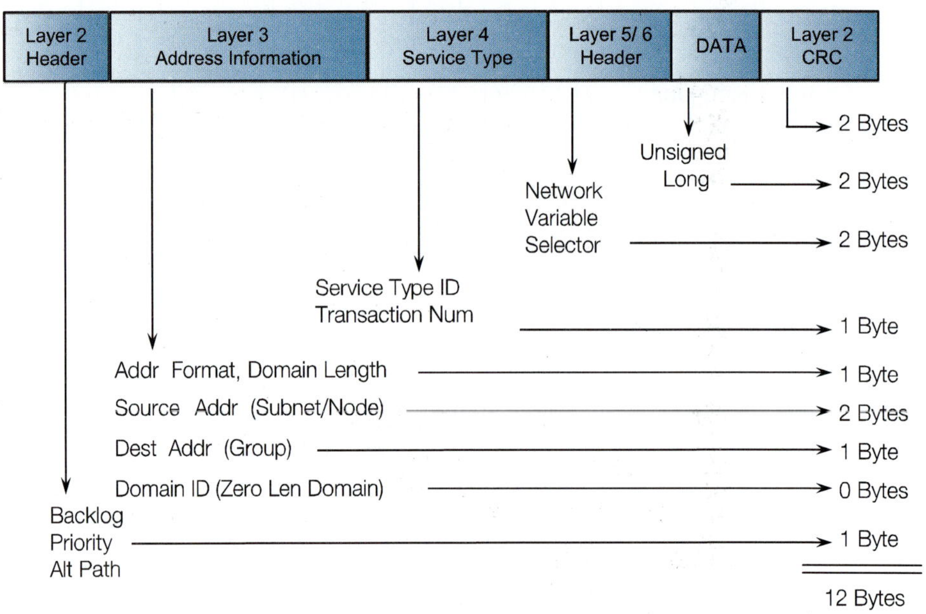

9-2-5 애쉴론 트랜시버 채널 용량

- PL-20x 채널
  - PL-20N ~20 packets/sec
  - PL-20C ~18 packets/sec
  - PL-20A ~11 packets/sec
- TP/FT-10 채널
  - Peak : ~225 packets/sec
  - Sustained : ~180 packets/sec
- TP/XF-1250채널
  - Peak : ~720 packets/sec
  - Sustained : ~576 packets/sec
- IP-852 채널
  - ~35,000 packets/sec
  - Supports aggregation

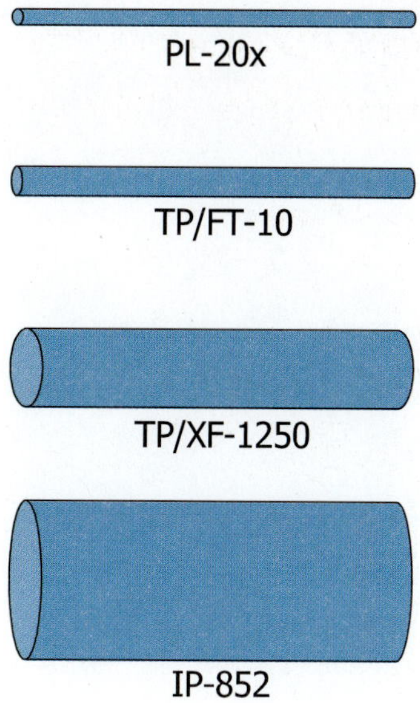

9-2-6 트랜시버 설계 요약

① H/W 설계는 가능한 애쉴론에서 제공하는 설계 지침을 따른다. 기본적인 회로는 제공되고 혹은 디자인 내용을 바꿀 경우 애쉴론의 설계 검토를 받아야 한다.

② 전력선 응용은 본 교재와 개발 키트를 적극 활용한다.

③ I/O를 설계할 경우는 전송기 데이터북을 참고하여 효율적인 설계를 할 수 있도록 한다.

④ 설계가 끝난 경우는 현장에서 반드시 검사하여 문제점을 체크한다.

part Ⅳ

유비쿼터스 홈네트워크 설계

제10장_유비쿼터스 홈네트워크 응용 시스템의 구성

제11장_MiniEVK 환경구축

제12장_전이 및 바인딩 응용

제13장_각 디바이스간의 제어

제14장_론웍스를 이용한 유비쿼터스 홈네트워크의 제어

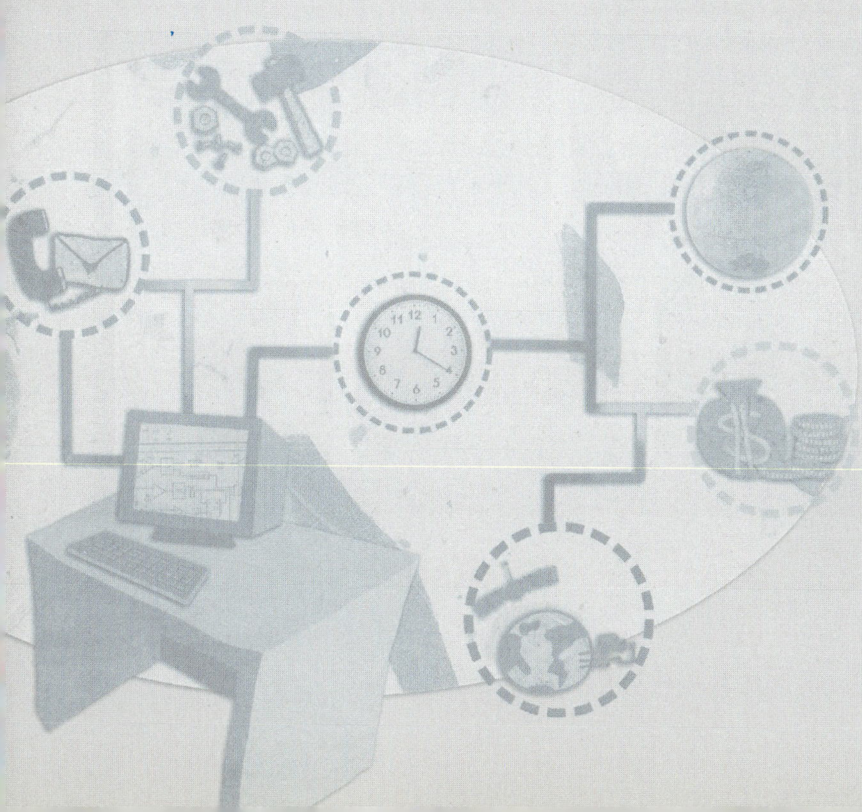

제 10 장

유비쿼터스 홈네트워크 응용 시스템의 구성(ED-5965)

10-1 유비쿼터스 홈네트워크 응용 시스템의 구성

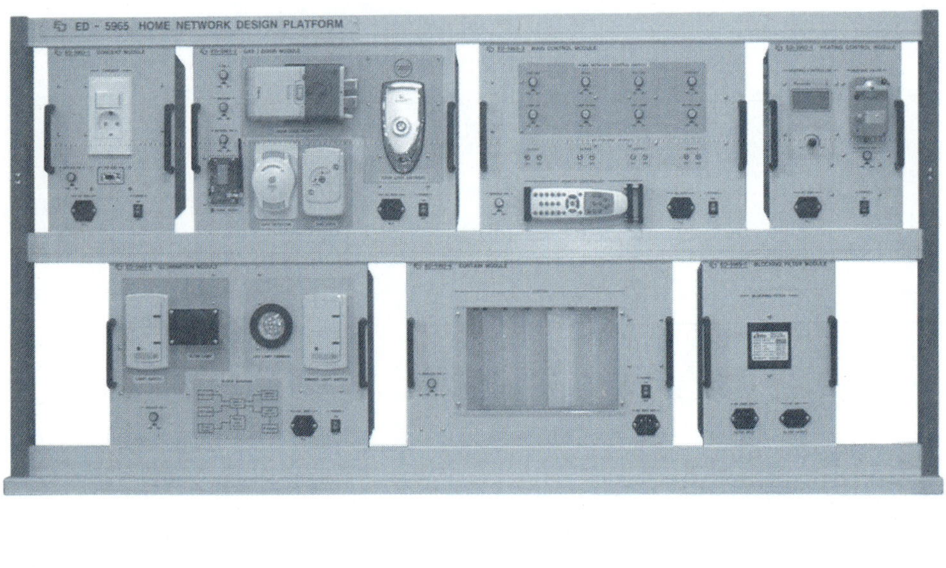

총 7개로 구성된 랙 형태(rack type)의 개발 장비로서 각 구성은 조명(illumination), 가스/도어(gas/door), 난방제어(heating control), 메인 제어(main control), 커튼(curtain), 콘센트 모듈(concent module)로 되어 있다. 난방제어 모듈(main control module) 부분에서 모든 각 모듈(module)을 제어할 수 있는 스위치가 있으며 리모컨을 통하여 제어할 수 있도록 LG 리모컨과 조명모듈 스위치(illumination module switch) 부분에 IR 수신부를 두었다. 그리고 콘센트 모듈(concent module)에서 RS-232를 통하여 LabView를 통하여 제어할 수 있는 부분까지 제공하고 있다.

10-2 콘센트 모듈(Concent Module)

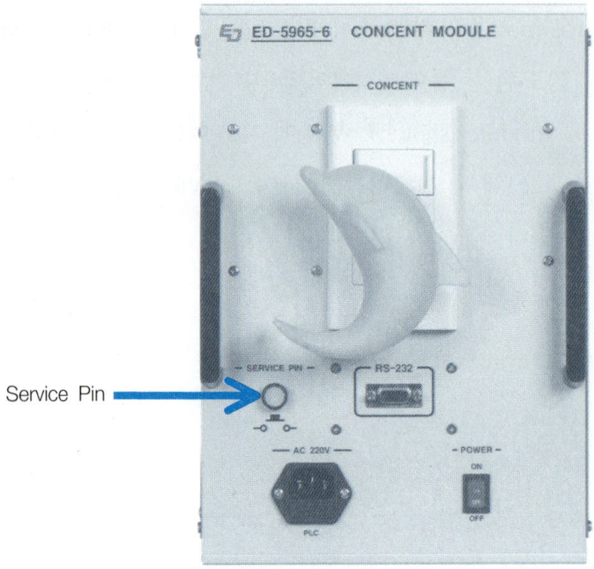

사 양

프로세서 : PL3120 Transceiver

인터페이스 : RS-232

메모리 : ROM 24KB, EEPROM 4KB, SRAM 2KB

운영체제 : Protocol Scheduler

통신채널 : Communication Channel : PLC

기구 : Rack Tape

- 각 가정에 존재하는 실제 콘센트를 사용하여 설계하였으므로 보다 현장에 맞는 실기술을 배우는데 도움이 될 것이라 사료됨.
- 콘센트 전원은 메인 제어 모듈, 적외선 리모컨 또는 LabView를 통해서 제어할 수 있다. 또한 RS-232를 통하여 LaView 프로그램과 연동되어 각 모듈들을 직접 PC를 통하여 제어하는 실습이 가능하다.

10-3 가스 도어 모듈(Gas Door Module)

Service Pin

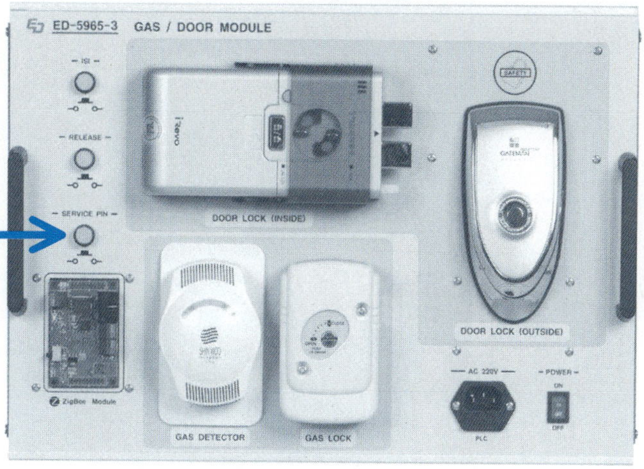

사 양

프로세서 : PL3120 Transceiver

인터페이스 : RS-232

메모리 : ROM 24KB , EEPROM 4KB, SRAM 2KB

운영체제 : Protocol Scheduler

통신채널 : PLC

기구 : Rack Tape

- 각 가정에 존재하는 실제 가스 감지기와 밸브를 사용하였으며 도어록 또한 현재 가장 많이 사용되는 실제 제품으로 설계하였으므로 보다 현장에 맞는 실기술을 배우는데 도움이 될 것이라 사료됨.
- 가스 감지기를 통하여 가스 누출을 감지하여 밸브를 자동으로 닫게 해준다.
- 메인 제어 모듈, 적외선 리모컨 또는 LabView 프로그램을 통하여 도어를 제어할 수 있다.

10-4 난방 제어 모듈(Heating Control Module)

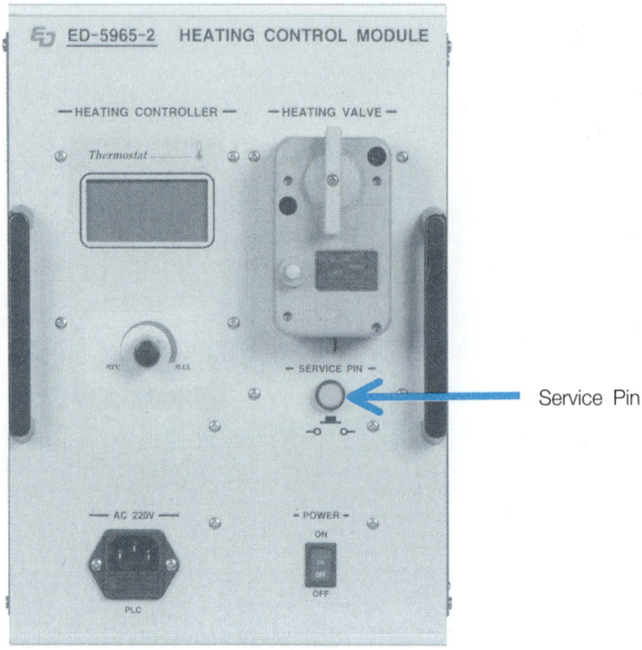

사 양

프로세서 : PL3120 Transceiver

인터페이스 : RS-232

메모리 : ROM 24KB , EEPROM 4KB , SRAM 2KB

운영체제 : Protocol Scheduler

통신채널 : PLC

기구 : Rack Tape

- 각 가정에 존재하는 실제 난방 밸브 제어기를 사용하였으므로 보다 현장에 맞는 실기술을 배우는데 도움이 될 것이라 사료됨.
- 온도 조절장치는 현재 온도를 표시해주며 인코더 스위치(ENCODER SWITCH)를 통하여 설정온도를 조절할 수 있다.
- 현재 온도보다 설정온도가 높게 설정되면 밸브를 열어준다. 반대의 경우는 밸브를 닫아준다. 메인 제어 모듈, 적외선 리모컨 또는 LabView를 통해서 밸브를 직접 제어할 수 있다.

10-5 조명 모듈(Illumination Module)

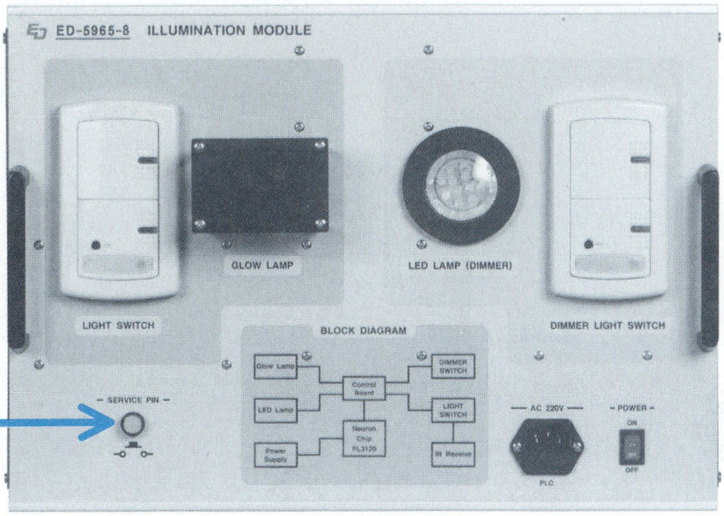

Service Pin

사 양

프로세서 : PL3120 Transceiver

인터페이스 : RS-232

메모리 : ROM 24KB , EEPROM 4KB , SRAM 2KB

운영체제 : Protocol Scheduler

통신채널 : PLC

기구 : Rack Tape

- 각 가정에 존재하는 실제 전등 스위치를 사용하여 설계하였으므로 보다 현장에 맞는 실 기술을 배우는데 도움이 될 것이라 사료됨.
- 조명 제어 스위치는 GLOW LAMP , LED LAMP 두 전등의 ON/OFF를 제어할 수 있으며 DIMMER CONTROL SW는 LED LAMP의 조도를 5단계로 조절할 수 있다.
- 콘센트 모듈 RS-232를 통한 LabView 프로그램으로 또한 메인 제어 모듈 스위치를 통해서 전등 ON/OFF 및 DIMMER 제어를 할 수 있다.
- 또한 SW에 IR 수신단이 구성되어 적외선 리모컨을 통하여 각 모듈을 제어할 수 있는 제어신호를 수신하며 이는 각 모듈들을 제어한다.

10-6 커튼 모듈(Curtain Module)

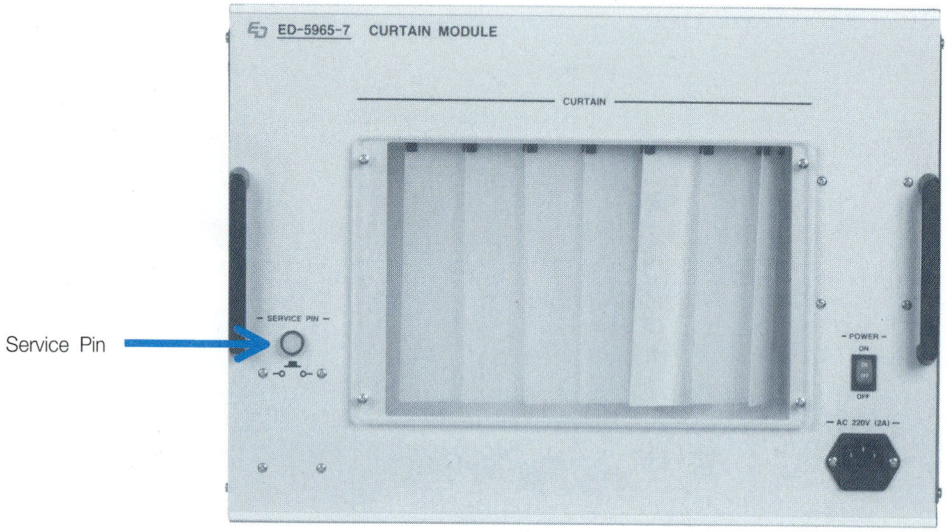

사 양

프로세서 : PL3120 Transceiver

인터페이스 : RS-232

메모리 : ROM 24KB , EEPROM 4KB , SRAM 2KB

운영체제 : Protocol Scheduler

통신채널 : PLC

기구 : Rack Tape

- 조명 스위치의 IR 수신단을 통하여 적외선 리모컨을 통하여 커튼의 닫기, 열기를 제어한다.
- 메인 제어 모듈의 스위치를 통하여 커튼의 닫기, 열기를 제어한다.
- 콘센트 모듈의 RE-232를 통한 LabView 프로그램으로 커튼의 닫기, 열기를 제어한다.

10-7 메인 제어 모듈(Main Control Module)

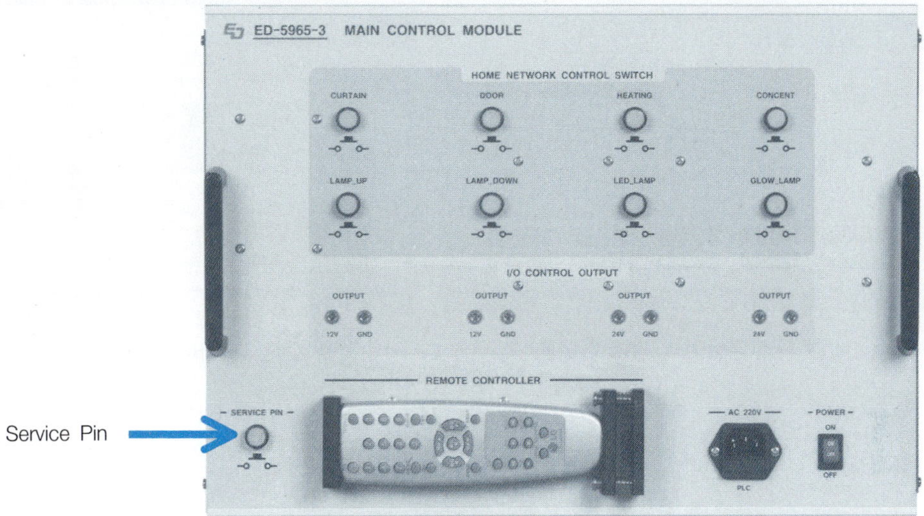

사 양

프로세서 : PL3120 Transceiver

인터페이스 : RS-232

메모리 : ROM 24KB , EEPROM 4KB , SRAM 2KB

운영체제 : Protocol Scheduler

통신채널 : PLC

기구 : Rack Tape

조명 램프 ON/OFF 제어, 조광(DIMMER) 제어, 난방 밸브 ON/OFF 제어, 커튼 OPEN/CLOSE 제어, 콘센트 제어, 도어 CLOSE/OPEN 제어, 24V DC 출력 CH1, CH2, 12V DC 출력 CH1, CH2 등의 4개의 출력 제어 단자를 제공한다. 이는 PL3120 IO Pin으로 연결되어 있어서 F/W상에서 제어할 수 있다.

10-8 월 패드 모듈(Wall Pad Module)

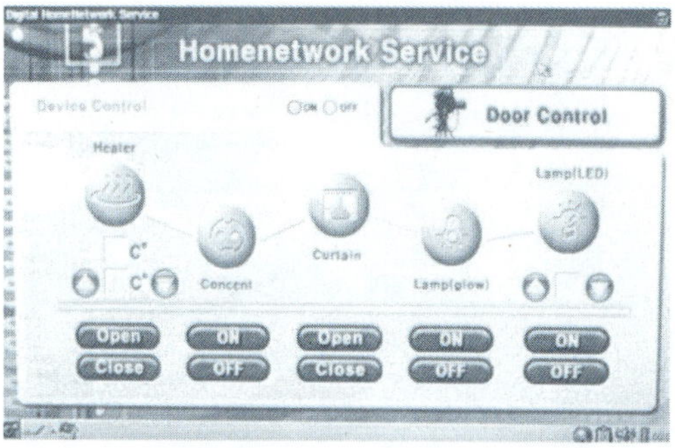

메인 화면(디바이스 제어 아이콘)

카메라 화면

> **사 양**
> 프로세서 : PX270 ARM CORE
> PL3120 Transceiver
> 인터페이스 : RS-232
> 디스플레이 : 7인치 터치 LCD
> 통신채널 : PLC
> 기구 : Rack Tape

LCD 화면상에서 아이콘 타입으로 모듈들을 제어할 수 있도록 제공한다.

조명 램프 ON/OFF 제어, 조광(DIMMER) 제어, 난방 밸브 ON/OFF제어, 커튼 OPEN/CLOSE 제어, 콘센트 제어, 도어 CLOSE/OPEN 제어, CMOS 카메라를 이용하여 외부환경을 보며 도어를 제어할 수 있다.

10-9 블로킹 필터(Blocking Filter)

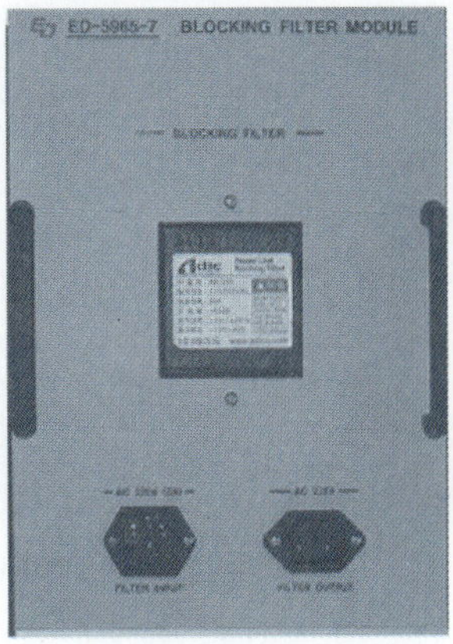

본 장비는 홈네트워크 장비로써 PLC(Power Line Communication)을 사용하므로 외부와 통신이 차단되어야 하며 내부적으로 노이즈를 최대한 줄여야 원활한 통신이 가능하다. 이와 같은 기능을 위하여 블로킹 필터(Blocking Filter)를 사용하게 된다.

10-10 PL3120 트랜시버

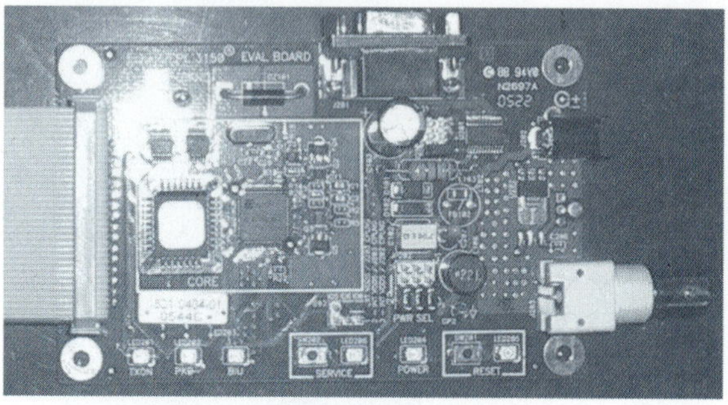

Echelon PL3120 Evk Board

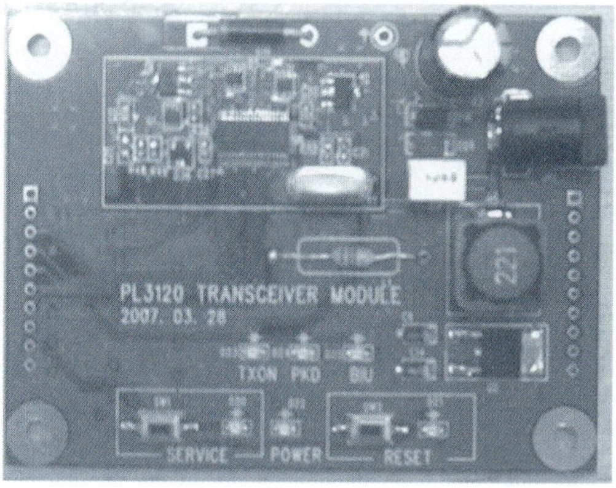

ED PL3120 MODULE

각 모듈별로 통신을 위하여 PL3120 트랜시버(Transceiver)를 가지고 있다. 이는 전력선 통신을 가능하게 하는 통신용 하드웨어와 뉴런 칩을 가지고 있다. 여기에는 LonTalk 프로토콜이라는 OSI 7계층을 만족하는 프로토콜을 가지고 있다. 여기에 ROM 24KB, EEPROM 4KB, SRAM 2KB의 메모리를 활용하여 홈네트워크 디바이스의 기능을 구현한다.

제 11 장
MiniEVK 환경구축

MiniEVK 컴파일러 CD로 프로그램을 설치하면 프로그램 창에 애쉴론 MiniEVK에 MiniEVK 응용이 존재한다. 이를 실행하면 다음과 같은 창이 뜬다.

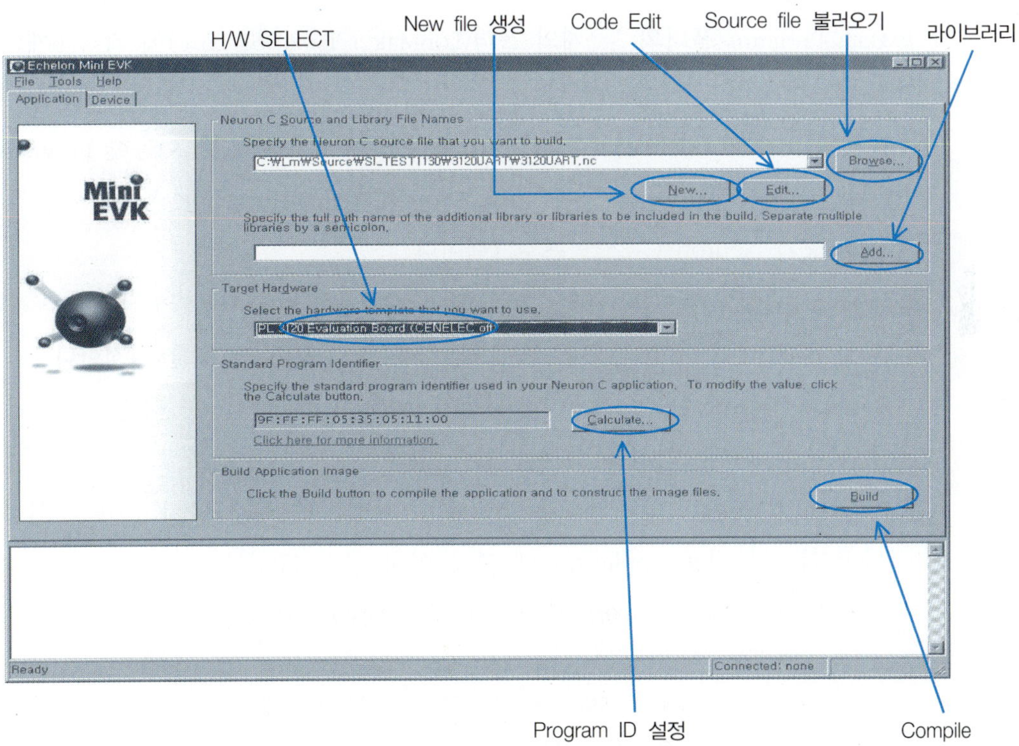

[그림 11-1] 애쉴론 MiniEVR 응용 화면

11-1 사전준비사항

USB INTERFACE를 PC의 USB INPUT 단자의 접속한다.

전원 어댑터를 220V 콘센트에 꽂아준다.

11-2 MiniEVK 컴파일러 구축

① 프로그램에서 MiniEVK 응용 창을 띄우면 위와 같은 창이 나타난다.

② 먼저 EDIT 하고자 하는 파일을 불러오거나 파일을 생성한다.

Browse를 클릭하여 ED5965 F/W Source 파일을 불러온다.

Data Program 폴더의 두 개의 폴더(LonMaker_Base, SI_Base)에 각각 6개의 Source가 있다.

LonDevice_FW/LonMaker_Base : LonMaker for Windows를 이용한 Program

LonDevice_FW/SI_Base : Self Installation을 이용한 Program

xxxx.nc가 Neuron C 소스 프로그램이다.

(Source는 제공되는 ED-5965 CD 포함)

③ 파일 EDIT가 끝나면 필요시 라이브러리를 불러오고 H/W를 설정한다.

Target Hardware는 PL 3120 Evaluation Board(CENELEC off)를 선택한다.

현 소스는 라이브러리를 설정할 필요 없음

④ Program ID를 설정한다. Manufacturer는 실습할 때는 항상 Examples로 설정 나머지는 각 적용 Application에 따라 설정([그림 11-2] 참조)

- 채널 형태(Channel Type)는 PL-20N(POWER LINE) 으로 설정
- Program ID
  - 콘센트 모듈(Concent Module) : 9F:FF:FF:07:00:06:11:05
  - 가스 도어 모듈(Gas Door Module) : 9F:FF:FF:07:00:04:11:02
  - 커튼 모듈(Curtain Module) : 9F:FF:FF:48:32:04:11:01
  - 조명 모듈(Illumination Module) : 9F:FF:FF:48:32:04:11:04

- 난방 제어 모듈(Heating Control Module) : 9F:FF:FF:06:00:06:11:02
- 메인 제어 모듈(Main Control Module) : 9F:FF:FF:05:50:02:11:02

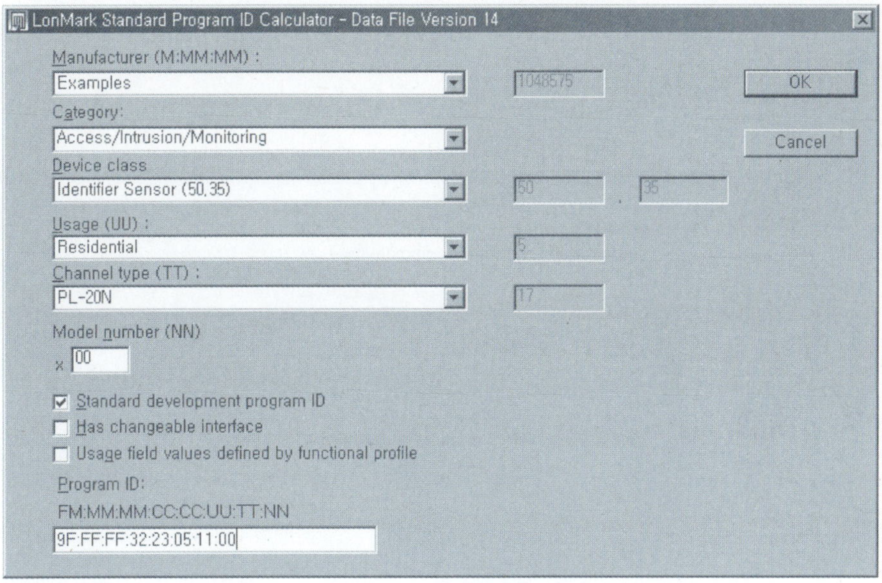

[그림 11-2] 프로그램 ID 설정

⑤ 컴파일 실행, 에러발생 시 제거 후 다시 컴파일한다.

⑥ 디바이스를 선택하면 [그림 11-3]에서 Network Interface Connect를 클릭한다.
네트워크 인터페이스(Network Interface) : USB 인터페이스(제어판에서 LonWorks Interface를 클릭하여 상단 메뉴 중 USB를 클릭하면 연결 상태를 볼 수 있다)
LON1로 선택(그림 11-3)

⑦ DEVICE / ADD를 클릭하면 다운로드할 디바이스의 서비스 핀(Service Pin)을 통해 Neuron ID를 받을 수 있다.
다운로드하고자 하는 디바이스의 서비스 핀을 누른다.
서비스 핀은 각 모듈에 스위치로 존재한다.

⑧ 응용 이미지 로드 클릭 → 이미지 다운로드
* 다운로드는 전력선을 통해서 다운되므로 USB 인터페이스와 전원 케이블만 연결하면 된다.

⑨ 각 Board별로 필요한 소스를 다운로드한다.

* 다운로드시 Program ID가 같은데 Nv가 바뀌면 에러가 발생하는 원인이 되므로 유의하길 바란다.

Program ID의 마지막 1byte는 같은 모델의 Update수임을 참고하여 Device를 구별하여 준다.

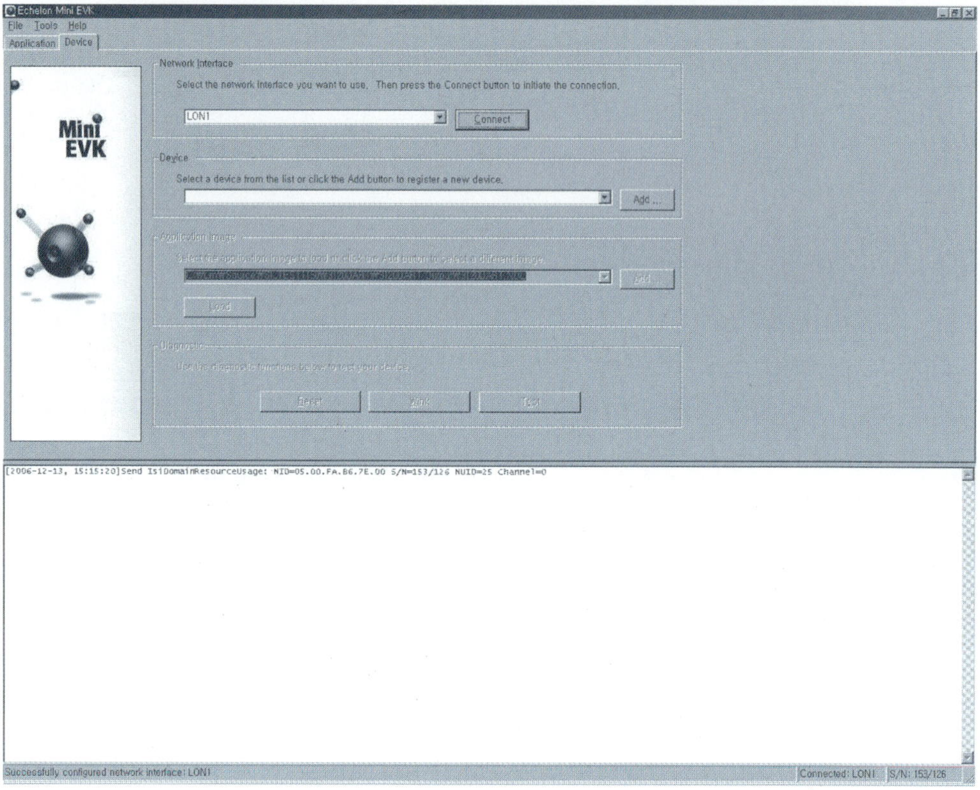

[그림 11-3] 네트워크 인터페이스 연결

11-3 USB 인터페이스

컴파일러와 장비가 연동되기 위해서는 USB 인터페이스가 필요하다.
장비구성에서 다음과 같은 USB 인터페이스를 PC에 연결한다. (그림 11-4)

[그림 11-4] USB 인터페이스

PC 제어판의 LonWork Interface를 클릭하면 [그림 11-5]와 같이 인터페이스가 잡혀 있다. LON1로 잡혀있으니 Program해서 Download시 LON1로 연결하여 진행한다.

* MiniEVK 컴파일러를 설치 후 USB 인터페이스를 사용할 것이다.

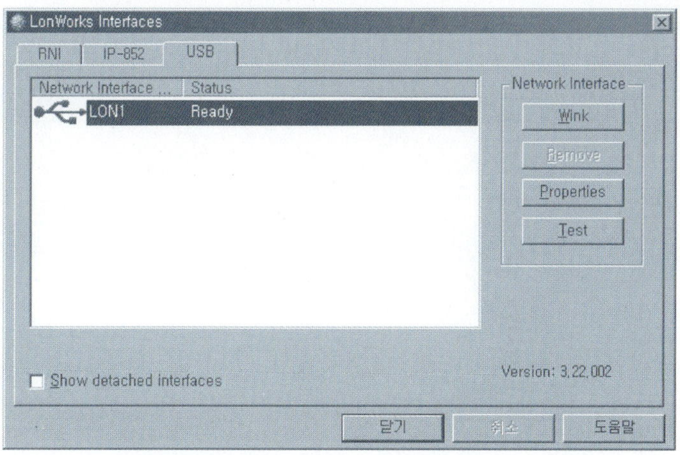

[그림 11-5] LonWoHC 인터페이스

* 현재 소스를 바로 컴파일하게 되면 에러가 발생한다. 이는 Resource Editor로 Function Profile을 만들어 주지 않았기 때문이다. 이는 다음 장에서 진행할 것이다.

제 12 장

전이 및 바인딩 응용

12-1 윈도우용 론메이커 사용법

윈도우용 론메이커는 LonWorks Network 프로그래밍을 하기 위한 기본 프로그램으로서 각종 LonWorks Device들을 도면상에 등록시킨 후 Microsoft 사의 Visio 기반에서 Graphical 한 방식으로 프로그래밍을 하게 된다.

① 윈도우 화면 아래쪽 트레이의 시작 → 프로그램에서 윈도우용 론메이커를 실행한다.

② New Network 버튼을 클릭하여 새로운 프로젝트를 작성한다.

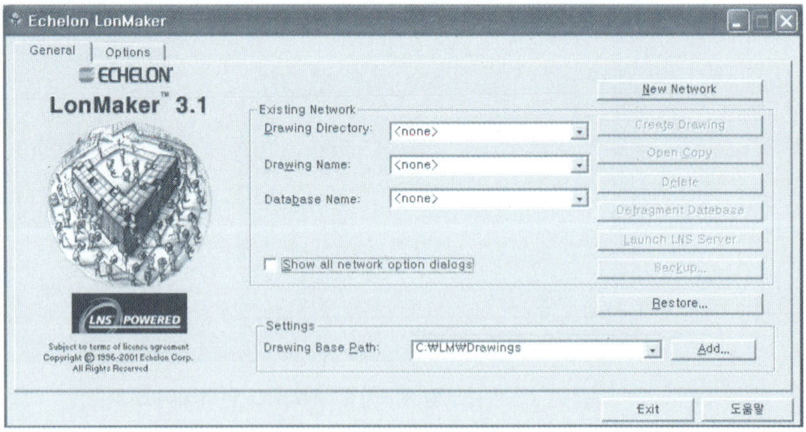

③ Enable Macros를 눌러서 Network 생성을 시작한다.

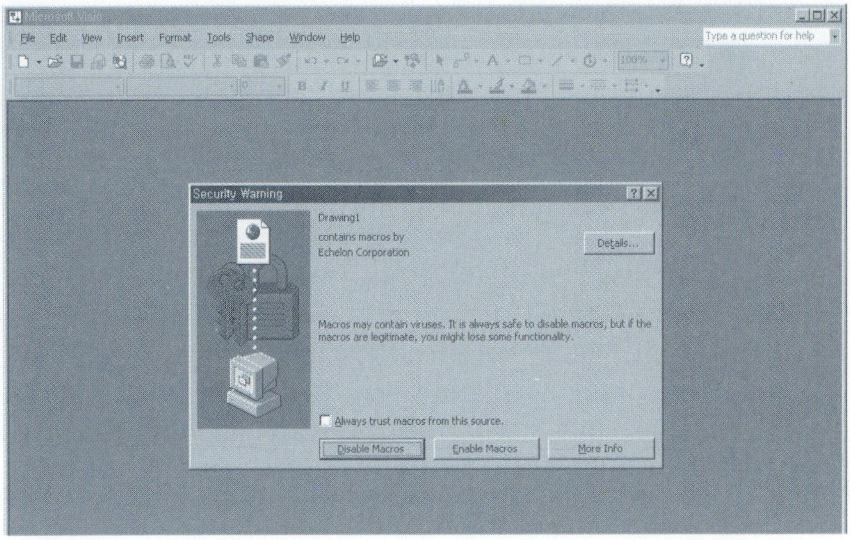

④ Network Name 창에 새로운 프로젝트의 이름을 넣어준다. 만들고자 하는 Network의 이름을 임의로 설정해서 써준다.

(본 장비에서는 ED5965_TEST라는 이름을 사용하도록 한다)

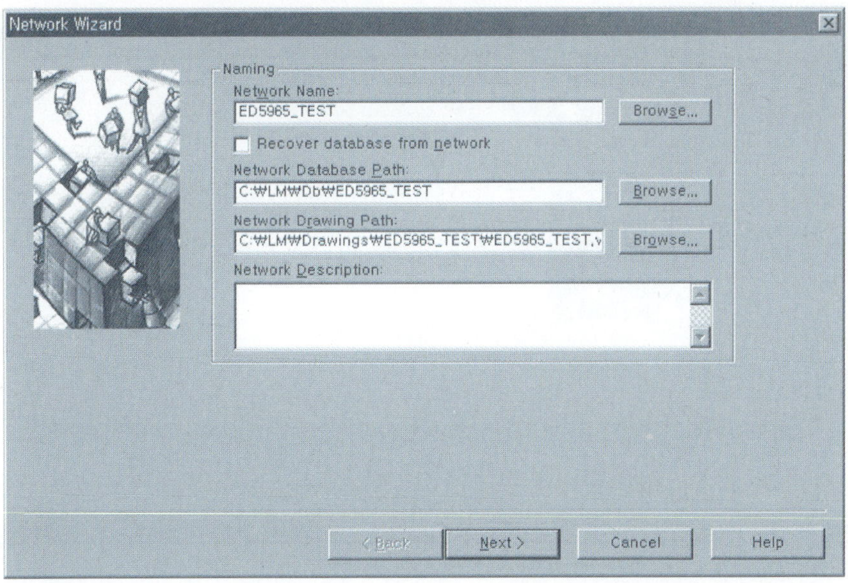

⑤ Network Attached란 이름의 라디오 버튼과 Network Interface Name을 LON1 (USB INTERFACE)을 선택하고 Next를 클릭한다.

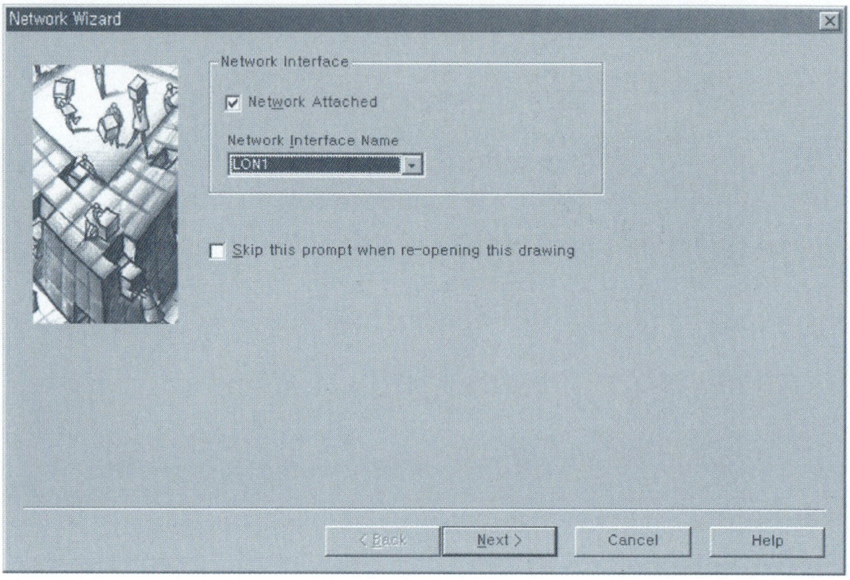

⑥ Management Mode를 설정한다. 장비와 연결되어져 있는 상태에서 작업을 할 경우에 onnet을 선택한 후 Next를 클릭한다.

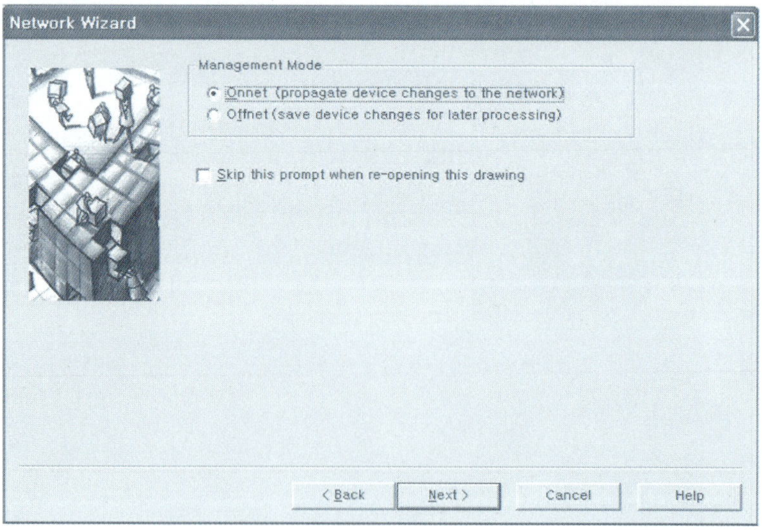

⑦ 작업할 Plug-in을 등록하기 위한 창입니다. Remove ALL을 클릭 후 Finish를 눌러서 다음으로 진행한다.

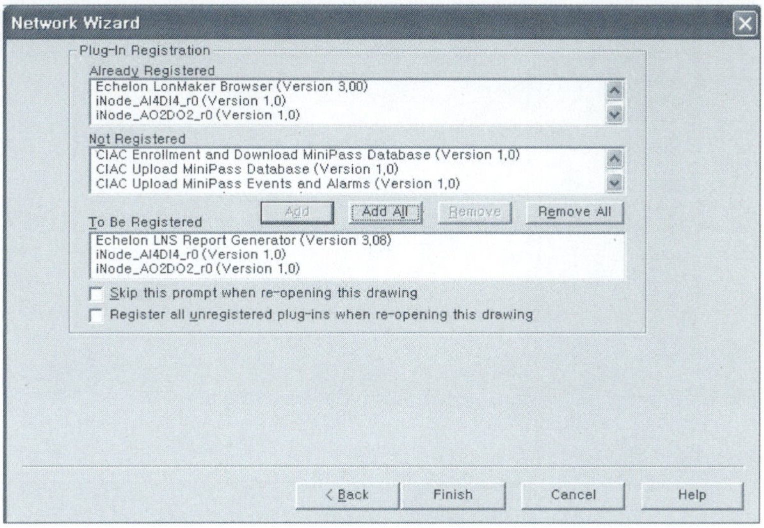

⑧ Network 생성이 이루어지고 있으면 다음과 같은 진행 화면과 함께 진행된다.

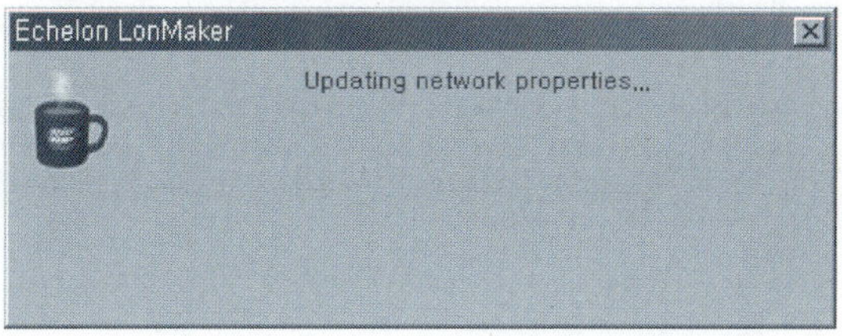

⑨ 완료가 되면 다음과 같은 Network Interface가 생성된다.

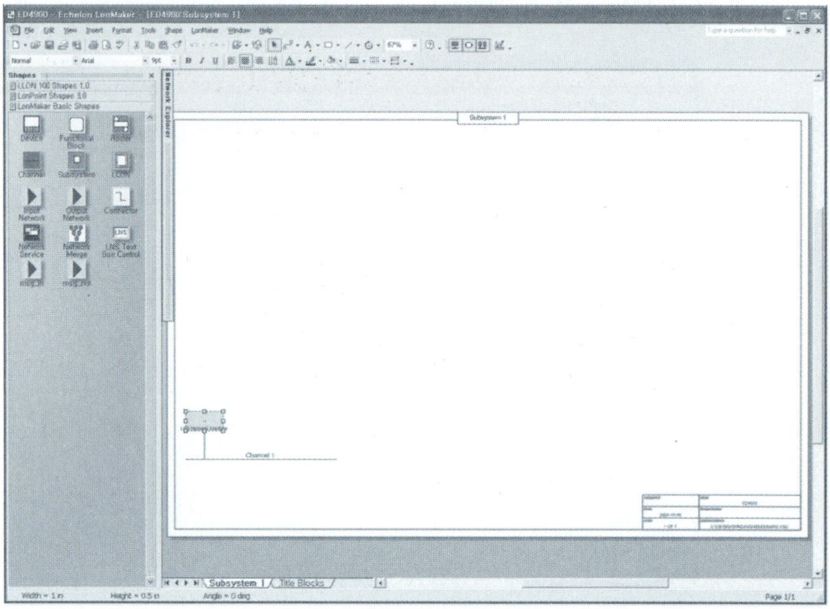

⑩ Device들을 등록하기 위해 왼쪽 작업 창에서 Device를 드래그 앤 드롭하여 작업 화면에 갖다 놓는다. 다음과 같은 창이 뜨면 Name "CONCENT_MODULE" 그리고 Commission Device 체크해주고 NEXT를 클릭한다.

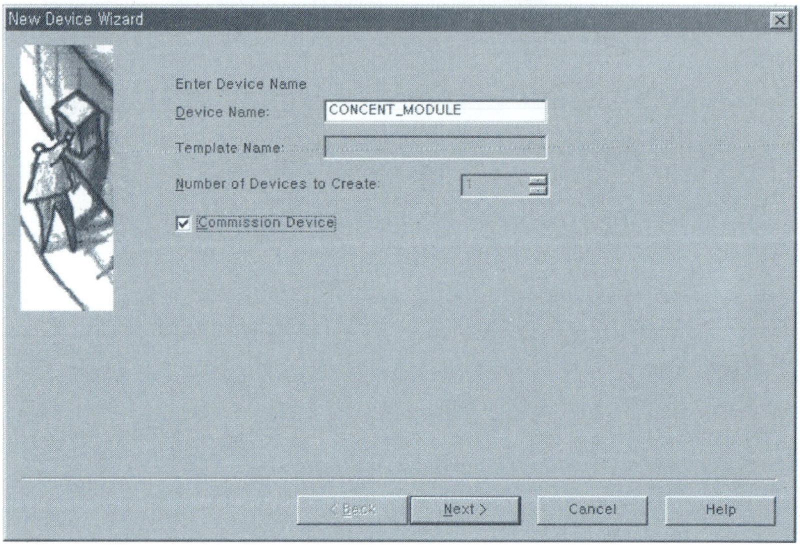

⑪ 다음과 같은 창이 뜨면 NEXT 클릭

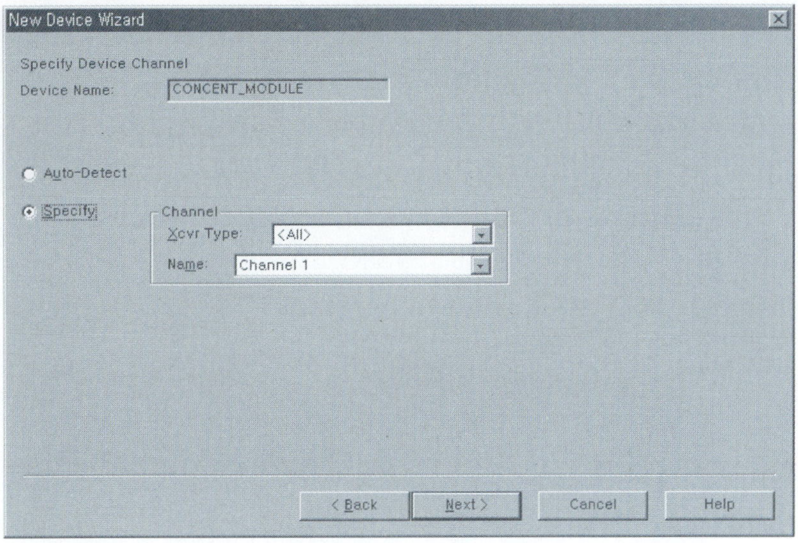

⑫ 다음과 같은 창이 뜨면 Load XIF 클릭, Browse에서 CD Source 파일 중 Data Program/LonDevice_FW/LonMaker_Base/CONCENT/CONCENT Development에서 XIF 파일 찾아서 클릭하고, NEXT 클릭한다.

* 기타 Device들은 LonMaker_Base/각 Device name/ Development에서 XIF 파일을 찾아 선택한다.

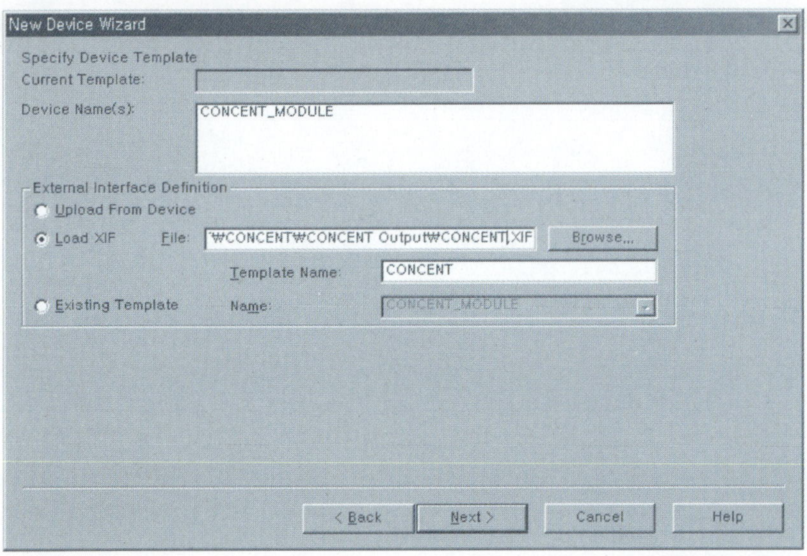

⑬ 다음과 같은 창이 뜨면 NEXT 클릭

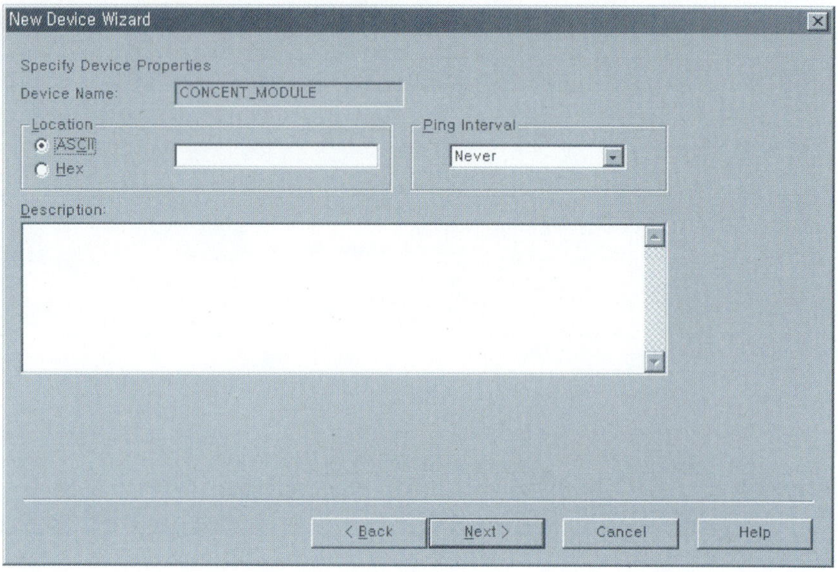

⑭ 다음과 같은 창이 뜨면 NEXT 클릭

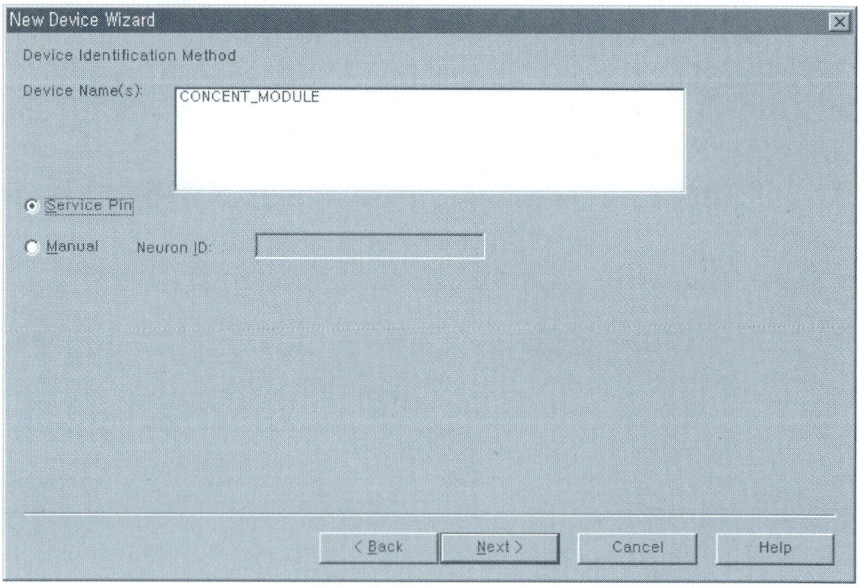

⑮ 다음과 같은 창이 뜨면 Load Application Image 클릭하고 Browse를 클릭하여 소스위치를 다음과 같은 위치에서 찾는다. Data Program/LonDevice_FW/LonMaker_Base/CONCENT/ Development 폴더를 들어가서 CONCENT.APB 파일을 선택한다. 동시에 XIF 파일도 자동으로 설정된다.

⑯ * 기타 Device들은 LonMaker_Base/각 Device name/ Development에서 APB 파일을 찾아 선택한다.

NEXT 클릭 (새로운 이미지를 올릴 때 Load Application Image 클릭함)

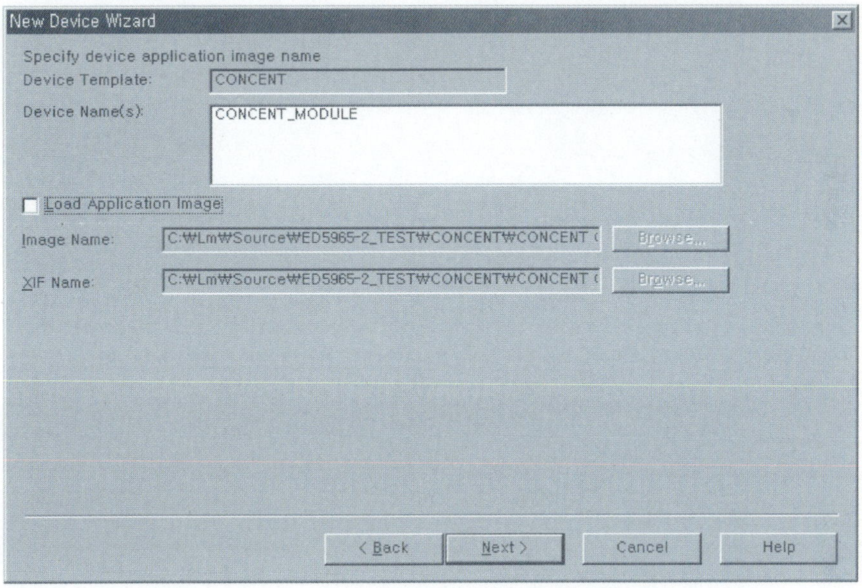

⑰ 다음과 같은 창이 뜨면 Online 클릭 후 Finish 클릭

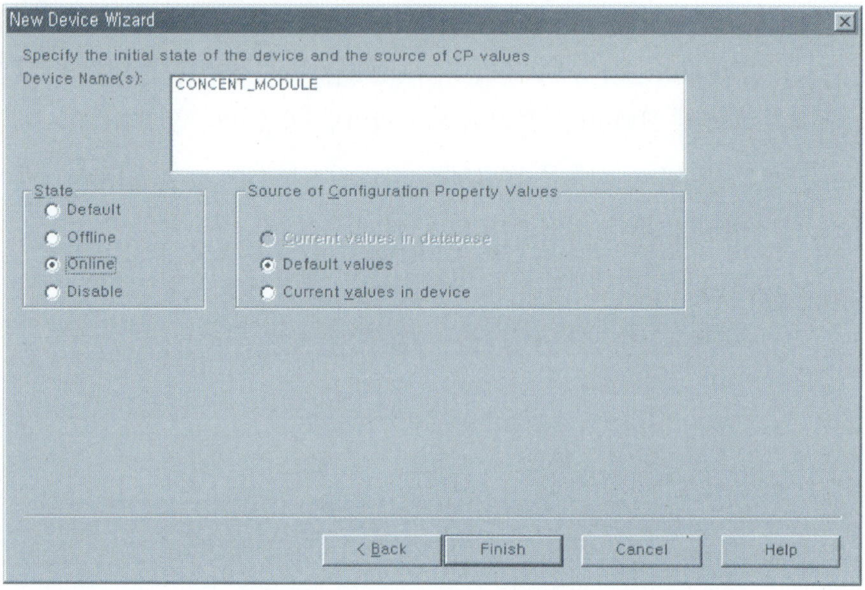

⑱ 다음과 같은 창이 뜨면 CONCENT MODULE SERVICE PIN 누르면 전이 진행

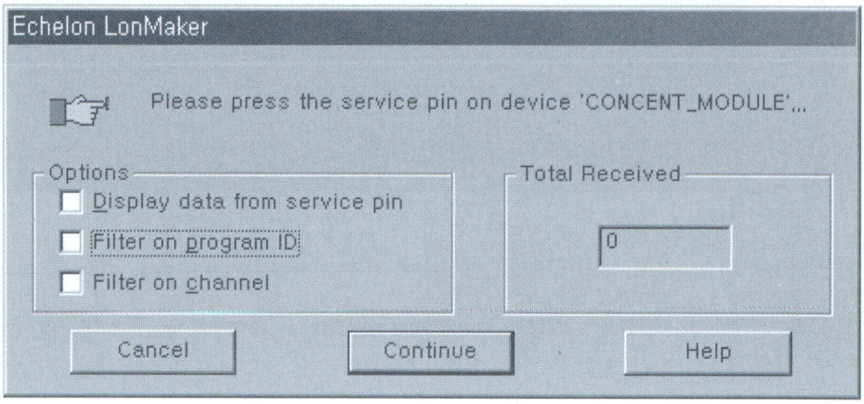

⑲ 좌측 매뉴얼에서 기능 블록(Functional Block)을 드래그 앤 드롭하여 메인 창에 올리면 다음과 같은 창이 뜨고 Name을 확인한 후 NEXT 클릭

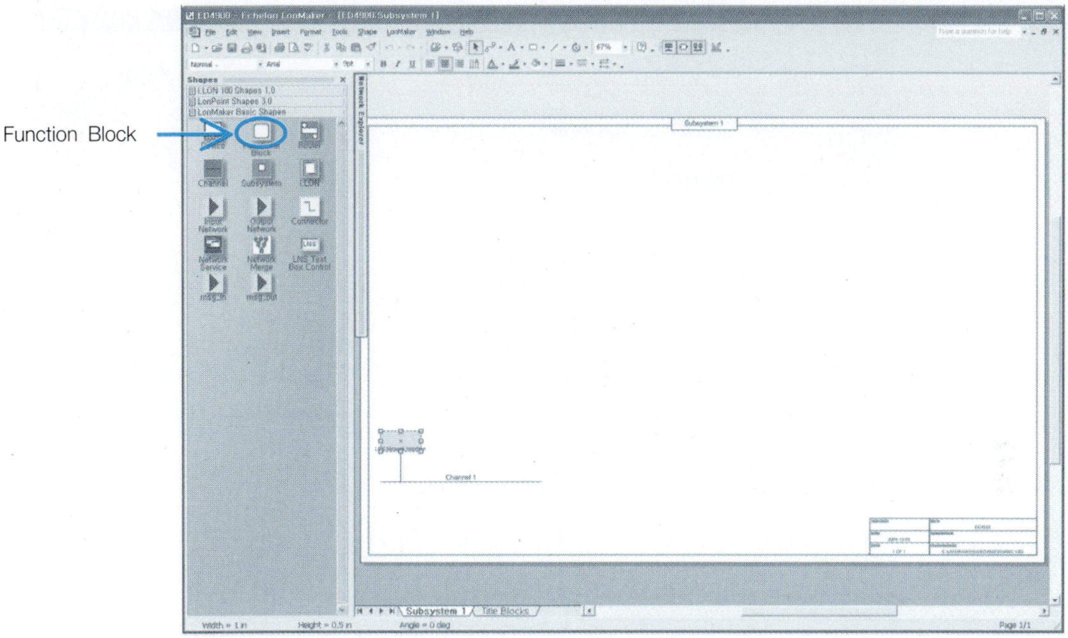

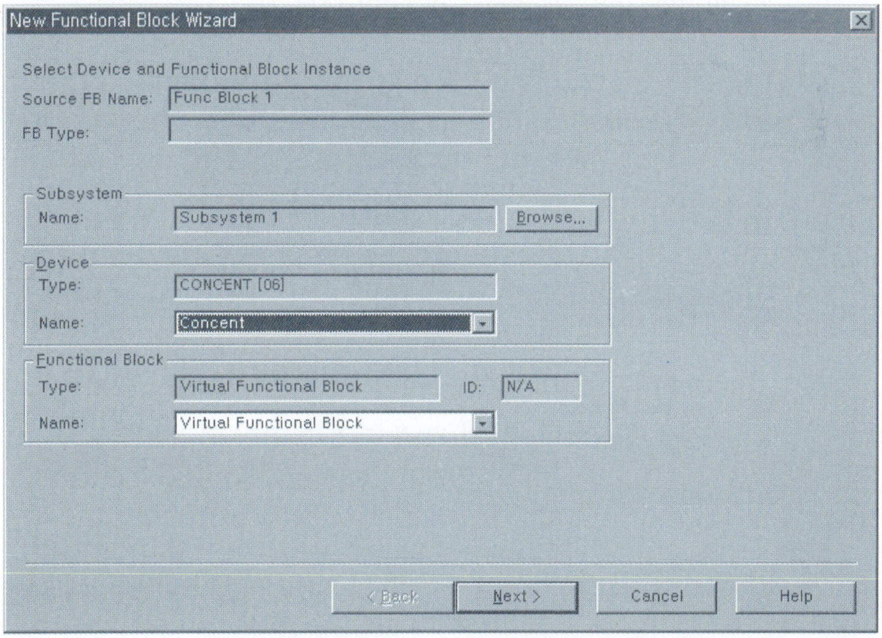

⑳ 다음과 같은 창이 뜨면 Function Block Name 적고 Create shapes for all network variables 클릭 후 Finish 클릭 그럼 Function Block이 나타난다.

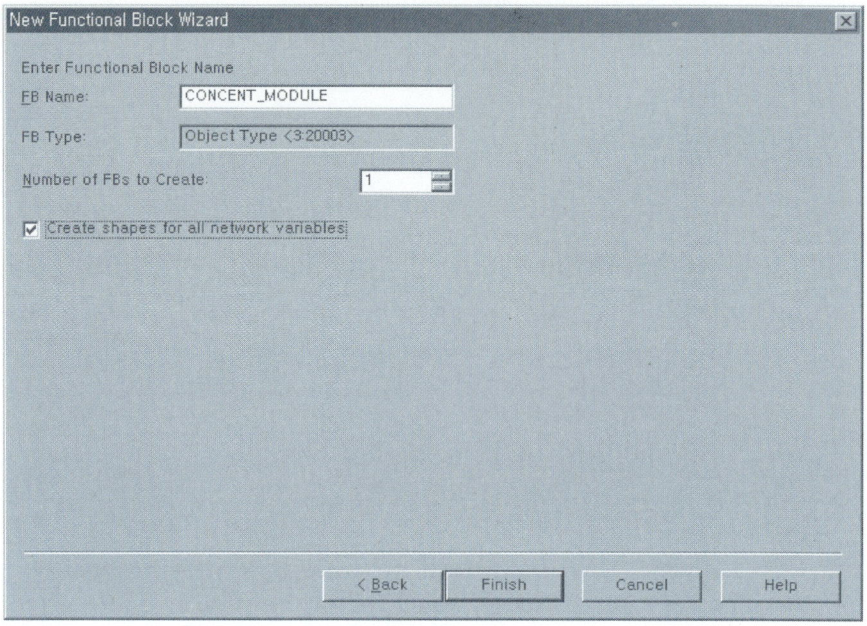

아래와 같은 Function Block이 나타난다.

CONCENT_MODULE에는 Function Block이 4개가 존재한다. 위의 ⑲, ⑳번 과정을 반복하여 4개의 FB을 다음과 같이 불러온다.

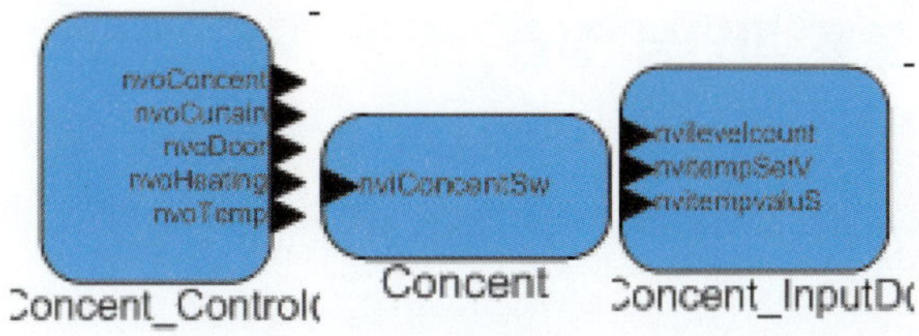

* 콘센트 모듈의 FB 정의

Concent_Control : 다른 각 모듈을 제어하기 위한 FB

Concent_LampC : Glow, Led Lamp를 제어하기 위한 FB

Concent_InputD : 현재온도, 세팅온도, Lamp 밝기를 Update하기 위한 FB

Concent : Concent 전원 제어를 위한 FB

* 기능 블록(Function Block)이란?

Device 개발자의 의해서 특정목적을 위하여 아래와 같이 INPUT NV, OUTPUT NV로 구성된 오브젝트 단위의 블록을 기능 블록이라 한다.

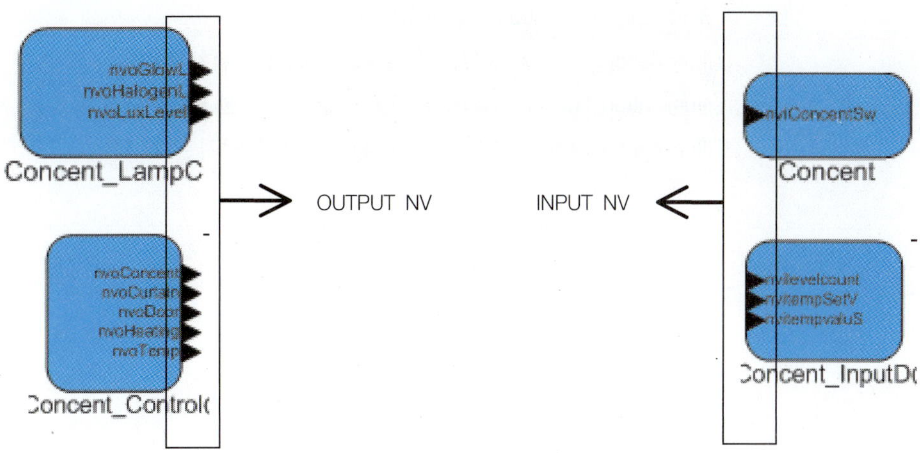

이 기능 블록은 매우 중요하므로 다음 장에서 F/W 프로그램 부분에서 좀더 설명하겠다.

12-2 기능 블록 바인딩 실습

12-2-1 기능 블록 연결

이를 위해서는 조명 제어 모듈(Illumination Control Module)의 FB을 불러오겠다.

위 ⑪번부터 ⑰번까지 과정을 반복하여 Illumination Module Device를 불러온 후 ⑲, ⑳번과 같은 방법으로 다음과 같은 3개의 FB을 불러온다.

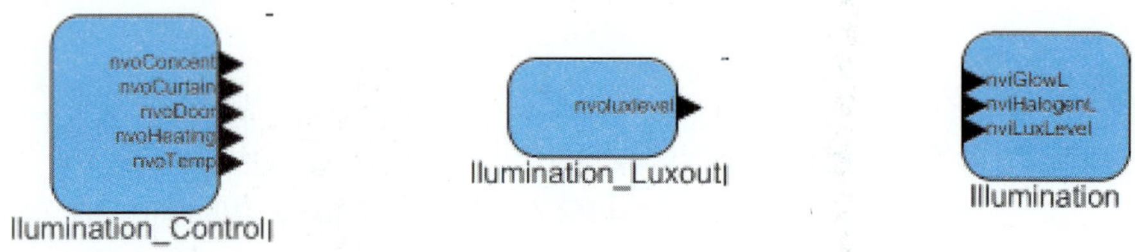

* 조명 모듈(Illumination Module)의 FB 정의
Illumination_Control : 다른 각 모듈을 제어하기 위한 FB
Illumination_Luxout : Lamp 밝기를 전달하기 위한 FB
Illumination : Glow , Led Lamp 제어 신호를 받기 위한 FB

먼저 Concent_LampC와 Illumination FB를 연결하여 보겠다.

① 좌측 매뉴에서 Connector 라는 매뉴를 메인창에 드래그 앤 드롭하여 nvoGlowL이라는 NV에 연결한다.

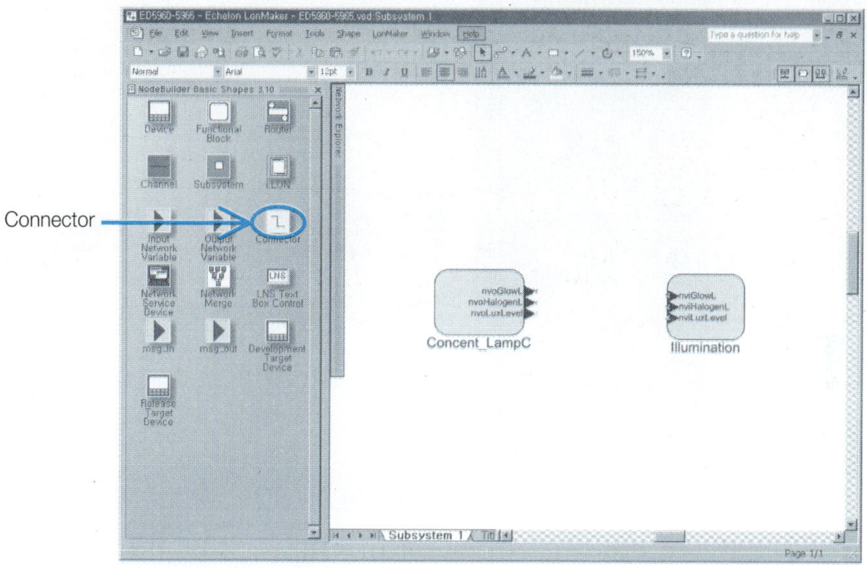

다음과 같이 라인을 nvoGlowL에 연결한다.

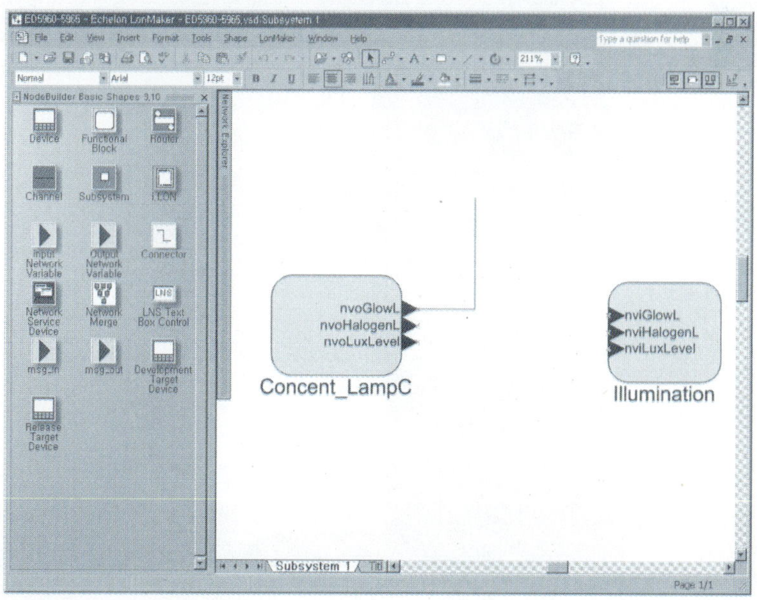

② nvoGlowL output NV의 연결된 라인을 Illumination nviGlowL input NV로 연결한다.

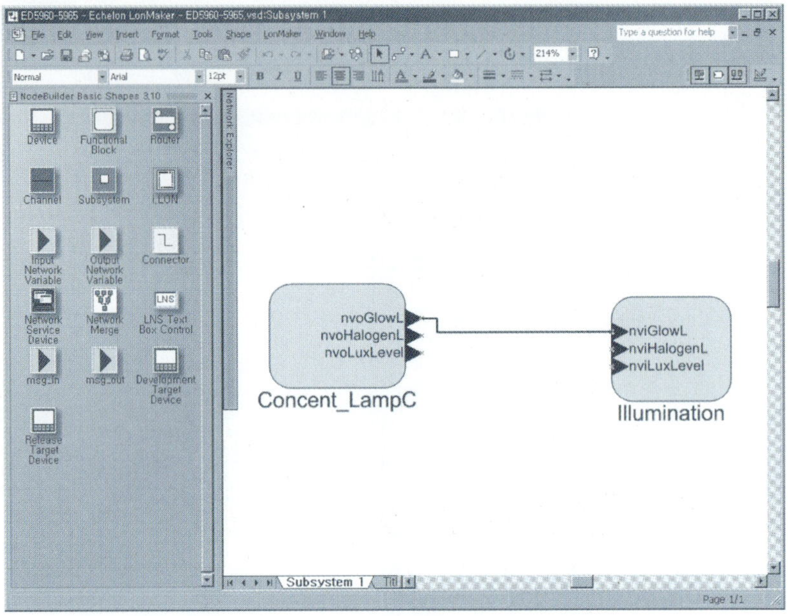

③ 같은 방법으로 nvoHalogenL output NV를 input NV nviHalogenL로 연결한다.

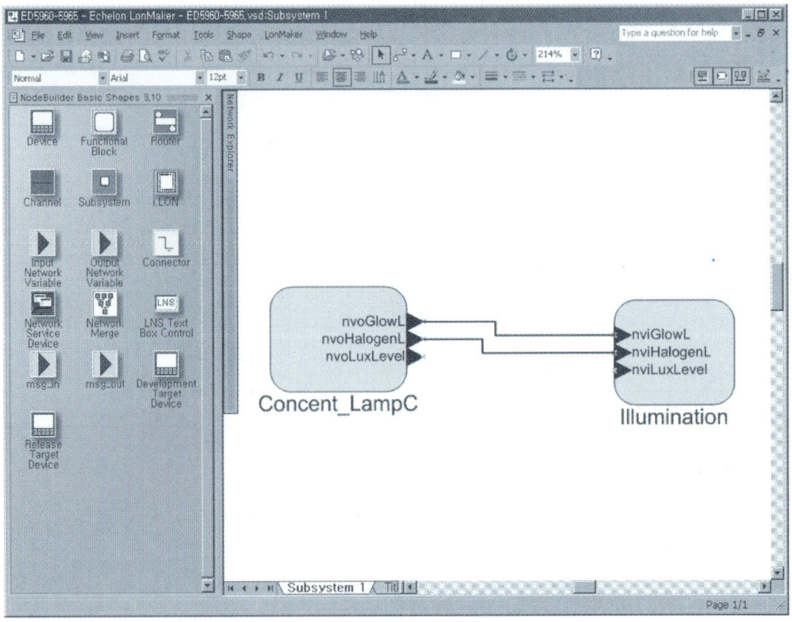

④ 같은 방법으로 nvoLuxLevel output NV를 nviLuxLevel input NV로 연결한다.

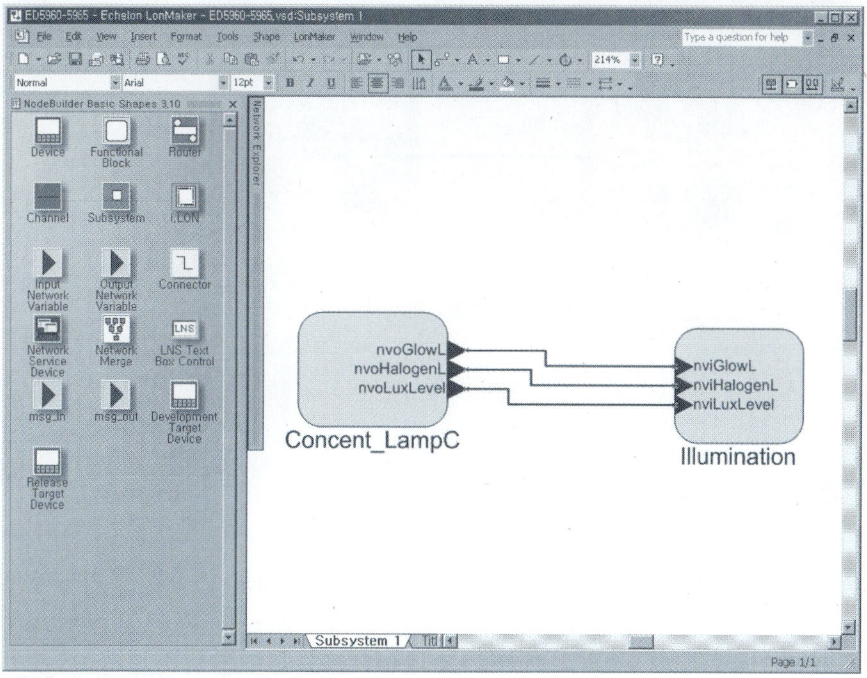

위와 같이 바인딩(Binding) 작업을 마무리하게 되면 콘센트 모듈(Concent Module)에서 조명 모듈(Illumination Module)의 램프들을 제어할 수 있게 된다. 물론 이를 제어하는 주체는 PC 프로그램 LabView가 된다.

다음 제어되는 구성도를 간단히 보여주겠다.

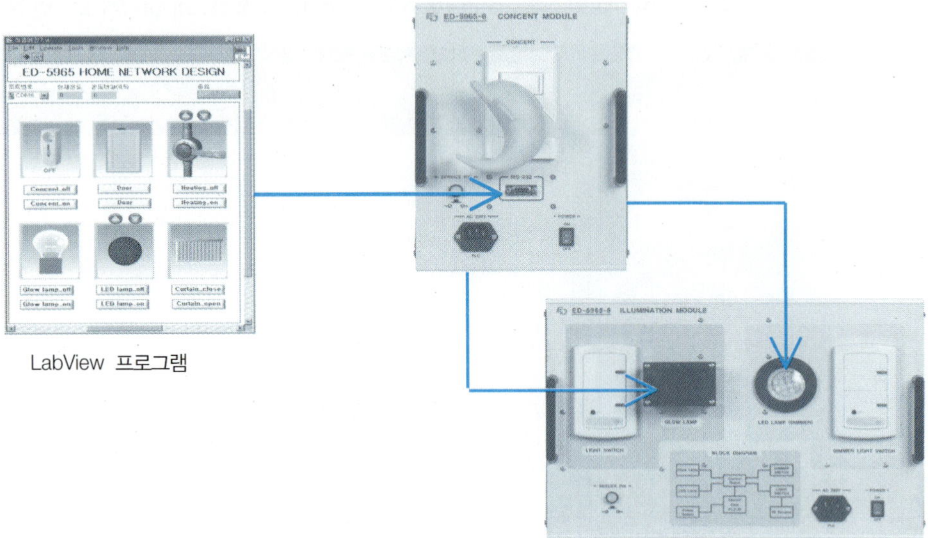

LabView 프로그램

⑤ 연결된 각 라인을 보다 간편하게 번호형태로 연결을 보이도록 할 수 있다. 이는 각 라인에 오른쪽 마우스를 클릭하게 되면 다음 창과 같이 메뉴가 나오게 된다. 이 중 Use Reference를 선택하면 밑에 창처럼 번호 형태로 서로 연결 상태를 확인할 수 있다.

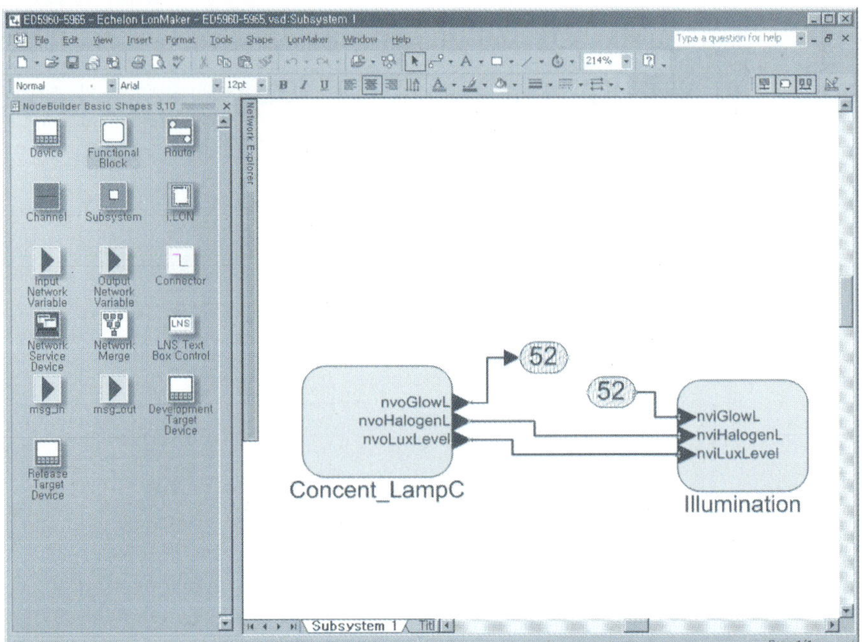

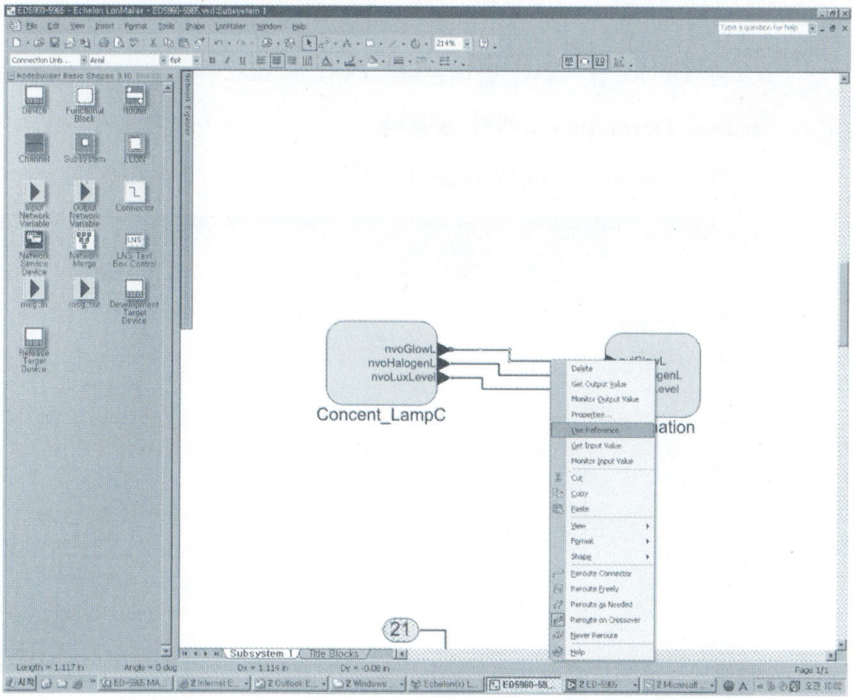

⑥ 위와 같은 방법으로 각 라인을 Reference 로 나타내면 다음과 같다.

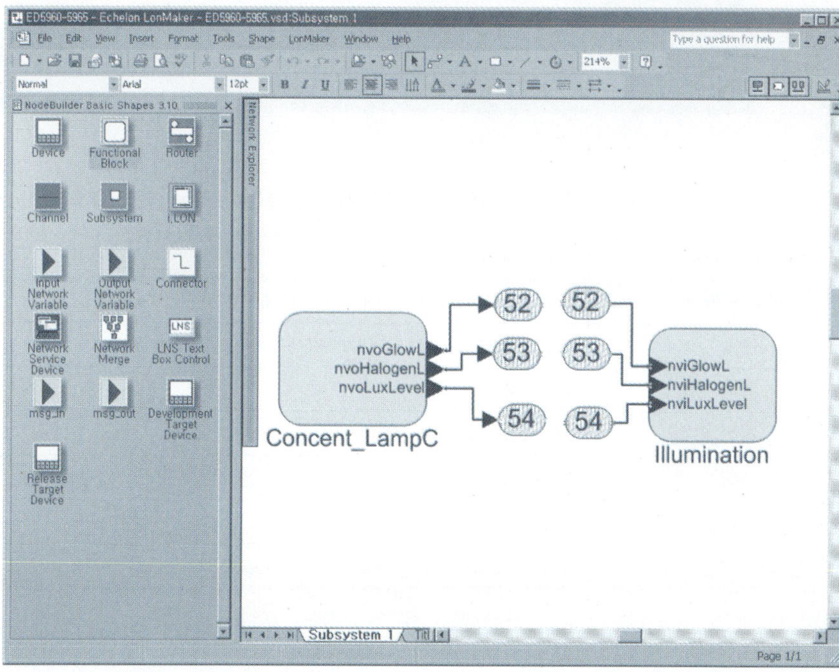

⑦ 여기서 실습을 위하여 12-1절의 과정중 11~17번까지 과정을 반복하여 다음과 같은 Device를 각각 불러온다. Device 소스는 LonMaker_Base/각 Device name/ Development에서 찾는다.

각각의 Device Name은 〈표 12-1〉을 참조한다.

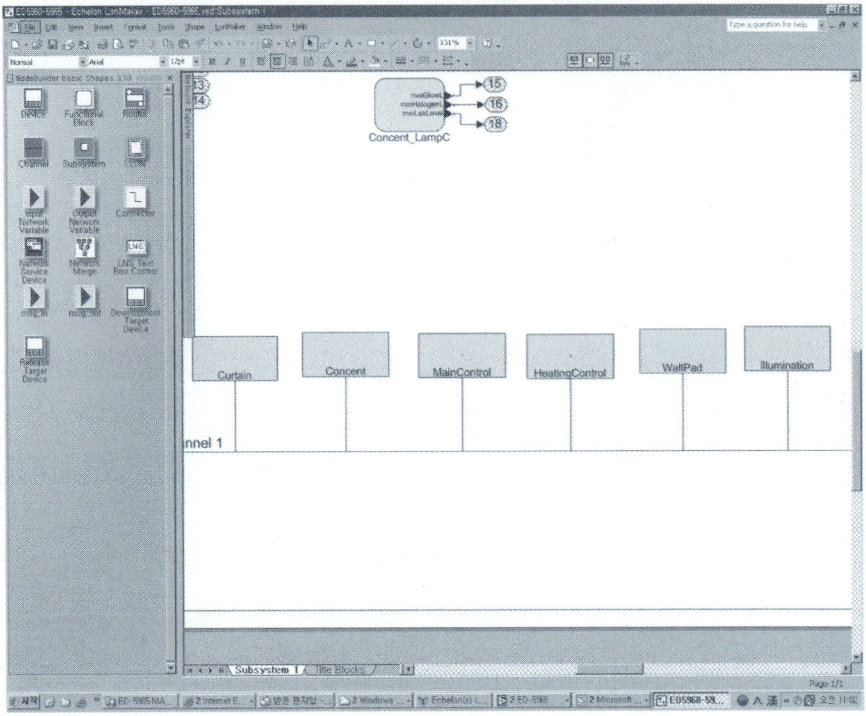

〈표 12-1〉 각 모듈(Device)와 기능 블록(Function Block) 이름

Device Name	Function Block Nme
콘센트 모듈	CONCENT_LAMPC, CONCENT_CONTROL, CONCENT, CONCENT_dataR
조명 모듈	ILLUMINAT_CONT, ILLUMINAT_IR, ILLUMIN_LUXOUT
가스 도어 모듈	GAS_DOOR
메인 제어 모듈	MainControl, Main_Control_lamp
난방 제어 모듈	Heating_control
커튼 모듈	CURTAIN
월 패드 모듈	Wall_Control, Wall_LampC, Wall_ReadD

⑧ 우리는 콘센트 모듈(Concent Module), 조명 모듈(Illumination Module)의 기능 블록(Function Block)을 불러왔다.

위의 ⑱~⑲번 과정을 반복하여 〈표 12-1〉에 있는 나머지 기능 블록을 불러온다. FB 이름은 〈표 12-1〉을 참조한다. 다음과 같이 총 15개의 FB가 만들어진다.

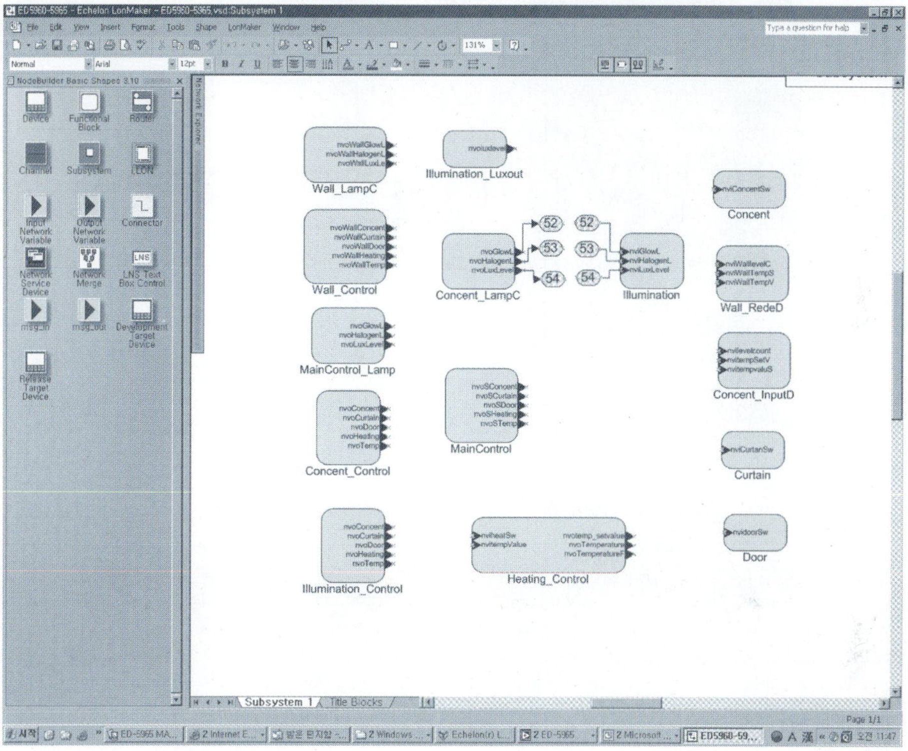

⑨ 다음은 Concent_Control FB의 NV들을 기타 디바이스의 NV들과 연결한다. 이 과정은 위 과정 12-2-1의 ①~⑥번까지의 과정을 반복하여 다음과 같은 연결을 만든다.

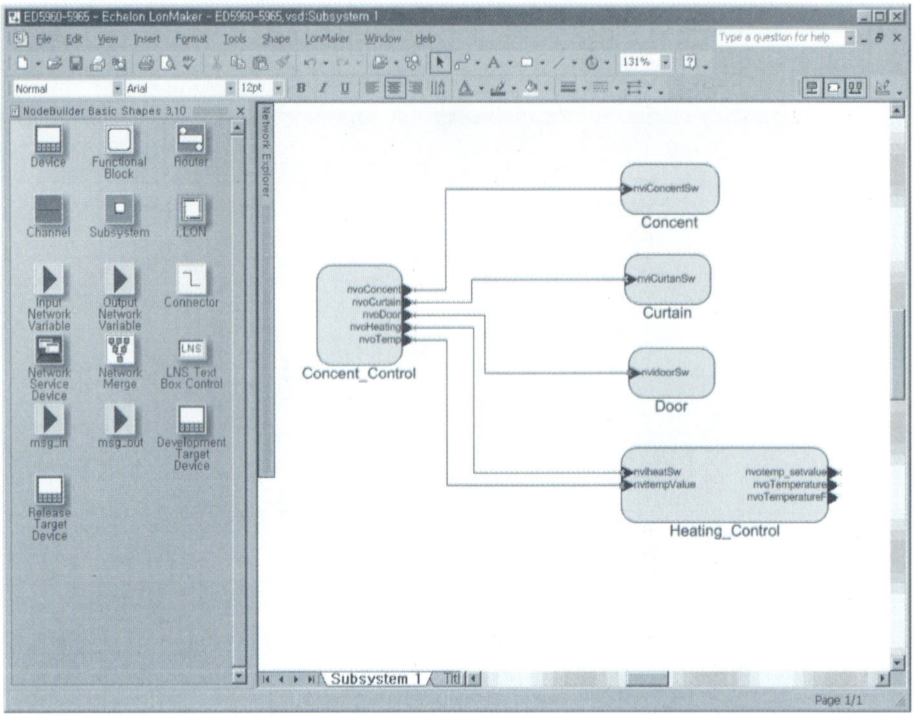

위와 같은 상태를 Reference No로 보이도록 아래처럼 Use Reference를 사용하여 만든다.

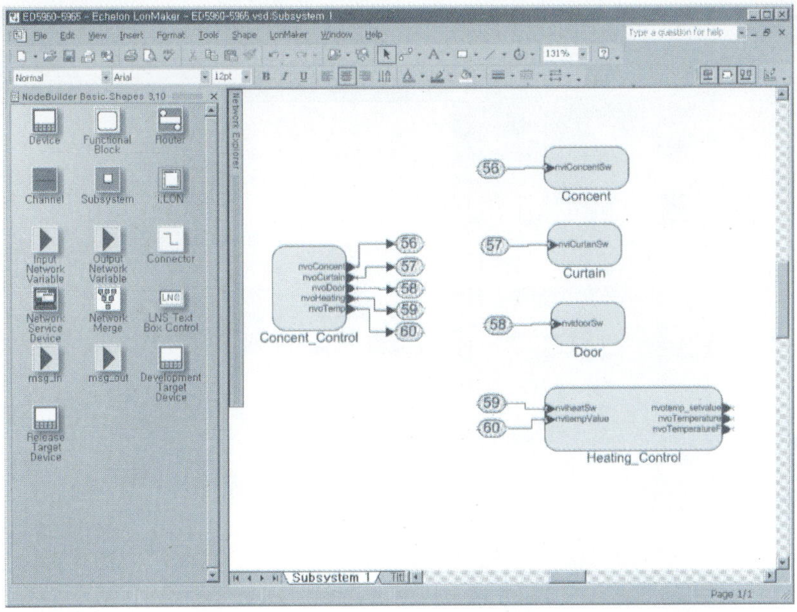

⑩ 다음으로 메인 제어 모듈(Main Control Module)의 MainControl FB의 NV와 기타 모듈의 FB의 NV들의 연결을 위 과정과 이어서 만든다.

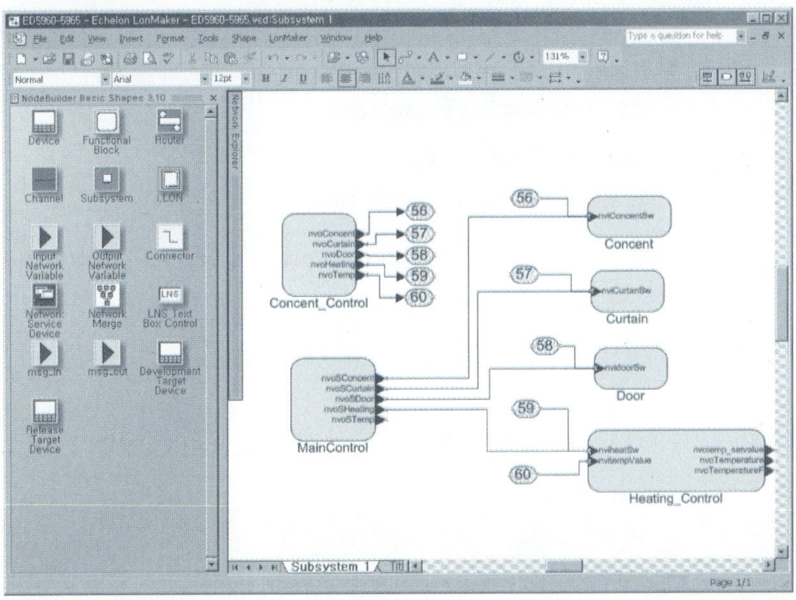

위와 같은 상태를 Reference No로 보이도록 아래처럼 Use Reference를 사용하여 만든다.

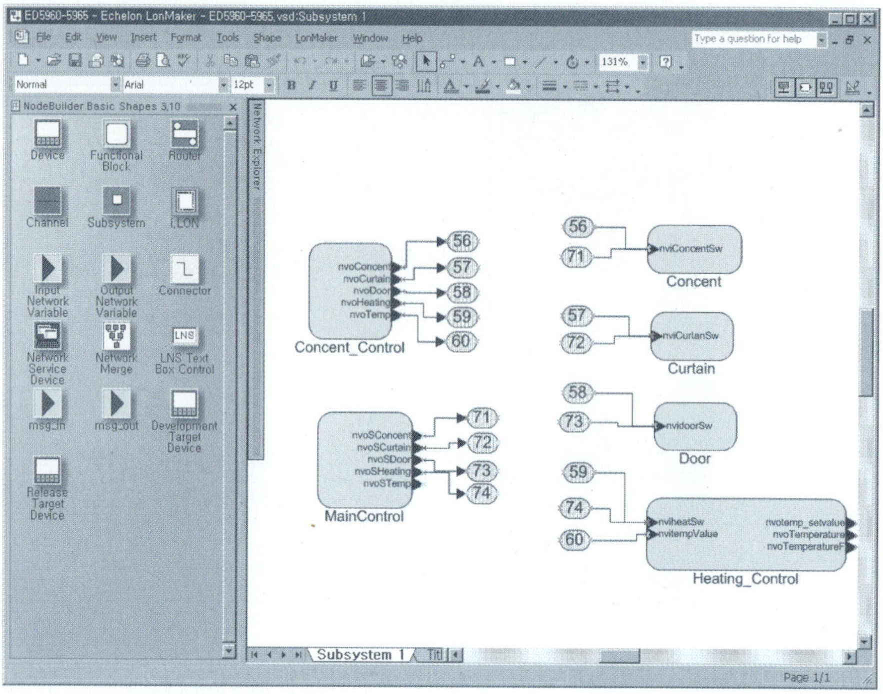

* ED5965는 총 4가지 형태로 제어가 가능하다.
  1. 콘센트 모듈의 RS-232를 이용한 LabView 프로그램 제어
  2. 메인 제어 모듈 SW를 통한 제어
  3. 적외선 리모콘을 이용한 제어
  4. 월 패드(Wall Pad)를 이용한 제어

이 중 우리는 콘센트 모듈(Concent Module)과 메인 제어 모듈(Main Control Module)을 이용한 제어 두 가지의 FB를 연결하였다. 다음으로 월 패드, 적외선 리모콘을 이용한 제어를 연결한다.

⑪ 위 ⑨, ⑩과 같은 방법으로 다음과 같이 연결한다.

아래 창은 Lamp 제어를 제외한 모든 FB을 연결한 상태이다.

위 12-2-1절의 ①~⑩까지를 잘 숙지한다면 아래 그림을 충분히 이해할 수 있을 것이다.

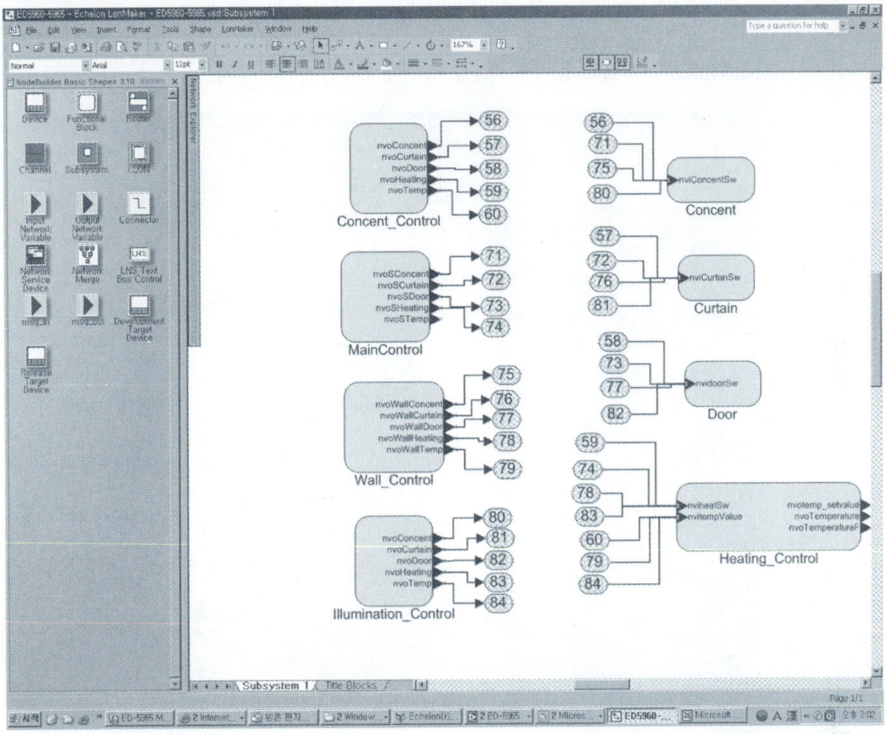

⑫ 위 과정과 같은 방법으로 처음 Concent_LampC와 Illumination FB를 연결을 이어서 Wall_LampC, MainControl_Lamp FB도 연결을 다음과 같이 마무리한다.

이는 조명 모듈(Illumination Module)의 램프들을 콘센트 모듈(Concent Module), 월 패드 모듈(Wall Pad Module), 메인 제어 모듈(Main Control Module)이 제어할 수 있도록 해주는 부분이다.

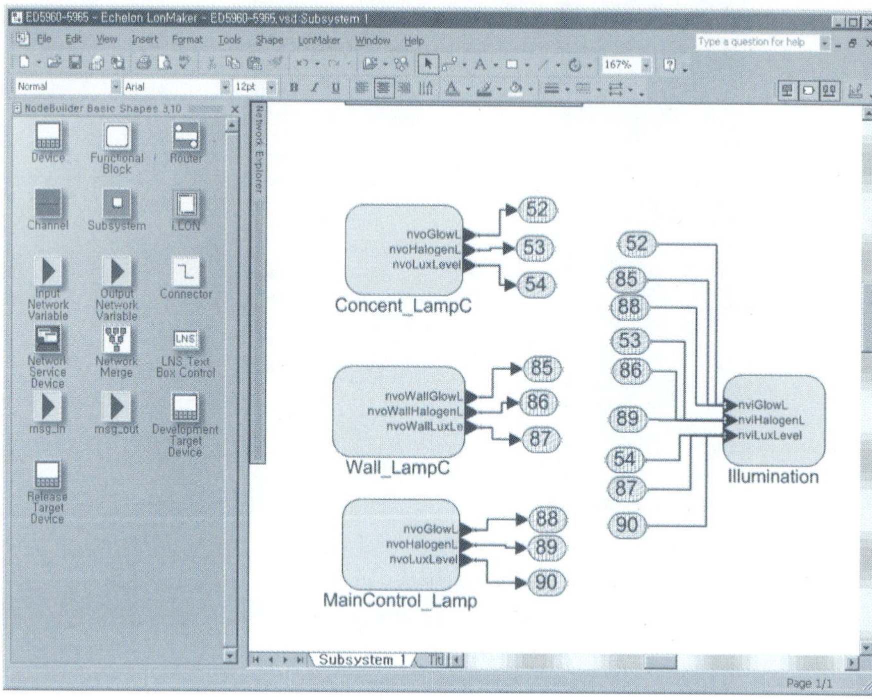

⑬ 다음은 콘센트 모듈과 연결된 LabView Program, 월 패드 모듈은 현재온도와 세팅온도 그리고 현재 LED 램프 밝기를 표시해 주어야 한다. 따라서 난방 모듈(Heating Module)로부터 현재 온도와 세팅온도를 전달받고 조명 모듈로부터 램프 밝기 데이터를 전달받을 수 있도록 해당 FB를 다음과 같이 연결한다.

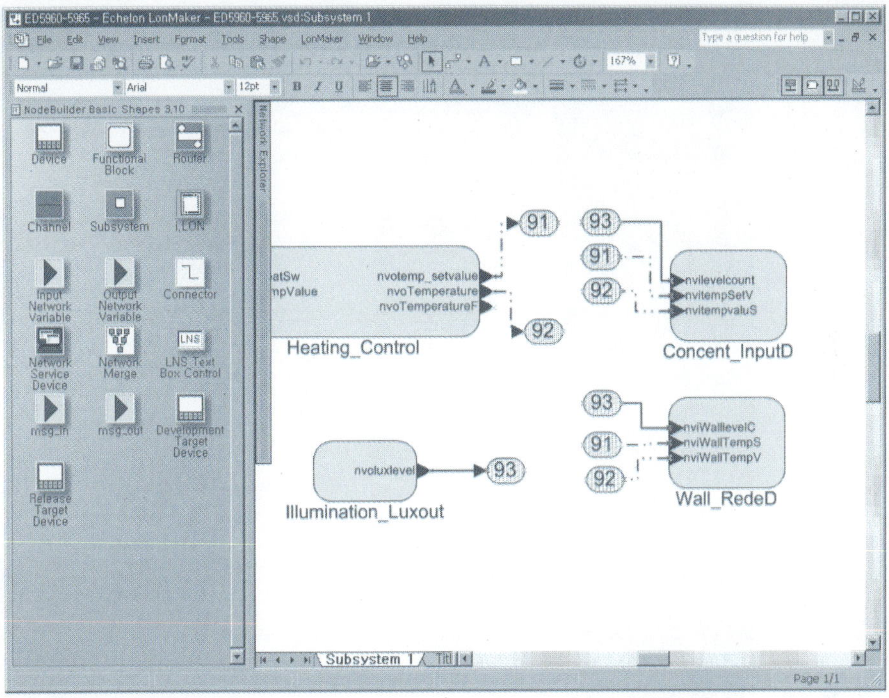

⑭ 위와 같은 모든 과정을 마치게 되면 다음과 같이 모든 FB의 바인딩(Binding)이 마무리된 상태가 된다. 현 상태는 총 7개의 Device의 15개의 FB이 하나의 홈네트워크 환경을 구축한 결과이다. 다음 그림에서 나타나는 NV들의 연결 라인에서는 실시간으로 전달되는 DATA를 볼 수 있다.

이는 다음 13장에서 테스트를 진행하면서 해당부분의 DATA 변화를 보도록 하겠다.

* 실습을 진행할 시 해당 Reference 번호는 아래와 다를 수 있다. 이는 연결을 진행하는 순서에 따라 다르므로 실습하는 사람마다 다를 수 있으니 이것이 중요한 것이 아니라 번호가 같은 Reference 번호는 서로 연결(Binding)되었다는 것이 중요하다.

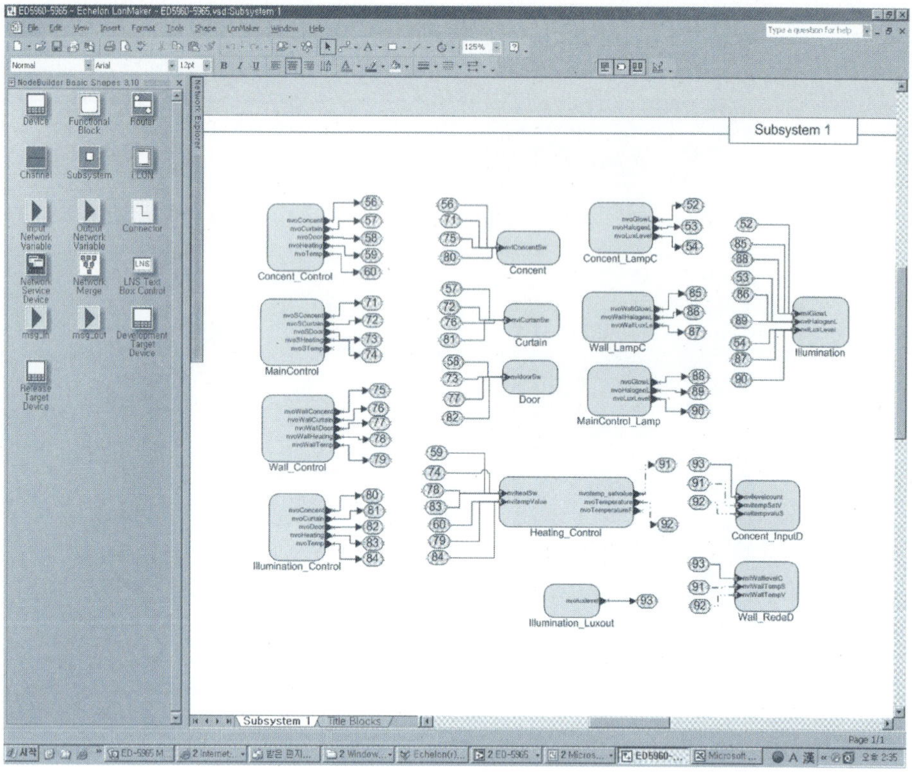

* 다음 13장에서는 실제 장비를 동작시키는 부분을 진행하겠다.

제 13 장
각 디바이스간의 제어

13-1 메인 제어 모듈 스위치 제어

메인 제어 모듈(Main Control Module)의 각 스위치를 보면 제어할 수 있는 모듈의 명칭이 쓰여 있다. 이 모듈의 주 기능은 통합형 제어 모듈로서 월 패드와 같은 기능을 보다 단순한 기능으로 구현한 것이라고 보면 쉬울 것이다. 그리고 리모컨이 있는데 이 또한 리모컨을 통하여 통합적으로 각 모듈을 제어할 수 있다.

통합 리모콘은 통합제어 스위치를 보면 커튼(Curtain), 도어(Door), LAMP_UP, LAMP_DOWN, HEATING, LED_LAMP, GLOW_LAMP, 콘센트 등이 있다. 각 스위치는 총 5개의 동작 모듈(Active Module)을 제어할 수 있는 스위치이다. 리모컨도 정해진 각각의 Key를 누르면 다음과 같이 5개의 동작 모듈을 직접 제어할 수 있다.

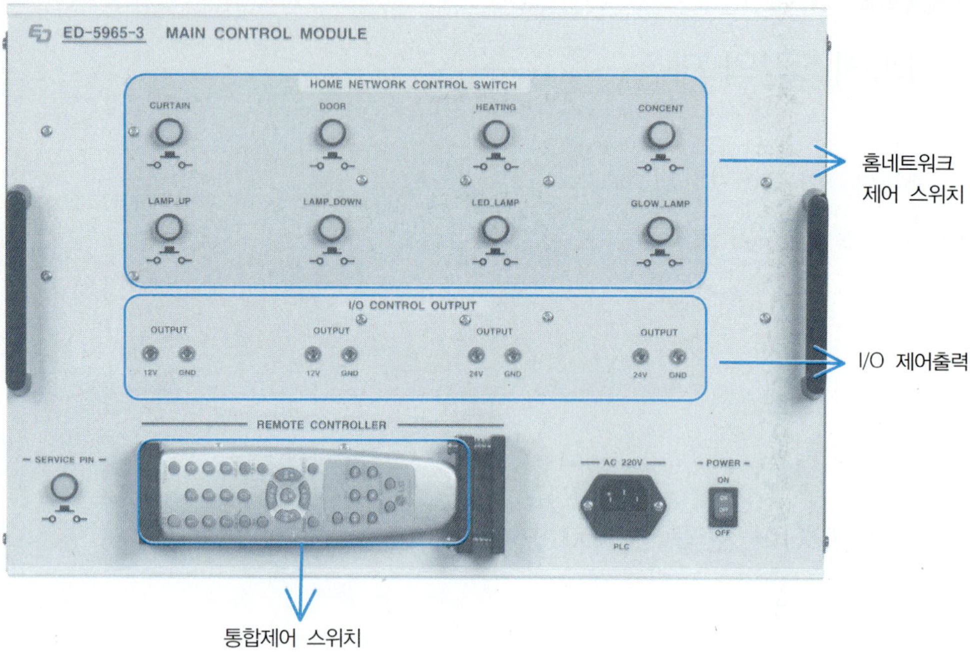

[그림 13-1] 메인 제어 모듈

13-1-1 메인 제어 스위치(Main Control Switch) 제어 과정

콘센트 스위치를 누르면 콘센트 전원을 제어할 수 있다.

이는 앞에서 배운 LonMaker for Windows를 이용하여 메인 제어 FB과 콘센트 FB를 연결하였기 때문에 전력선으로 통신이 가능하게 된 것이다.

이를 좀더 구체적으로 전달되는 과정을 살펴보면 다음과 같다.

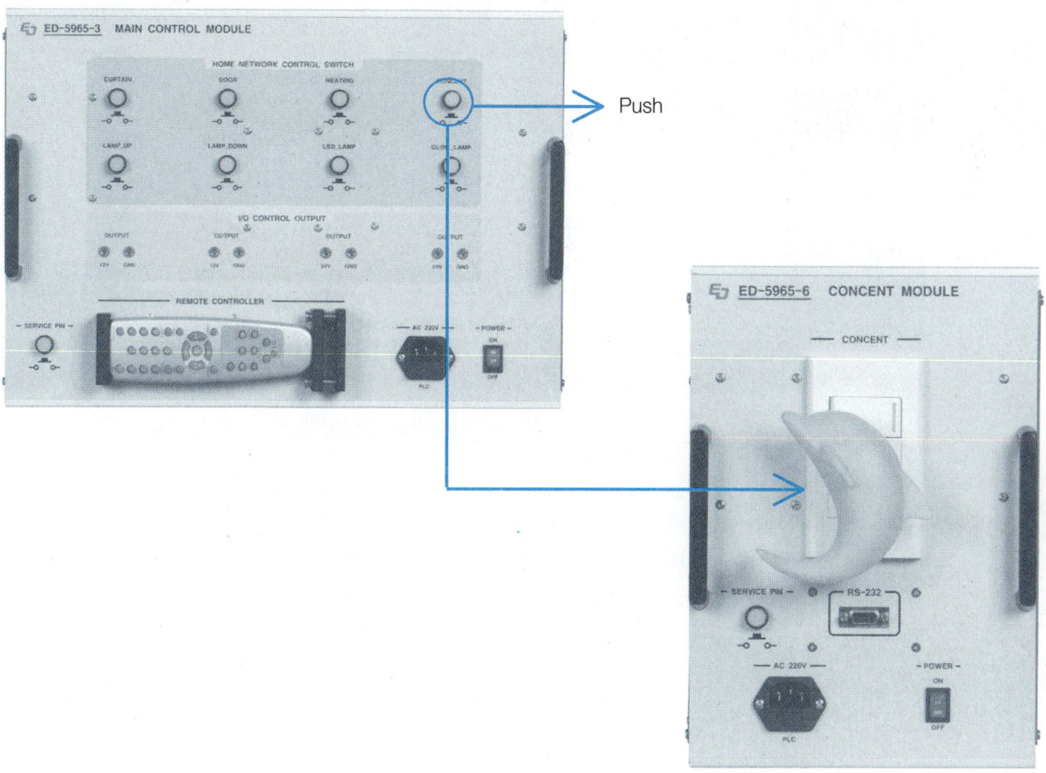

[그림 13-2] 메인 제어 스위치 제어

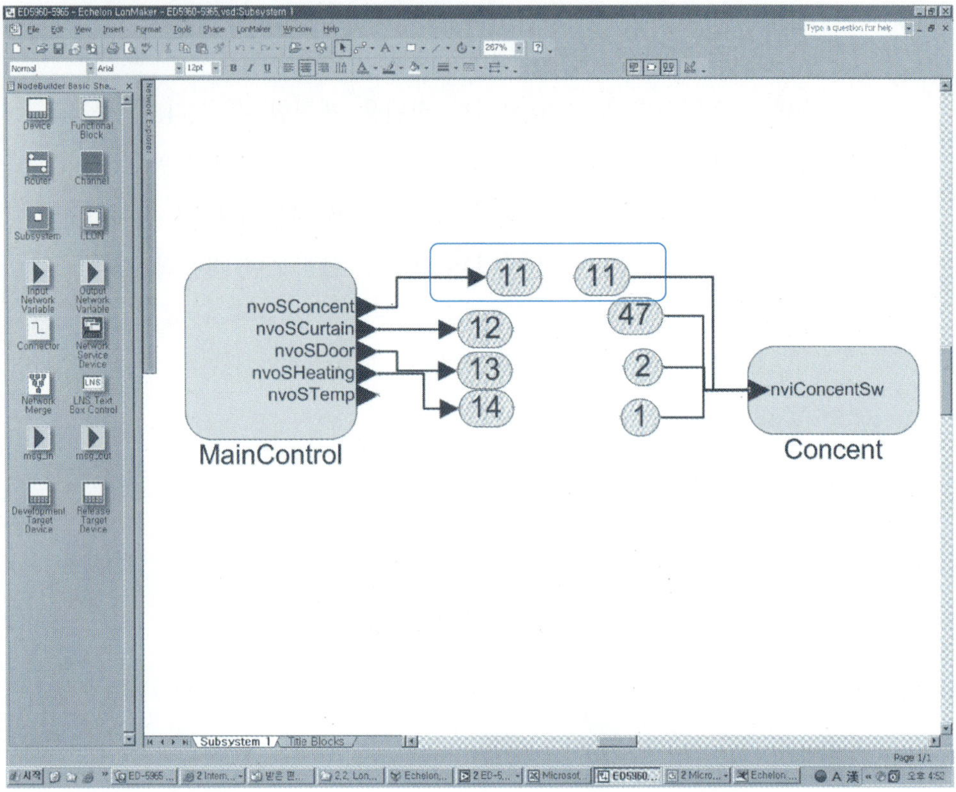

[그림 13-3] 해당 FB 연결상태

*LonMaker for Windows상의 NV값 변화 확인하는 방법
연결라인의 오른쪽 마우스를 클릭하면 다음과 같은 메뉴가 보인다.
이중 모니터 값를 선택한다. 그러면 NV의 값의 변화를 볼 수 있다.

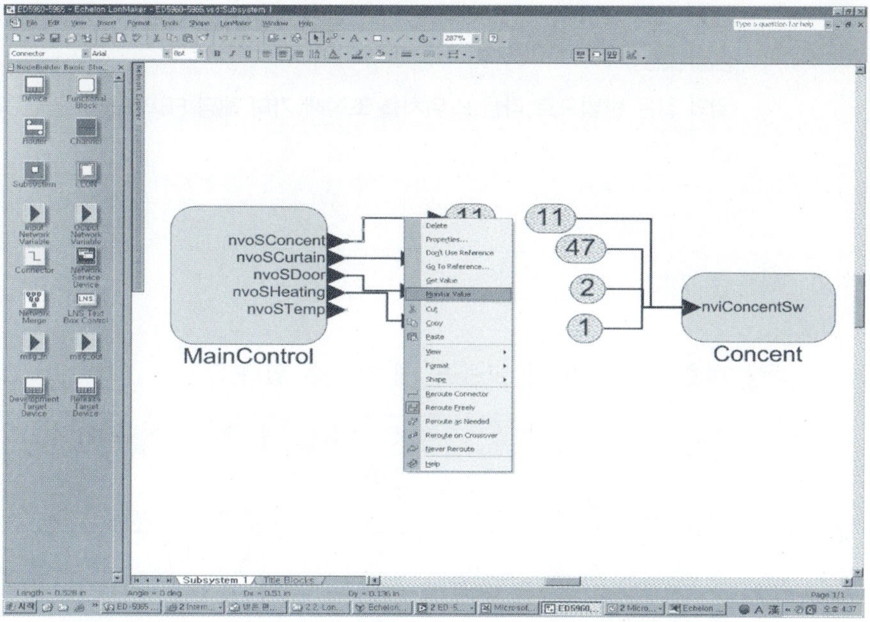

[그림 13-4] 연결라인 리퍼런스번호 11번

다음 그림과 같이 연결라인의 Reference 번호 11번(번호는 다를 수 있음)의 NV를 보면 〈0.00〉에서 스위치를 누르면 〈100.01〉로 바뀐다. 다시 누르면 〈0.00〉으로 바뀐다. 실제로 NV값이 전달되는 것을 다음과 같이 확인할 수 있다.

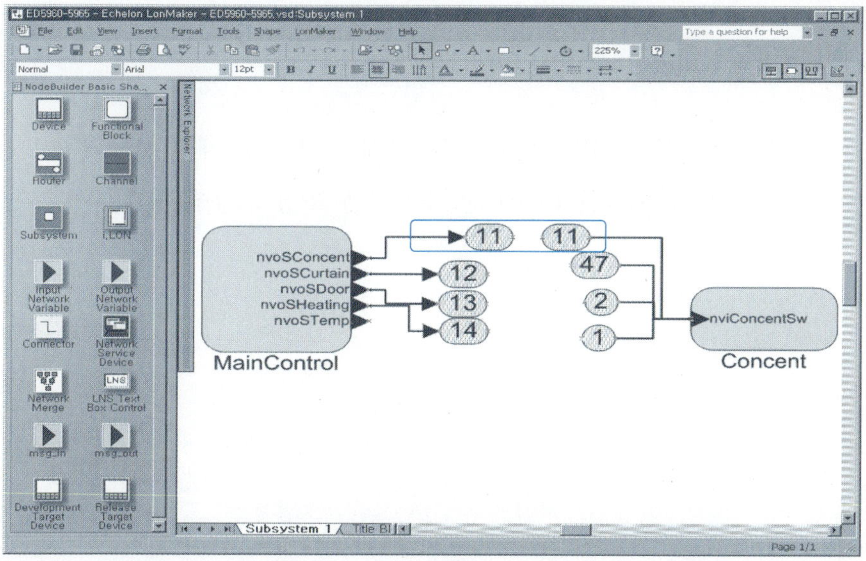

[그림 13-5] 〈0.00〉 → 〈100.01〉 스위치를 누르면 NV의 변화

- 메인 제어 모듈의 각 스위치는 위와 같은 방식으로 다른 모듈을 제어한다.
- Exercises

  위와 같은 방법으로 다른 스위치를 조작해 가며 해당 FB의 NV의 값을 모니터 해보아라.

13-1-2 리모콘 제어

해당 번호를 누르면 각 모듈을 제어할 수 있다.

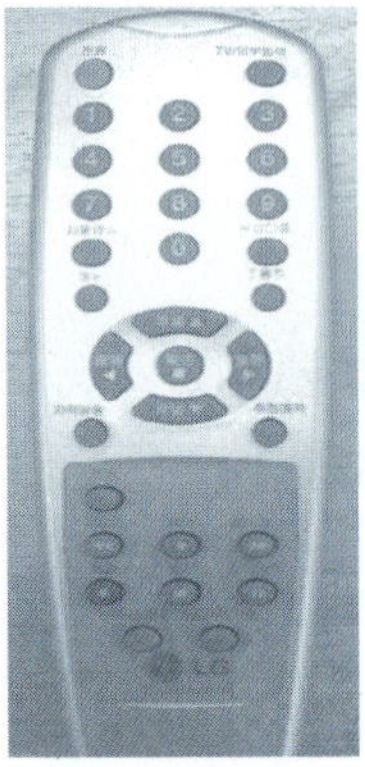

리모콘 번호	제어 명칭
전원	콘센트 제어
1	커튼 제어
2	도어 제어
3	LED 램프 제어
4	백열전구 제어
채널 up	설정온도 up
채널 down	설정온도 down
음량 up	LED 램프 밝기 up
음량 down	LED 램프 밝기 down

13-1-3 리모콘 제어 과정

아래 리모콘의 채널 부분을 조정하게 되면 난방 제어 모듈의 LCD창에 설정 온도가 0.5도씩 변화된다.(리모콘 수신난은 소명 모듈에 있다.)

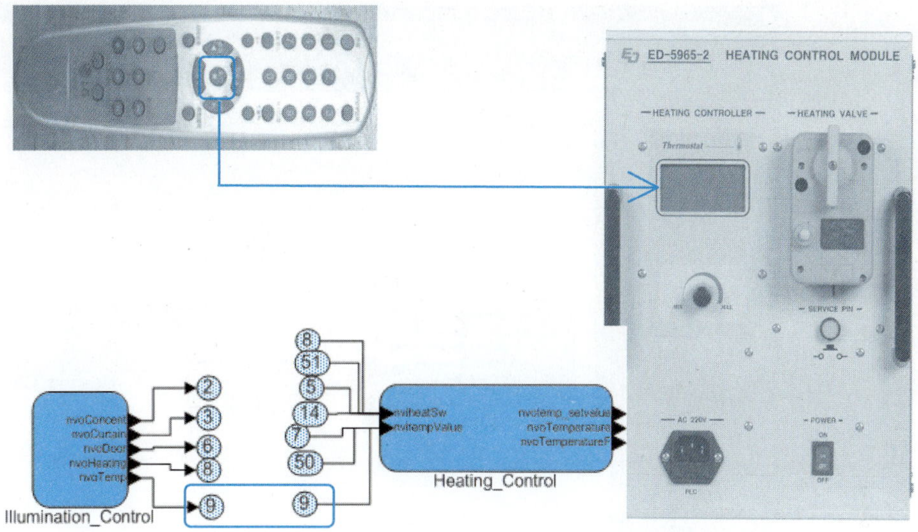

[그림 13-6] 리모콘 제어의 해당 FB의 연결상태

* NV값 변화 확인

연결라인 Reference 9(번호는 다를 수 있음)의 NV를 모니터해 보면, 리모콘 채널을 Up시키면 〈1.0〉이 되고 채널을 Down시키면 〈0.0〉이 되는 것을 볼 수 있다.

이는 온도설정값을 난방 제어 모듈(Heating Control Module)로 전달하는 과정이다.

이 값은 Key 한번에 0.5도씩 조절되도록 프로그램에서 처리하였다.

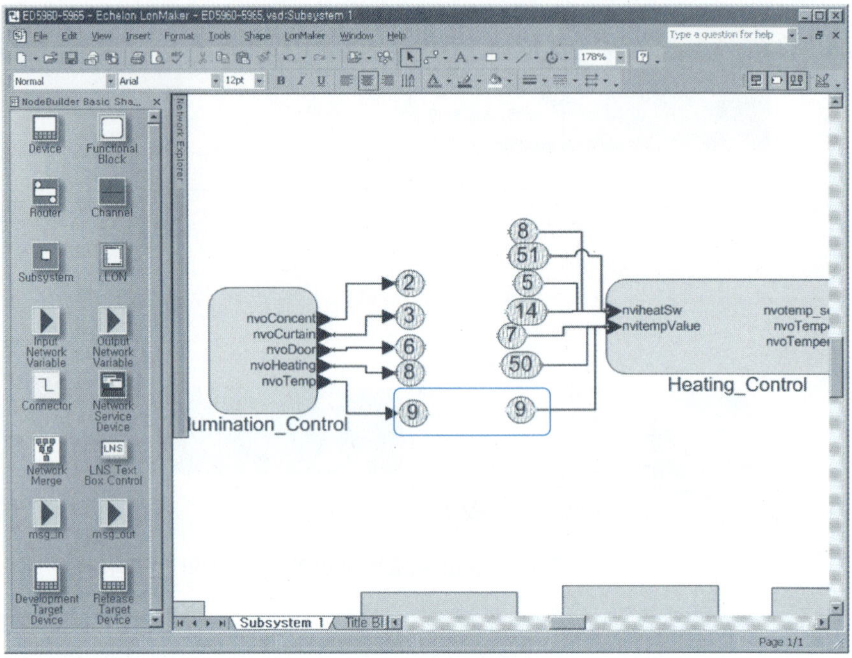

[그림 13-7] NV값 확인

채널을 Up시키면 〈1.0〉 Down시키면 〈0.0〉이 된다.

* 예 제

위와 같은 방법으로 리모콘 기타 버튼을 조작하여 각각의 해당 FB의 NV들의 변화를 알아보자.

13-2 월 패드 제어

7인치 터치 LCD를 활용하여 각 모듈의 디바이스를 아이콘화하여 전체를 제어할 수 있다. C-MOS 카메라를 통하여 외부환경을 모니터링할 수 있으며 동시에 도어를 제어한다. 월 패드(Wall Pad) 전원을 켜면 다음과 같은 화면이 뜬다. 홈네트워크 서비스 아이콘을 클릭한다.

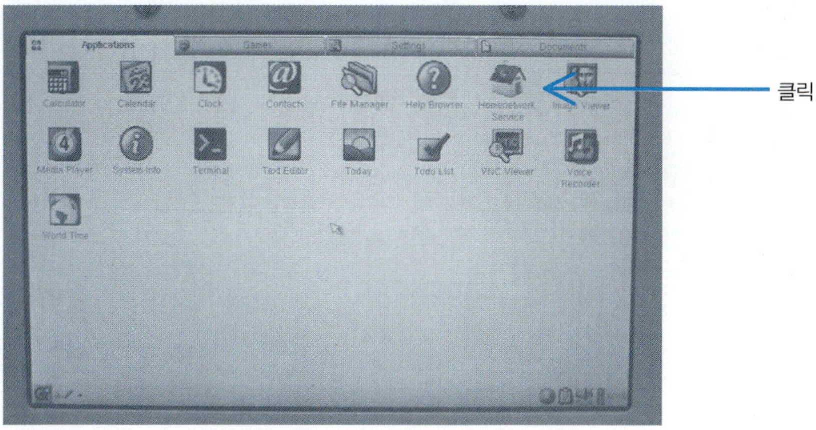

[그림 13-8] 월 패드 제어 LCD

아래와 같은 화면이 나오면 각 디바이스를 버튼으로 제어할 수 있으며 카메라 실행 key를 누르면 외부환경을 볼 수 있으며 동시에 도어를 제어할 수 있다.

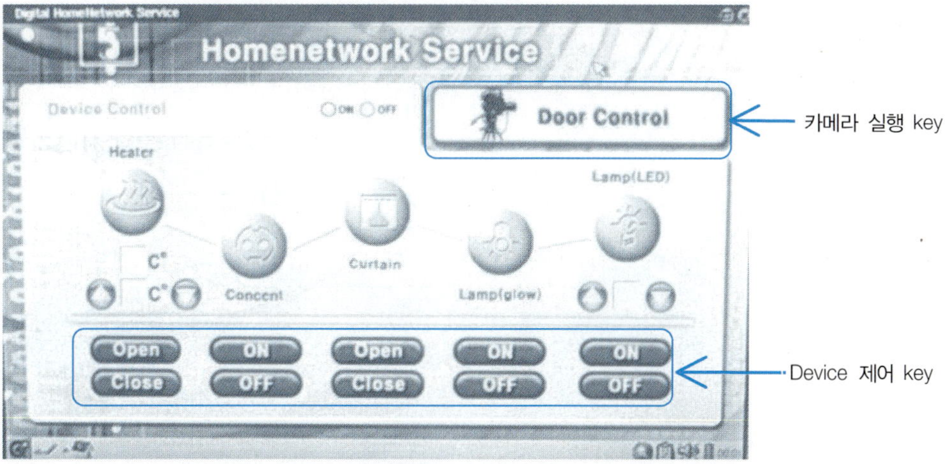

[그림 13-9] 각 디바이스 버튼

13-2-1 월 패드 제어 과정

아이콘을 이용하여 커튼을 제어하는 부분을 실습해 보겠다.

커튼 아이콘 중 Open, Close가 있다. 이 버튼을 클릭하면 커튼 모듈이 열리고 닫힌다.

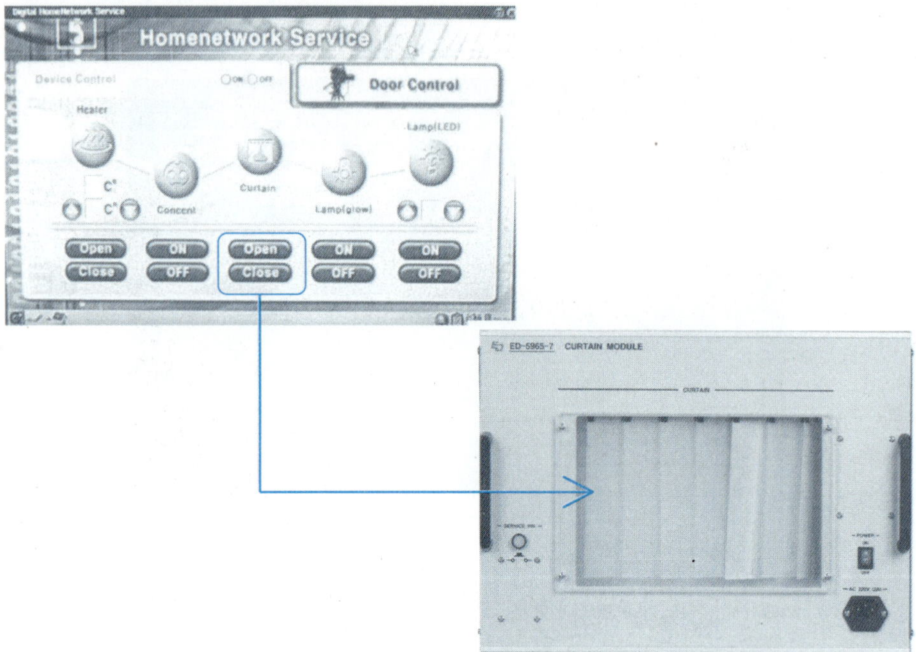

[그림 13-9] 월 패드 제어 과정

아래는 해당 FB의 연결상태를 보여주는 것이다.

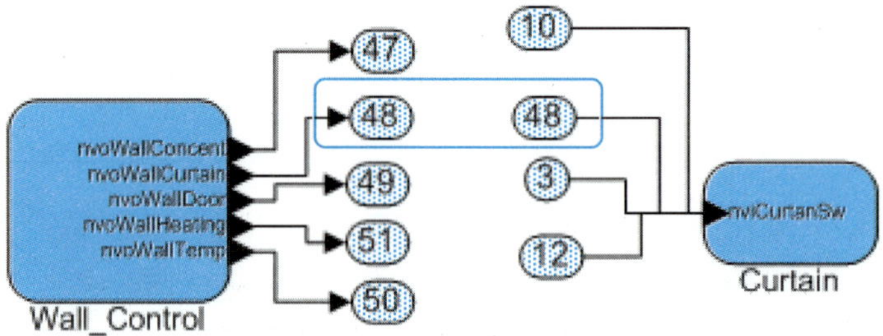

[그림 13-10] 월 패드 FB의 연결상태

[그림 13-14]와 같이 Concent_LampC FB의 연결라인 Reference 52, 53은 Glow, Led Lamp 제어를 위한 연결라인이다. 이는 LabView 프로그램에서 Glow, Led Lamp ON/OFF를 클릭하면 〈0.00〉 → 〈100.01〉으로 바뀌는 것을 NV 모니터에서 확인할 수 있다.

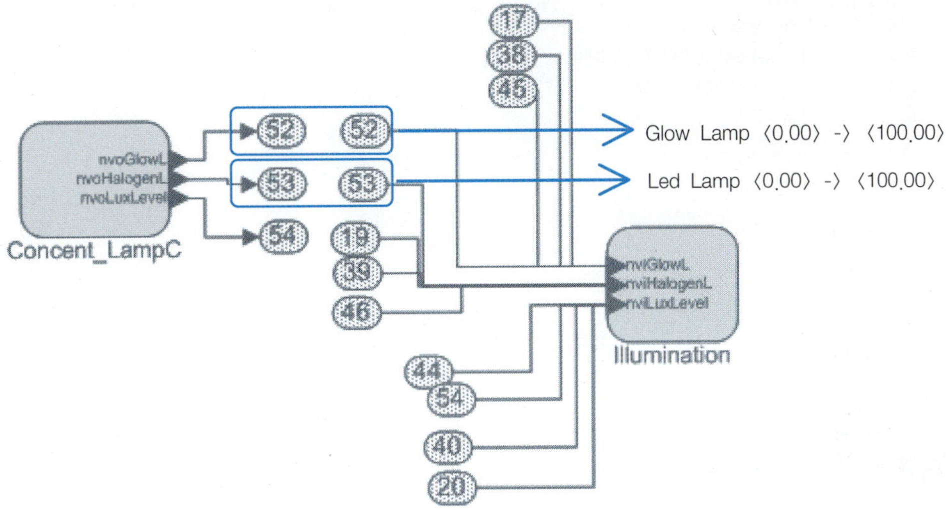

[그림 13-14] 콘센트 모듈 제어 NV 모니터

* 예 제

위와 같은 방법으로 기타 버튼을 조작하여 각각의 해당 FB의 NV들의 변화를 알아보자.

제 14 장
론웍스를 이용한 유비쿼터스 홈네트워크의 제어

14-1 구성과 범위

본 장에서는 론웍스 기반의 전력선 통신 기술을 사용하는 홈 컨트롤 네트워크의 구성과 운용 방법에 대해 설명하고자 한다. 론웍스 전력선 통신은 ANSI/CEA 709.1 제어 프로토콜을 기반으로 ANSI/CEA 709.2의 전력선 통신 시그널 표준을 준수하는 전력선 통신 기술로써, 국내외적으로 저속 전력선 통신 분야에서 가장 많이 사용되고 있는 기술이다.

이에, 홈 컨트롤 네트워크의 특성(여러 업체에 의해 개발되는 다양한 종류의 제어 디바이스가 Peer-to-Peer, 막힘없이(seamless) 연동되어야 하는)에 적합한 론웍스 솔루션의 면모를 살펴보고, 이를 기반으로 표준화된 디바이스의 인터페이스, 특히 난방 관련 시스템과 기타 홈오토 디바이스의 프로파일을 살펴보고, 이를 위한 설치 시나리오와 같은 기술 사항에 대해 언급하고자 한다.

14-2 론웍스 전력선 통신 개요

14-2-1 론웍스 전력선 통신의 잇점

전력선 통신의 최대 잇점은 "no new wire" 기술이라는 것이다. 이는 홈네트워크를 구성하는 주요 기기인 컨트롤 계열의 디바이스 중 이동(移動)성이 필요없는 기기인 백색가전과 조명, 가스와 같은 디바이스의 네트워킹 솔루션으로 가장 합리적이라고 볼 수 있다. 아울러, 제품의 전원선을 그대로 통신선으로 사용하는 것이므로 디바이스의 추가, 삭제와 같은 작업이 용이한 것도 큰 장점이라 할 수 있다.

하지만, 전력선 선로 자체가 통신을 위해 설치된 선로가 아니고, 전력선 통신을 저해하는 여러가지 노이즈원이 부가될 수 있다는 것이 전력선 통신의 큰 단점이 된다. 또한, 전력선 통신 자체가 주파수에 대한 모듈레이션을 기반으로 하고 있으므로, 다른 무선 장비에 방해를 주지 않아야 한다. 따라서, 신뢰성이 검증된 전력선 통신, 사용주파수나 출력이 다른 전자 장비에 방해를 주지 않음을 확신할 수 있는 전력선 통신 기술을 사용하여야 한다.

론웍스(LonWorks) 전력선 통신은 이런 점에서 신뢰성과 안정성을 모두 만족하는 기술이다. 론웍스(LonWorks) 전력선 통신은 ANSI/CEA 709.1 제어 프로토콜을 기반으로 하고 있으며, 이 제어 프로토콜은 각종 제어 네트워크(빌딩 및 산업자동화, 철도 차량 분야, 홈오토메이션 및 유틸리티 분야)에서 두루 사용되는 제어 시스템을 위해 최적화된 프로토콜로써 OSI 7계층 모델을 모두 구현하고 있다. 이 프로토콜은 EN14908로서 유럽의 제어 프로토콜의 표준이기도 하다. 또한 론웍스(LonWorks) 전력선 통신의 전력선 시그널링은 ANSI/CEA 709.2의 전력선 통신 시그널링 스펙을 따르고 있으며, 전세계 전력선 통신 주파수 관련 모든 규약(regulation)을 만족하는 기술이기도 하다. 이태리에서는 무려 2천7백만 가구에 대한 원격검침 솔루션에 론웍스 전력선 통신을 사용하고 있으며, 이는 전세계적으로 가장 큰 전력선 통신 적용 사례이다.

론웍스 전력선 통신은 이와 같이 안정적인 제어 프로토콜을 바탕으로 안정적인 전기적 통신 기술을 갖추었다는 것 외에도, 이러한 솔루션이 단일 칩셋으로 제공된다는 것이 장점이다. 즉, 디바이스 개발자가 ANSI/CEA 709.1 기반의 ANSI/CEA 709.2 전력선 통신 기술을 칩셋 하나만을 장착함으로써 쉽게 구현할 수 있다. 또한 ANSI/CEA 709.1 프로토콜 기반하에 여러 업체의 제품이 상호 운용 호환성을 위한 데이터 포맷 정의에 있어서 표준화된 가이드라인(론마크 규격, LonMark Guideline)이 체계화되어 있다는 것이 홈 컨트롤 제어(여러 업체가 개발한 여러 종류의 제품이 Peer-to-Peer, 막힘없이(seamless) 연동되어야 하는…)에서 론웍스 솔루션이 선택될 수밖에 없는 이유이기도 하다.

14-2-2 ANSI/CEA 709.1 제어 시스템에서의 통신

앞서 설명한 대로 ANSI/CEA 709.1 프로토콜은 제어 네트워크에 최적화된 OSI 7계층 모델을 모두 지원하는 프로토콜이다. ANSI/CEA 709.1 프로토콜은 CSMA/ CA 및 CSMA/CD 방식의 Link Layer 통신을 지원하고, 다양한 어드레싱 모드와 메시지 서비스, 인증(authentication)과 우선순위(priority) 메커니즘을 제공한다. 디바이스 개발자들에게 이러한 프로토콜적인 서비스가 직접 개발해야 하는 대상이 아니라 적절히 사용하면 되는 대상이 된다는 것이 큰 장점이 된다.

각각의 디바이스에 이러한 7계층 모델이 제공되는 프로토콜이 내장되어 있으니, 게이트웨이와 디바이스간의 master-slave 통신 외에도 디바이스간의 Peer-to-Peer 통신이 가능하다.

예를 들어, 세탁기가 세탁을 마쳤을 때 안방의 조명이 꺼지도록 (그래서 세탁 완료 여부를 알 수 있도록) 시스템을 구성해 보도록 하자.

먼저, 세탁기는 네트워크상에서 자신을 제어할 데이터(입력 변수)와 자신의 상태를 네트워크로 전송하는 데이터(출력 변수)를 가지고 있다. 론웍스 시스템에서는 이를 네트워크 변수(Network Variable, NV)라고 한다. 이러한 네트워크 변수라는 인터페이스를 통해서 론웍스 네트워크는 Peer-to-Peer, event-driven 방식의 제어 시스템 구축이 가능한 것이다.

[그림 14-1] 세탁기 데이터의 구성

여기서 nviWahserCmd로 표시된 입력 네트워크 변수는 세탁 모드, 세탁 행정(세탁 몇 번, 헹굼 몇 번)과 세탁물에 대한 정보(흰옷인지, 이불인지, 울세탁인지 등등) 등 세탁기를 제어하기 위한 모든 정보를 포함하고 있다. nvoWasherStatus 는 현재 세탁기의 상태, 운전중인지 아닌지, 운전 중이라면 어느 단계인지, 알람은 없는지 등등에 대한 정보를 가지고 있다.

기본적으로 세탁기 프로그램은 nviWahserCmd에 도달된 데이터를 이용하여 자신에게 적절한 제어 명령을 수행하고, 현재의 상태를 nvoWasherStatus에 표시한다.

이번에는 조명 기기의 데이터 구성을 보도록 하자.

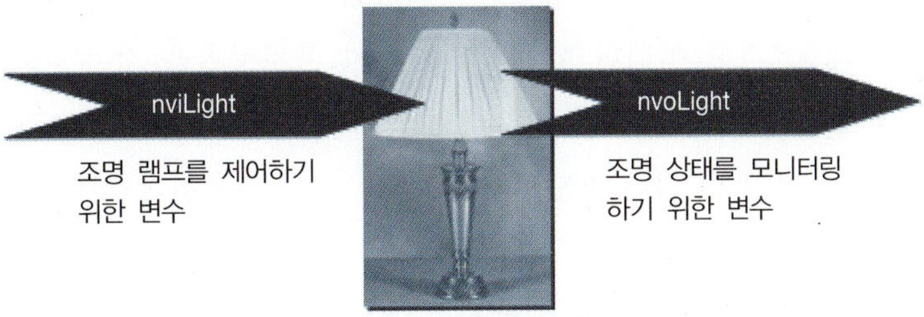

[그림 14-2] 조명 램프의 데이터 구성

마찬가지로, 조명 프로그램은 입력 네트워크 변수인 nviLight를 통해 전달되는 데이터를 이용하여 자신을 크거나 끄거나 디밍 레벨을 맞추는데에 사용하고, 자신의 상태를 nvoLight라는 출력 네트워크 변수를 통해서 표시한다.

이 상태에서 세탁기와 조명 램프가 서로 어떻게 제어 가능하도록 할 것인가? 간단히 말하면 세탁기의 출력 네트워크 변수로 하여금, 조명 램프의 입력 네트워크 변수로 데이터를 전달하도록 하면 될 것이다. 그런데, 이때 세탁기에서는 조명 램프가 제대로 인식할 수 있는 포맷으로 데이터를 전달하여야 한다. 즉 세탁 중일 때는 On, 세탁이 끝나면 Off라고 표시되는 출력 네트워크 변수를 하나 추가하도록 하자. 즉, 세탁기 프로그램 인터페이스를 다음과 같이 구현하는 것이다.

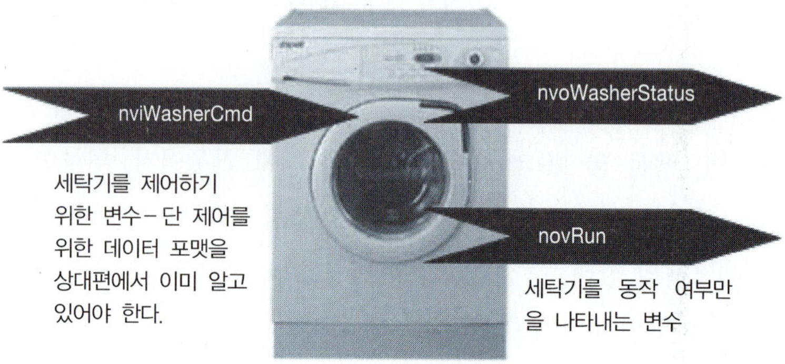

[그림 14-3] 세탁기 데이터의 구성

이렇게 구성된 세탁기와 조명이 네트워크상에서 어떻게 연동될 수 있는지 살펴보도록 하자. 기본적으로 세탁기와 조명램프는 ANSI/CEA 709.1 프로토콜을 내장하고 있다. 그리고 이러한 ANSI/CEA 709.1 프로토콜을 갖는 디바이스는 원칙적으로 48비트의 물리적인 ID를 갖고 있다. 이는 칩셋 레벨에서 고정된 값으로 설정되는 것이며, 마치 IP 디바이스의 MAC ID와 같은 고유한 아이디이다. 이를 뉴런아이디(Neuron ID)라고 한다.

그러나 실제 통신을 구성할 때는 뉴런아이디를 사용하여 어드레싱을 하지 않는다. 추후 시스템이 변경(추가/삭제/교체)될 때 어드레싱을 시스템을 모두 재설치해야 하기 때문이다. 따라서, ANSI/CEA 709.1 솔루션에서는 논리적인 어드레싱을 지정하여 통신에 응용하고 있다. 따라서, 시스템의 설치와 변경이 용이하도록 한다. 물론, 논리적인 어드레싱이라는 것뿐, 한 네트워크에서 디바이스의 논리적인 어드레스는 해당 네트워크에서 unique하다.

시스템 설치 과정에서 디바이스(여기서는 세탁기와 조명 램프)는 각각 unique한 논리 주소를 갖는다. ANSI/CEA 709.1 프로토콜에서 논리적인 주소는 도메인(domain)–서브넷(subnet)–노드 아이디(node-id)로 구성되며, 디바이스는 기본적으로 같은 도메인상에 있는 디바이스와만 통신할 수 있다(도메인은 집집마다 다르게 설정된다. 따라서, 전력선이라는 매체가 공유 미디어, 즉 shared media이지만, 이웃집 통신과 우리집 간의 네트워크가 구분되는 용도로 사용되는 것이다).

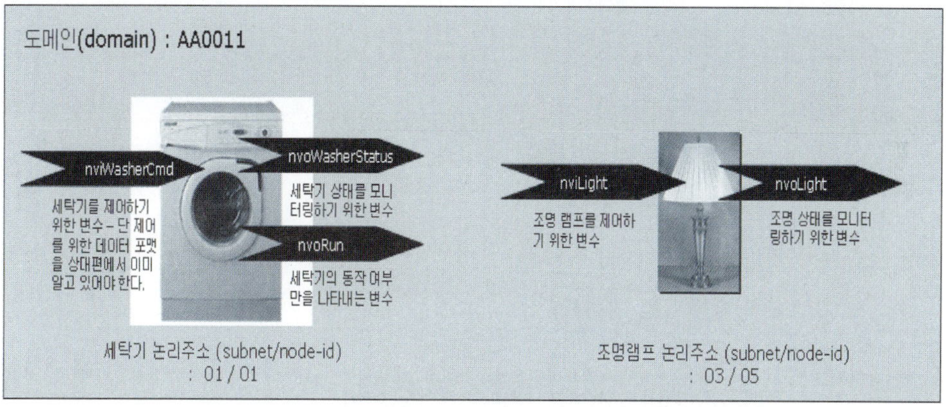

[그림 14-4] 세탁기와 조명 램프의 논리주소 구성의 예

이때 세탁기의 출력 네트워크 변수인 nvoRun의 목표 어드레스(detination address) 테이블에 조명 램프의 nviLight 변수의 주소를 설정함으로써 nvoRun 변수의 값이 변화됨에 따라 event-driven 방식으로 조명 램프의 nviLight 변수에 값을 전달하게 되는 것이다. 이를 ANSI/CEA 709.1 프로토콜에서는 바인딩(Binding) 작업이라고 한다.

즉, 위의 [그림 14-4]와 같이 세탁기 내부에 있는 출력 네트워크 변수의 주소록에 조명 램프의 주소(서브넷과 노드아이디 및 nviLight에 대한 정보)를 기록함으로써 세탁기의 nvoRun의 상태에 따라 nviLight에 값이 전달되어, 세탁기 On/Off 여부에 따라 조명 제어를 할 수 있는 구성이 이루어지는 것이다. 이때 주소록의 수신주소에 nviLight 대신에 #100라는 번호는 nviLight 변수의 selector 값이다. 즉, nviLight는 ANSI/CEA 709.1 프로토콜에서 100이라는 selector 값을 갖게 된다.

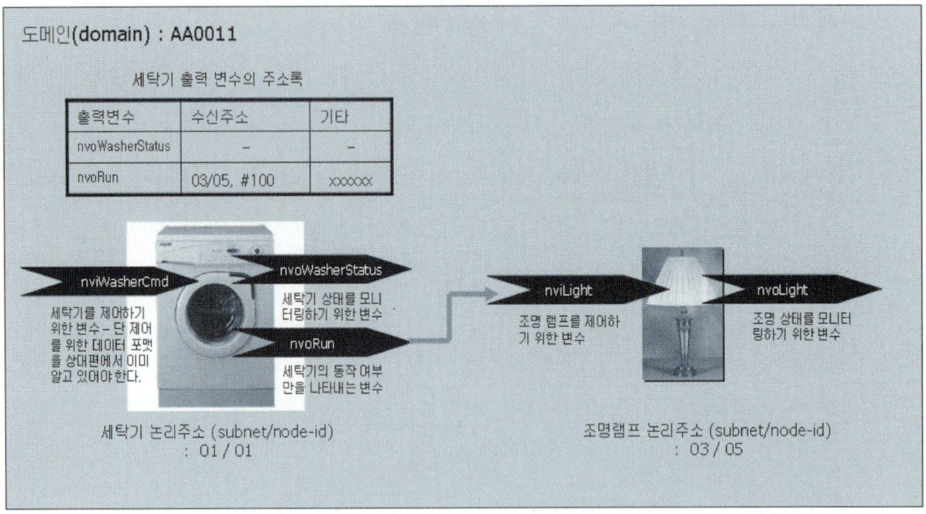

[그림 14-5] 세탁기와 조명 램프간의 데이터 연동 설정 - 바인딩

주소록에서 "기타"로 표현된 항목에는 데이터 전달에 필요한 여러 가지 옵션이 설정될 수 있다. 이 옵션에는

- 메시지 서비스(ACKD, UNACKD, Repeat)
- 우선 순위 설정
- 인증(Authentication)의 적용 여부

등이 포함되게 된다.

(이러한 옵션에 대한 자세한 설명은 여기서는 생략하기로 한다. ANSI/CEA 709.1 프로토콜에 대한 자세한 내용은 www.echelon.com, www.echelon.co.kr 에서 참고하도록 한다.)

세탁기의 동작 여부는 조명 램프뿐만 아니라, 다른 디바이스, 예를 들어 게이트웨이에도 전달될 수 있다. 물론 게이트웨이가 세탁기 변수에 대해 event-driven 방식이 아닌 request-response 방식으로 현재 상태값을 구할 수도 있다. 하지만, 이렇게 한 개의 출력 변수의 값을 여러 디바이스에게 전달하기 위해서는 ANSI/CEA 709.1 프로토콜에서 제공하는 multi-cast 방식을 사용할 수 있다.

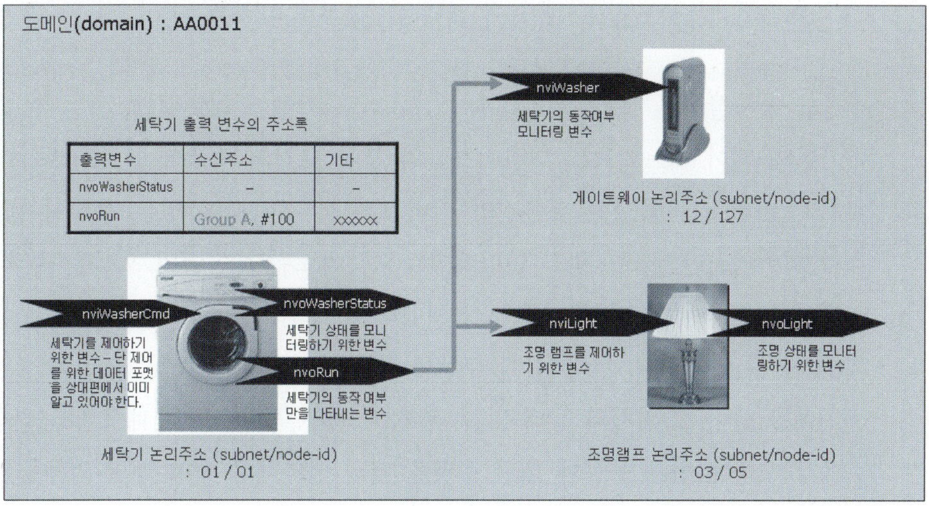

[그림 14-6] 세탁기의 정보를 여러 개 디바이스에 전달하는 구성

즉, 구성상으로 보면 세탁기의 nvoRun의 값을 2개 또는 그 이상의 복수 디바이스에 전달하는 구성이지만, 실제로 같은 내용의 데이터가 주소를 달리하여 복수개 전송될 필요가 없다. ANSI/CEA 709.1 프로토콜에서는 이 경우, 멀티캐스트(multicast) 방법으로 단 1개 패킷으로 구성하도록 한다.

세탁기에서 조명 램프에게만 데이터를 전달하는 경우에는 서브넷-노드아이디라는 유니캐스트(unicast) 방식의 어드레싱이 지정되었지만, 같은 정보를 여러 디바이스에게 전달하는 경우에는 멀티캐스트(multicast) 방식의 어드레싱으로 지정하여 1개의 패킷 전송으로 여러 디바이스가 데이터를 받을 수 있게 하는 방법이다. [그림 14-6]과 같이 세탁기와 조명램프, 게이트웨이가 모두 그룹 A라는 그룹 아이디를 갖게 함으로써 구현할 수 있다. 물론, 게이트웨이에는 여러 입력 네트워크 변수가 존재할 수 있다. 그러나 nviWasher는 100이라는 selector 값을 갖게 됨으로써 세탁기의 nvoRun 데이터는 게이트웨이의 nviWasher에게만 전달될 수 있는 것이다.

14-2-3 론웍스 디바이스의 데이터 포맷의 표준화–론마크(LonMark) 규격

앞서서 살펴본 바와 같이 론웍스(LonWorks) 제어 네트워크, 즉 ANSI/CEA 709.1 기반의 제어 네트워크는 디바이스간의 제어 로직의 구축에 필요한 어드레싱과 메시지 서비스 등의 프로토콜적인 서비스가 잘 구축되어 있는 솔루션이다. 여기에 각 디바이스간의 네트워크 인터페이스, 즉 네트워크 변수의 포맷을 규격화하면 서로다른 디바이스, 서로 다른 업체에서 개발한 디바이스가 상호 운용 호환성(interoperability)을 보다 쉽게 구현할 수 있게 된다.

예를 들어, 스위치의 상태 및 운전/정지 여부를 나타내는 네트워크 변수, 온도값을 표시하는 변수 등등에 대한 포맷을 미리 정의해 두어서 개발 업체들이 이 포맷에 따라 디바이스의 네트워크 변수를 구현하도록 하는 것이다. 론마크 협회(LonMark Interoperability Association)은 전세계 300여개 론웍스 개발업체로 구성된 표준화 단체로써 ANSI/CEA 709.1 프로토콜 기반의 디바이스가 쉽게 상호운용 호환성을 가질 수 있도록 이러한 일반적인 변수 타입을 정의하여 공개하고 있다. 이러한 표준 변수 타입을 SNVT(Standard Network Variable Type)이라고 한다.

론마크 규격의 표준 변수 타입의 예는 다음의 〈표 14-1〉과 같다.

〈표 14-1〉 론마크 표준 변수 타입(SNVT)의 예

변수명	크기	내용 및 용도
SNVT_switch	2 바이트	value (디밍값 0~100)/ state (0 또는1) (On/Off 의 경우 : 100.0,1 / 0.0,0) (디밍 스위치의 경우 : 디밍값, 0 또는 1)
SNVT_temp_f	4 바이트	온도 정보 (–3.40282E38 ~ 3.40282E38)
SNVT_alarm_2	31바이트	알람 정보 (발생시각, 값, 모드, 우선순위, 알람코드..)
SNVT_elec_kwh	2 바이트	전력값 (kilowatt per hour)
SNVT_lux	2 바이트	조도값 (0 ~ 65,335)
SNVT_occupancy	1 바이트	동작 감지 여부 : enumeration (OC_UNOCCUPIED, OC_OCCUPIED…)
SNVT_time_f	4 바이트	시간 정보 (YYYY:MM:DD HH:MM:SS:MM)

현재 론마크에는 300여개의 SNVT 리스트가 제공되고 있다. 이러한 SNVT 리스트는 대부분 빌딩 자동제어와 산업 자동화에 특화된 포맷이 대부분이다. 아울러, SNVT 포맷은 계속 추가되고 확장되고 있다. 론웍스 솔루션이 여러 분야에 사용되면서 여러 업체가 해당 분야의 디바이스에 최적화된 포맷을 제안하고 론마크 기술위원회가 이를 심사하여 표준으로 등록하고 있다.

최근에 론마크 협회에서는 홈네트워크와 whitegoods 분과가 설립되어 홈 컨트롤 제어 분야에서 사용될 디바이스에 대한 표준 포맷 정의 작업이 진행 중이다. 국내 주요 가전사를 비롯하여 여러 중소 개발 업체가 이러한 론마크 표준 작업에 동참중이다.

14-2-4 론마크 규격의 응용-상호운용 호환성(interoperability) 가이드라인

여러 가지 디바이스 타입이 서로 다른 제조사에 의해 개발되고, 이러한 디바이스가 하나의 네트워크 상에서 Peer-to-Peer 방식으로 막힘없이(seamless) 연동되려면 통신 매체뿐만 아니라, 공통된 프로토콜, 여기에 서로 상호운용 호환성의 데이터 포맷을 정의할 수 있는 체계가 되어 있어야 한다.

론마크 협회는 ANSI/CEA 709.1(EN14908) 표준 프로토콜 기반하에 디바이스간의 상호운용 호환성을 위한 네트워크 변수 타입을 정의하고, 이를 개발 업체와 사용자에게 적극적으로 홍보함으로써 실질적인 디바이스간의 호환성을 론마크의 표준 변수 타입은 론웍스 사용자(개발자나 사용자)에 의해 보강되고 소개된다. 새로 선정된 표준 타입은 론마크 웹사이트를 통해 공개되므로, 개발자는 편리하게 상호운용 호환성을 염두에 둔 디바이스를 독립적으로 개발할 수 있다. 이러한 론마크의 표준 체계는 홈 컨트롤 네트워크 상에서 각각의 디바이스 인터페이스를 표준화하여 업계를 리드하는 데에 편리한 점을 제공한다.

즉, 네트워크 상에서 디바이스가 공유해야 하는 최소한의 정보

- 디바이스 형태에 대한 정보
- 네트워크 변수의 형태

에 대해서만 정의를 하므로, 디바이스 개발자는 네트워크 디바이스로써 최소한의 정보를 제공함과 동시에 자신의 디바이스에 대한 차별화된 어플리케이션을 동시에 수용할 수 있다.

여기서 디바이스 형태에 대한 정보는 론웍스에서 프로그램 아이디(program-id)라는 용어로 설명된다. 프로그램 ID는 디바이스 어플리케이션에 대한 정보로써, 표준여부, 제조사, 사용 분야, 모델 번호 등에 대한 정보를 나타내는 8바이트 문자열로 구성된다. 론마크 협회에서는 모든 디바이스가 자신의 어플리케이션을 표시하는 프로그램 ID를 다음과 같은 구조로 표현하도록 하고 있다.

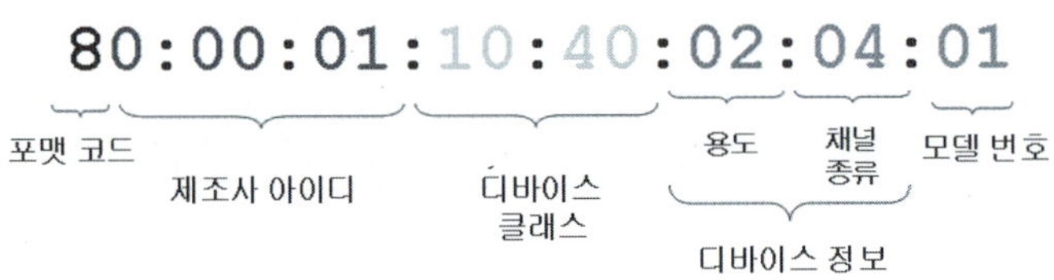

[그림 14-7] 디바이스 프로그램 아이디(program-id) 구성의 예

이렇게 해당 디바이스를 표현하는 메커니즘은 홈 컨트롤 네트워크에서 각 디바이스를 분별하고 설치하는 과정을 용이하게 하고 디바이스의 업그레이드와 드라이버의 선택에 있어서도 기초적인 정보를 제공하는 데 도움이 된다.

디바이스의 네트워크 변수 타입에 대한 정보는 기능 프로파일(또는 Functional profile)이라는 용어로 설명된다. 아래는 디바이스의 기능 프로파일 표현의 예이다.

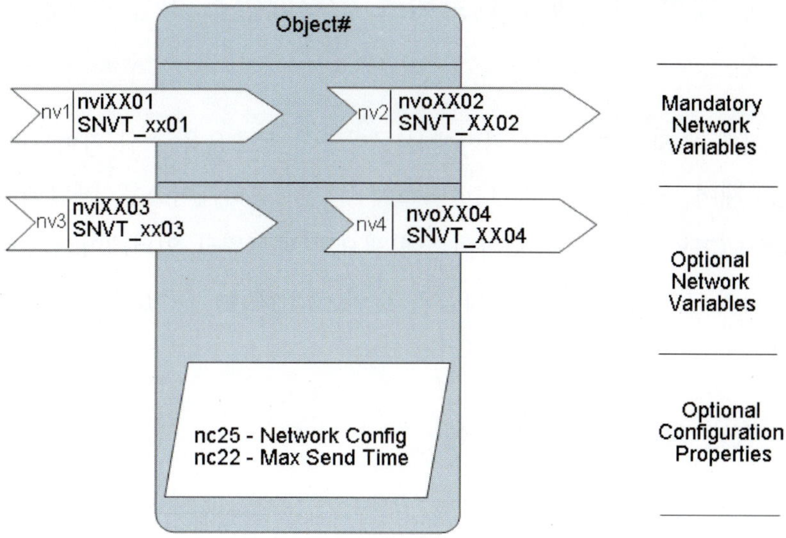

[그림 14-8] 디바이스의 Functional profile 의 예

즉, 디바이스가 가지고 있는 오브젝트의 번호(object id#)와 해당 오브젝트가 포함하고 있는 입출력 네트워크 변수를 각각 mandatory(필수)와 optional(선택)으로 구분하여 표시한다. 그리고 해당 변수의 타입(포맷)을 정의하는 것이다. 이와 같은 방법으로 해당 디바이스가 네트워크로부터 받을 수 있는 데이터가 무엇인지, 네트워크로 전송할 수 있는 데이터가 무엇인지를 도식화하여 알 수 있게 해준다.

따라서, 론웍스 제어 네트워크(ANSI/CEA 709.1 솔루션)에서는 2가지 요소(디바이스의 프로그램 아이디와 디바이스의 기능 프로파일)를 정의함으로써 각 디바이스의 인터페이스 정보를 쉽게 구현하고 사용할 수 있게 된다.

14-3 홈 제어 시스템용 네트워크 인터페이스 제안의 예

이제 ANSI/CEA 709.1 기반에서 론마크의 상호운용 호환 가이드라인을 참조하여 홈 제어 시스템의 각 디바이스에 대한 인터페이스를 제안해 보고자 한다. ANSI/CEA 709.1 표준 디바이스에 필요한 네트워크 인터페이스 정의(프로그램 아이디와 기능 프로파일)를 다음과 같이 정의해 볼 수 있다.

14-3-1 난방 제어 시스템의 구성

난방 시스템은 메인룸 컨트롤러와 서브룸 컨트롤러, 보일러, 난방 밸브간 통신을 이용하여 다음과 같은 서비스를 제공한다.

- 전체 난방 기기에 대한 상태 및 온도 모니터링
- 각종 경보 표시
- 보일러의 가동 정지 제어
- 개별 밸브에 대한 가동 정지 제어
- 온도 설정 및 설정 온도에 의한 자동 운전
- 24시간 예약 난방
- 외출 모드의 설정

만일 메인룸 컨트롤러와 서브룸 컨트롤러가 조명 스위치의 기능을 함께 하는 경우라면 다음의 정보가 추가될 수도 있다.

- 각 방 조명 제어

이에 따라 난방 제어 시스템은 메인룸 컨트롤러(KT 제안서의 HC)와 서브룸 컨트롤러(RC)와 보일러 제어기(B), 그리고 밸브 제어기(VC)로 구성되며, 주거형태에 따라 제어기가 생략될 수도 있다.

먼저, 난방 제어 시스템 자체가 ANSI/CEA 709.1 기반의 ANSI/CEA 709.2 전력선 통신, 즉 론웍스 전력선 통신으로 구현된 경우를 먼저 살펴보자. 이 경우 아래와 같은 데이터의 흐름으로 구성될 수 있다.

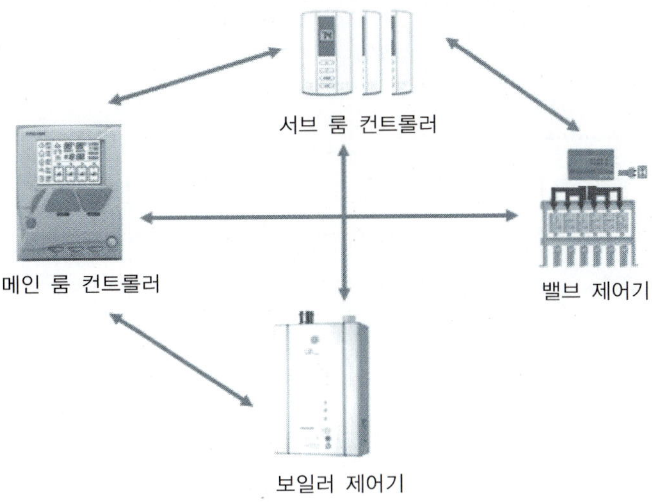

[그림 14-9] 난방 시스템의 구성

메인룸 컨트롤러는 개별 서브룸 컨트롤러 및 보일러 제어기, 밸브 제어기를 모두 모니터링/제어할 수 있고, 서브룸 컨트롤러는 각 방에 필요한 내용대로 보일러와 밸브 제어기를 모니터링/제어할 수 있다.

먼저, 각 디바이스 타입에 대한 프로그램 아이디를 정의하여 보자.

디바이스 이름	프로그램 아이디	내용
메인룸 컨트롤러	8x:xx:xx:96:01:05:11:01	x:xx:xx 는 제조업체의 고유 ID 96:0x 홈 컨트롤 난방용 디바이스 (1 : 룸 컨트롤러, 2:보일러, 3:밸브) 05 : residential 11 : ANSI/CEA709.2 전력선 통신 01(02) : 모델번호
서브룸 컨트롤러	8x:xx:xx:96:01:05:11:02	
보일러 제어기	8x:xx:xx:96:02:05:11:01	
밸브 제어기	8x:xx:xx:96:03:05:11:01	

이러한 프로그램 아이디별로 정리된 각 디바이스의 네트워크 변수를 정의하고 이러한 변수의 송수신 경로(바인딩 정보)를 표현하면 다음과 같다. (여기서는 업체별 통일이 필요한 최소한의 변수, 즉 mandatory 변수만을 정의하도록 한다.)

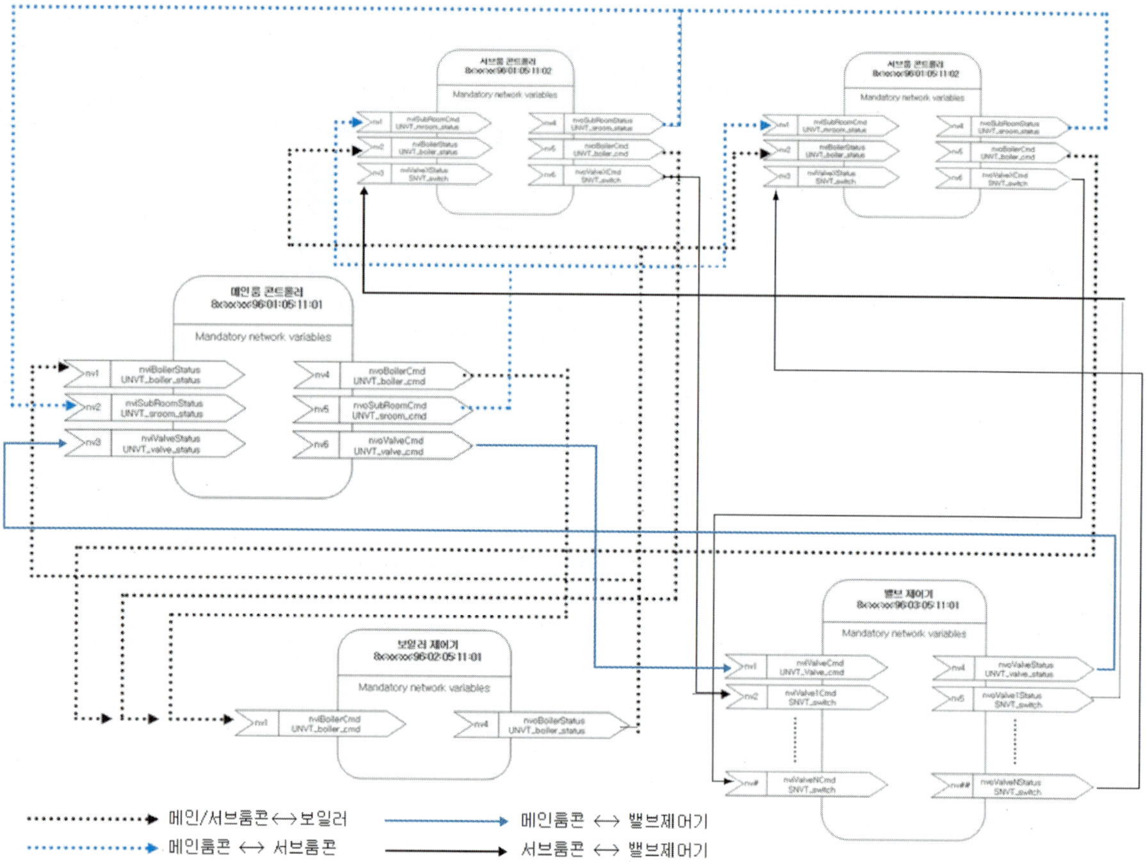

[그림 14-10] 난방 시스템 제어 구성도 - 전체뷰

위의 [그림 14-10]은 난방 시스템을 구성하는 각각의 디바이스가 포함하는 네트워크 변수 정보와 그 연결을 전체적으로 보여 주고 있다. 이를 세분화하여 표현하면 다음과 같다.

(1) 메인룸 컨트롤러와 보일러 제어기와의 연결

메인룸 컨트롤러는 UNVT_boiler_cmd 타입의 변수를 이용하여 보일러를 제어하고, 보일러 제어기는 UNVT_boiler_status 타입의 변수를 이용하여 상태값을 전달한다.

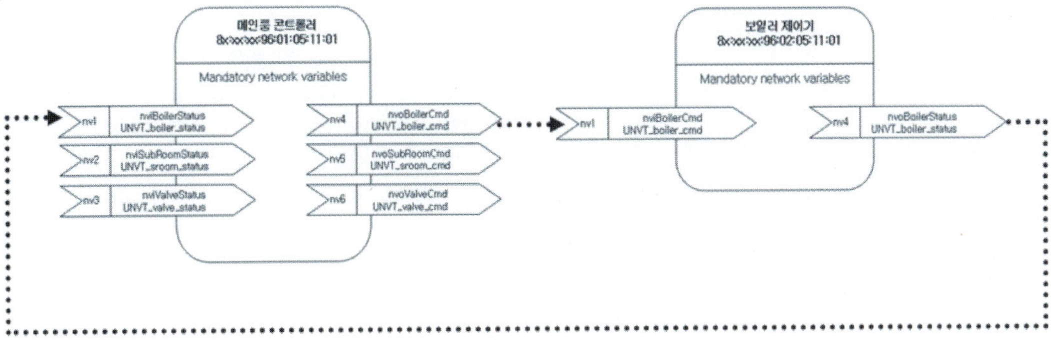

[그림 14-11] 메인룸 컨트롤러와 보일러 제어기의 연결

각 변수의 포맷은 다음과 같다.

변수명	항목명	사이즈	내용
UNVT_boiler_cmd	control	1바이트	보일러 가동, 정지
	mode	1바이트	외출모드 / 예약난방 설정여부
	setpoint	1바이트	난방수 설정 온도
	schedule	4바이트	24시간 예약난방 정보
UNVT_boiler_status	type	1바이트	보일러 타입
	status	1바이트	보일러의 가동, 정지 상태
	mode	1바이트	외출모드 / 예약난방 설정상태
	setpoint	1바이트	난방수 설정 온도
	temp	1바이트	난방수 현재 온도
	schedule	4바이트	24시간 예약난방 정보
	error	1바이트	에러 코드

(2) 메인룸 컨트롤러와 서브룸 컨트롤러와의 연결

메인룸 컨트롤러는 UNVT_sroom_cmd 타입의 변수를 이용하여 각각의 서브룸 컨트롤러를 제어하고, 서브룸 컨트롤러는 UNVT_sroom_status 타입의 변수를 이용하여 자신의 최신 상태를 메인룸 컨트롤러에 전송한다.

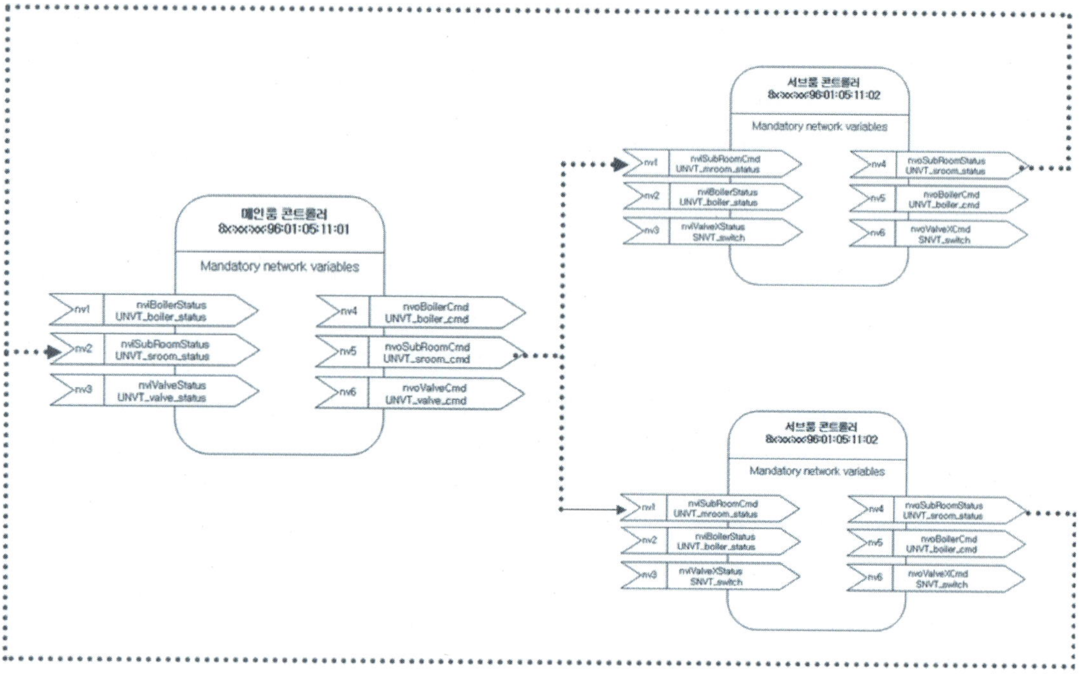

[그림 14-12] 메인룸 컨트롤러와 서브룸 컨트롤러와의 연결

각 변수의 포맷은 다음과 같다.

변수명	항목명	사이즈	내용
UNVT_sroom_cmd	id	1바이트	대상 서브룸 제어기 번호
	mode	1바이트	외출모드/예약난방 설정 여부
	setpoint	1바이트	설정 온도
	schedule	4바이트	24시간 예약난방 정보
	light	1바이트	조명 제어
UNVT_sroom_status	id	1바이트	대상 서브룸 제어기 번호
	mode	1바이트	외출모드/예약난방 설정 상태
	setpoint	1바이트	설정 온도
	schedule	4바이트	24시간 예약난방 정보
	RoomTemp	1바이트	현재 방 온도
	light	1바이트	현재 조명 상태
	error	1바이트	에러 상태

(3) 메인룸 컨트롤러와 밸브 제어기와의 연결

메인룸 컨트롤러는 UNVT_valve_cmd 타입의 변수를 이용하여 밸브 제어기를 제어하고, 밸브 제어기는 UNVT_valve_status 타입의 변수를 이용하여 최신 상태를 전송한다.

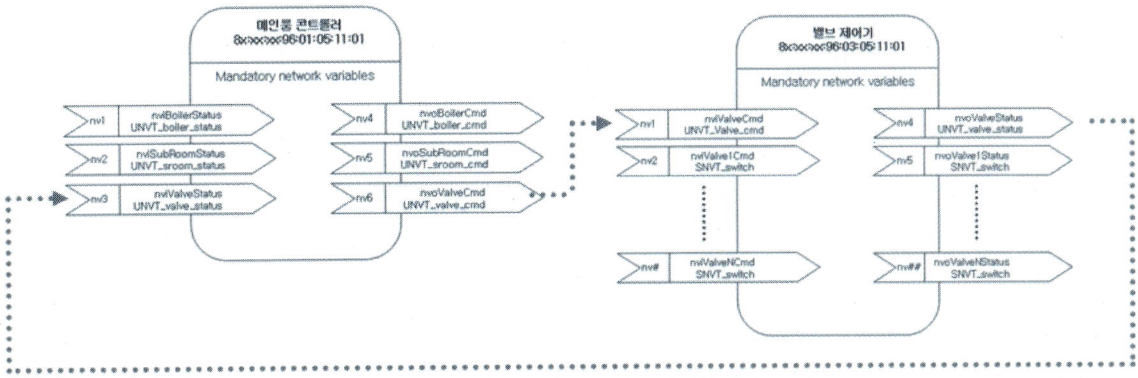

[그림 14-13] 메인룸 컨트롤러와 밸브 제어기의 연결

각 변수의 포맷은 다음과 같다.

변수명	항목명	사이즈	내 용
UNVT_valve_cmd	id	1바이트	대상 밸브 번호
	control	1바이트	밸브 제어 명령 (On/Off)
UNVT_valve_status	id	1바이트	대상 밸브 번호
	status	1바이트	밸브 상태 (On/Off)
	error	1바이트	에러 코드

(4) 서브룸 컨트롤러와 보일러 제어기와의 연결

서브룸 컨트롤러는 메인룸 컨트롤러와 마찬가지로 UNVT_boiler_cmd 타입의 변수를 사용하여 보일러를 제어하고, 보일러 제어기는 UNVT_boiler_status 타입의 변수를 이용하여 메인룸 컨트롤러와 서브룸 컨트롤러에 최신 정보를 전달한다.

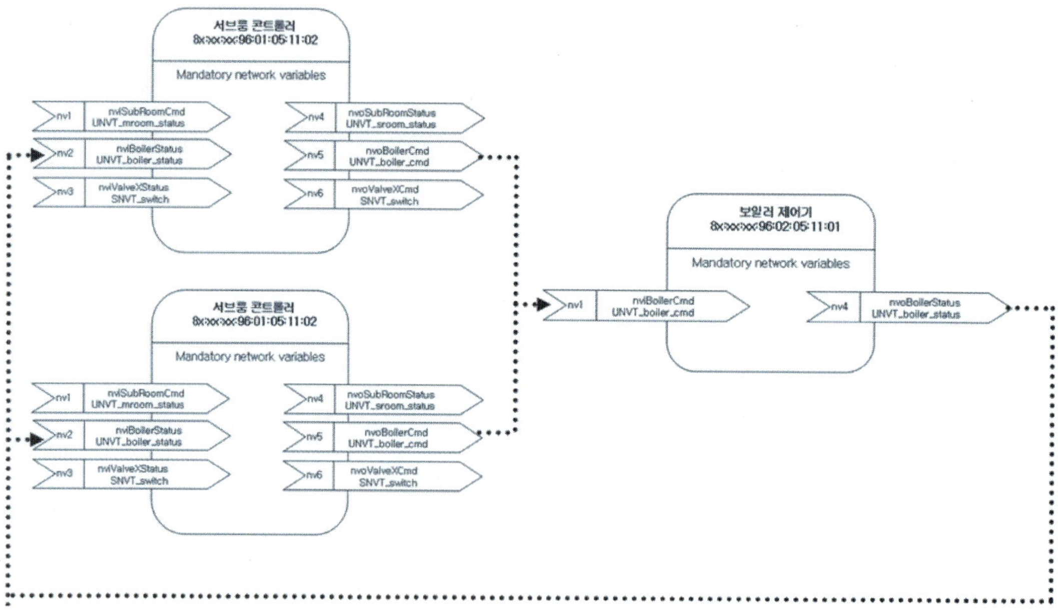

[그림 14-14] 서브룸 컨트롤러와 보일러 제어기와의 연결

각 변수의 포맷은 (1)메인룸 컨트롤러와 보일러 제어기의 경우와 같다.

(5) 서브룸 컨트롤러와 밸브 제어기와의 연결

서브룸 컨트롤러는 밸브 제어기의 특정 밸브에게만 데이터를 전달하는 방법으로 각방 밸브 제어를 수행할 수 있다. 밸브 제어기 역시, 특정 밸브의 여닫힘 정보를 관련된 서브룸 컨트롤러에 전달한다. 이때 사용한 변수 타입은 SNVT_switch 로써 일반적인 On/Off 스위치에 사용되는 표준 변수이다.

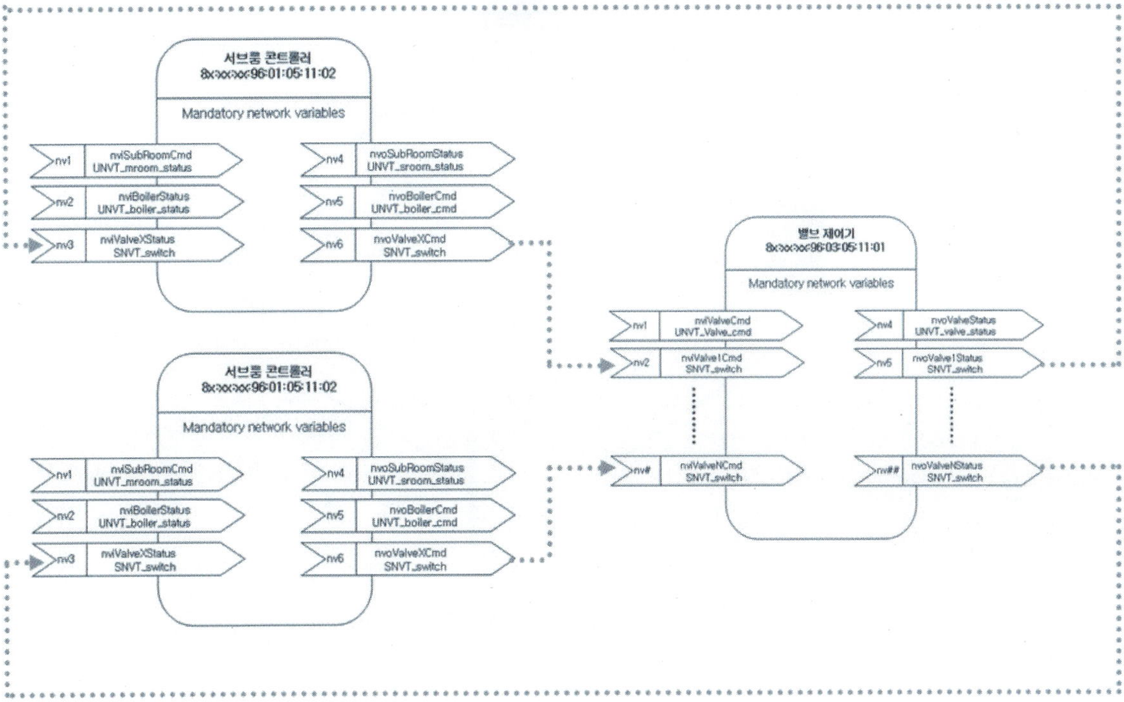

[그림 14-15] 서브룸 컨트롤러와 밸브 제어기와의 연결

변수 포맷은 다음과 같다.

변수명	항목명	사이즈	내 용
SNVT_switch	value	1바이트	100.0 (On) / 0.0 (Off)
	status	1바이트	1 (On) / 0 (Off)

14-3-2 난방 시스템의 구성 + 홈서버의 연결

14-3-1의 구조로 구현된 난방 시스템의 경우 홈서버는 메인룸 컨트롤러가 갖는 모든 변수를 포함하고 보일러 제어기, 서브룸 컨트롤러, 밸브 제어기와 각각 별도로 연결될 수 있다. 이러한 구성의 장점은 메인룸 컨트롤러와 상관없이 홈서버가 독자적으로 개별 난방 디바이스의 상태를 모니터링하고 제어할 수 있다는 것이다. 즉, 게이트웨이와 각 난방 디바이스와는 플랫(flat)한 구조로 연결될 수 있다.

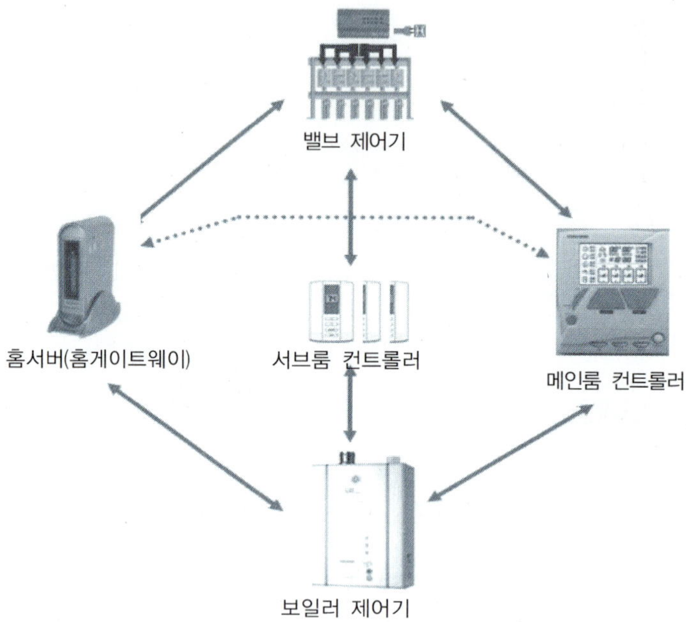

[그림 14-16] 홈서버(게이트웨이)와의 플랫(flat)한 연결 구조

아울러 홈서버는 메인룸 컨트롤러와의 정보 교환을 위해 UNVT_mroom_cmd 및 UNVT_mroom_status 타입의 변수를 포함한다. 메인룸 컨트롤러 역시, 홈서버와 연동되는 시스템의 경우는 위의 타입의 변수를 포함해야 한다. 하지만, 서브룸 컨트롤러와 보일러 제어기, 밸브 제어기의 변수 포맷은 변경될 필요가 없다. 이들 디바이스의 입장에서는 같은 정보를 유니캐스트(unicast ; 메인룸 컨트롤러에게만 전달) 방식이 아닌 멀티캐스트(multicast ; 그룹 어드레싱, 즉 메인룸 컨트롤러와 홈

서버에게 전달) 방식으로 전송하면 되기 때문이다. 아래 [그림 14-17]은 난방 시스템의 각 디바이스와 직접 연동될 수 있는 홈서버(홈게이트웨이)의 인터페이스의 예이다. 물론 홈서버(게이트웨이)는 다른 홈 컨트롤 디바이스와의 연동을 위해 추가적인 네트워크 변수 구성을 가질 수도 있다.

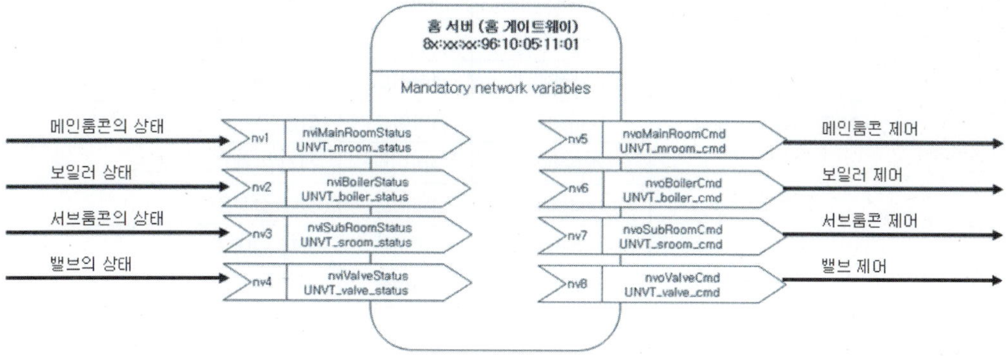

[그림 14-17] 난방 시스템과 flat하게 연결되는 홈서버 인터페이스의 예

이렇게, 홈서버(게이트웨이)가 있는 구성에서의 메인룸 컨트롤러 인터페이스는 다음과 같이 확장될 수 있다.

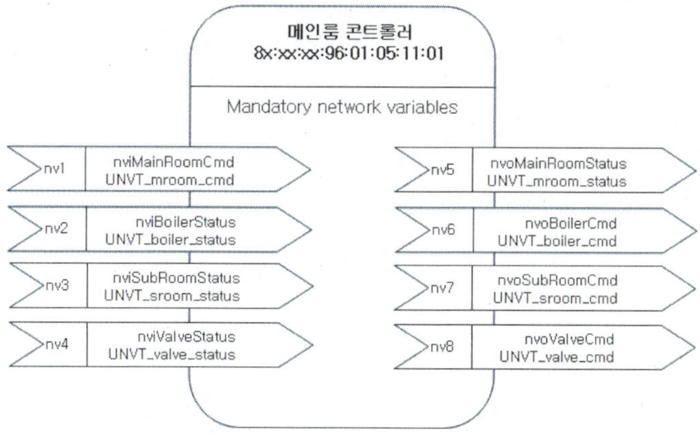

[그림 14-18] 홈서버가 포함된 구성의 메인룸 컨트롤러

UNVT_mroom_cmd와 UNVT_mroom_status 포맷은 다음과 같다.

각 변수의 포맷은 다음과 같다.

변수명	항목명	사이즈	내 용
UNVT_mroom_cmd	mode	1바이트	외출모드 / 예약난방 설정
	schedule	4바이트	24시간 예약난방 정보
	setpoint	1바이트	실내 설정 온도
	light	1바이트	조명 제어
UNVT_mroom_status	mode	1바이트	외출모드 / 예약난방 상태
	schedule	4바이트	24시간 예약난방 정보
	setpoint	1바이트	실내 설정 온도
	temp	1바이트	현재 실내 온도
	light	1바이트	조명 상태
	error	1바이트	에러 코드

14-3-3 기타 홈오토 관련 디바이스와의 연결

이 외에 ANSI/CEA 709.1 기반으로 연결될 수 있는 제어 디바이스의 종류는 매우 다양하다. 조명스위치, 콘센트/램프 제어, 가전기기(냉장고, 에어컨, 전자레인지, 세탁기, 밥솥, 식기세척기), 모션 감지기, 도어락, 가스 밸브 제어기, 블라인드 제어기, 각종 미터류 등이다.

아울러, ANSI/CEA 709.1 솔루션이 개방형 프로토콜을 기반으로 표준 네트워크 인터페이스로 Peer-to-Peer, seamless한 연결이 가능하다는 점을 생각해 보면 다양한 제어 시나리오 구성이 가능하다.

앞서 설명했던 세탁기와 조명 램프의 예뿐만 아니라, 현관옆의 조명스위치는 외출 모드 또는 귀가 모드를 일괄 적용하는 용도로 활용할 수 있다. 그렇다면 가스불을 켜고 나왔다는 사실조차 기억할 필요 없이, 홈서버가 있건 없건 제어 네트워크 채널만으로 직접 가스 밸브를 잠글 수 있다.

아니면 방과 거실에 부착된 여러 개의 모션 감지기가 수분 이내에 사람을 감지하지 못하면 여러가지 절전에 해당하는 제어를 직접 수행할 수 있다.

대표적인 홈 컨트롤 디바이스의 네트워크 인터페이스(기능 프로파일)를 정의하면 다음과 같다.

(1) 조명스위치

스위치의 상태와 제어는 론마크 스위치용 표준 변수인 SNVT_switch 타입을 이용한다. 1개 스위치로 제어하는 등의 개수에 따라 SNVT_switch 변수의 개수가 늘어날 수 있다.

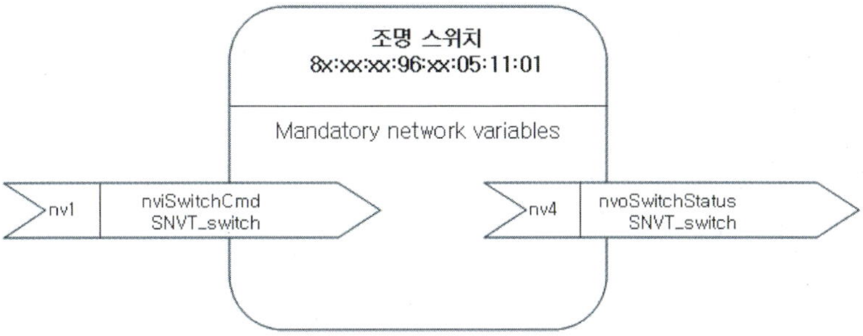

[그림 14-19] 조명 스위치 프로파일의 예

변수 포맷은 다음과 같다.

변수명	항목명	사이즈	내용
SNVT_switch	value	1바이트	100.0 (ON) / 0.0 (OFF) 디밍인 경우, 0~100의 레벨
	status	1바이트	1 (ON) / 0 (OFF)

(2) 가스 제어기

가스 밸브 제어기는 가스 누출 감지 센서 정보와 가스 밸브를 제어하는 기능을 수행할 수 있다. 이 역시 론마크의 SNVT_switch 타입의 변수를 사용하여 쉽게 구현할 수 있다.

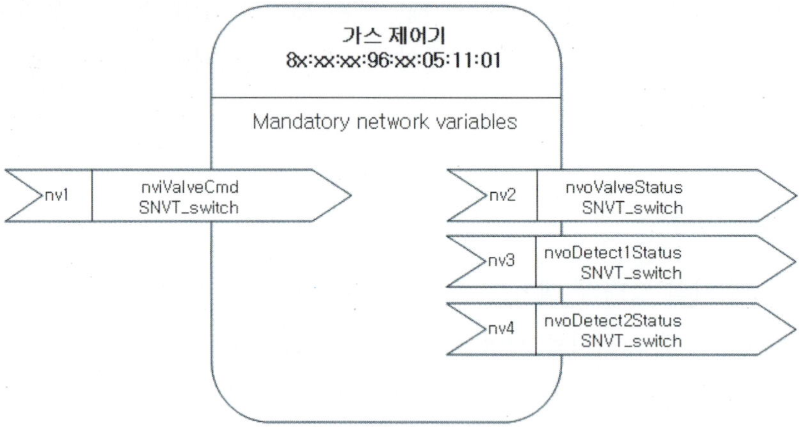

[그림 14-20] 가스 제어기 프로파일의 예

변수 포맷은 다음과 같다.

변수명	항목명	사이즈	내 용
SNVT_switch	value	1바이트	100.0 (ON) / 0.0 (OFF) 디밍인 경우, 0~100의 레벨
	status	1바이트	1 (ON) / 0 (OFF)

(3) 가전 제품의 예-에어컨

기본적으로 에어컨의 상태 모니터링과 제어를 위하여서는 에어컨에 최적화된 변수 타입(UNVT_aircon_cmd, UNVT_aircon_status)을 사용하면 된다. 이 중 실내 온도와 에어컨의 가동 상태여부는 다른 디바이스와 직접 연동 가능한 데이터이다. 이들 데이터는 기존의 론마크 표준 변수(SNVT_switch, SNVT_temp_f) 등을 사용하여 제어 로직의 확장이 가능하도록 할 수 있다.

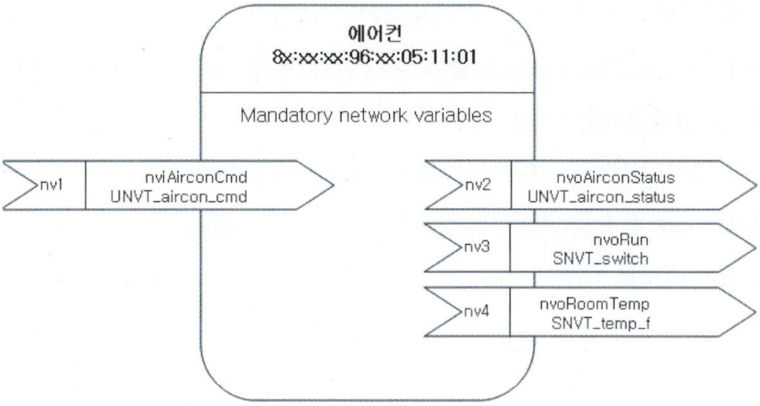

[그림 14-21] 에어컨 프로파일의 예

이와 같은 개념으로 앞에서 언급했던 난방 시스템의 각 디바이스는 각 디바이스에 최적화된 변수(UNVT_xxx_cmd, UNVT_xxx_status) 외에도 필요에 따라 다른 홈 컨트롤 디바이스와 공유할 수 있는 "널리 알려진 표준 타입"의 네트워크 변수를 추가로 구현할 수 있다.

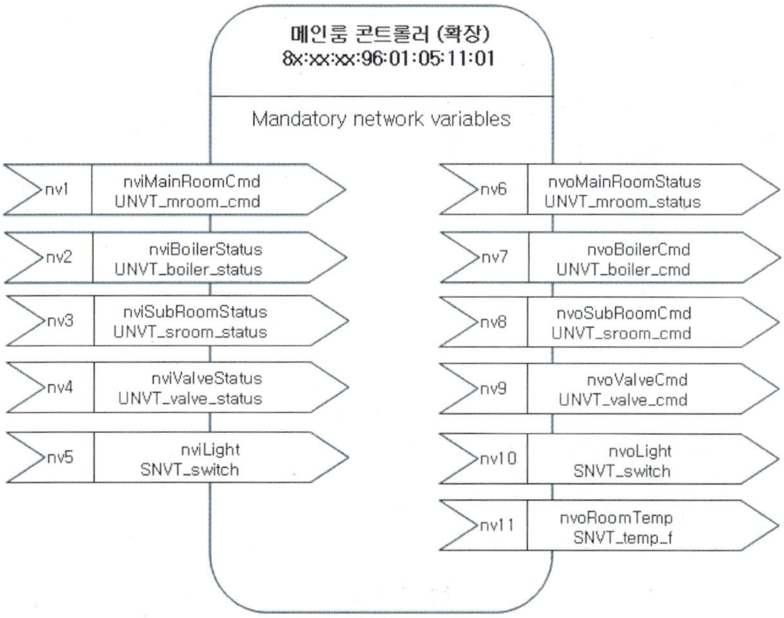

[그림 14-22] Peer-to-Peer 인터페이스가 확장된 메인룸 컨트롤러 인터페이스의 예

예를 들어 메인룸콘이나 서브룸콘은 방안의 온도를 측정할 수 있으며, 만일 룸콘이 조명 스위치 역할을 함께 한다면 조명의 On/Off 상태도 기표준 변수로 표현할 수 있게 된다.

이 경우 [그림 14-18]에서 언급하였던 UNVT_mroom_cmd와 UNVT_mroom_status에서 temp 및 light 항목의 정보가 독립된 nviLight, nvoLight, nvoRoomTemp 변수로 표시되므로 UNVT_mroom_cmd와 YNVT_mroom_status에서는 생략될 수 있다.

14-3-4 메인룸 컨트롤러가 난방 시스템의 게이트웨이 역할을 하는 경우

만일, 난방 시스템이 ANSI/CEA 709.1 솔루션이 아닌 폐쇄적인 솔루션으로 구축되었다면, 즉 메인룸 컨트롤러와 서브룸 컨트롤러, 보일러 제어기 및 밸브 제어기가 업체 종속적인 기술로 구성되었다면, 메인룸 컨트롤러가 난방 시스템과 관련한 전체적인 정보를 전달하는 역할을 수행하여야 한다.

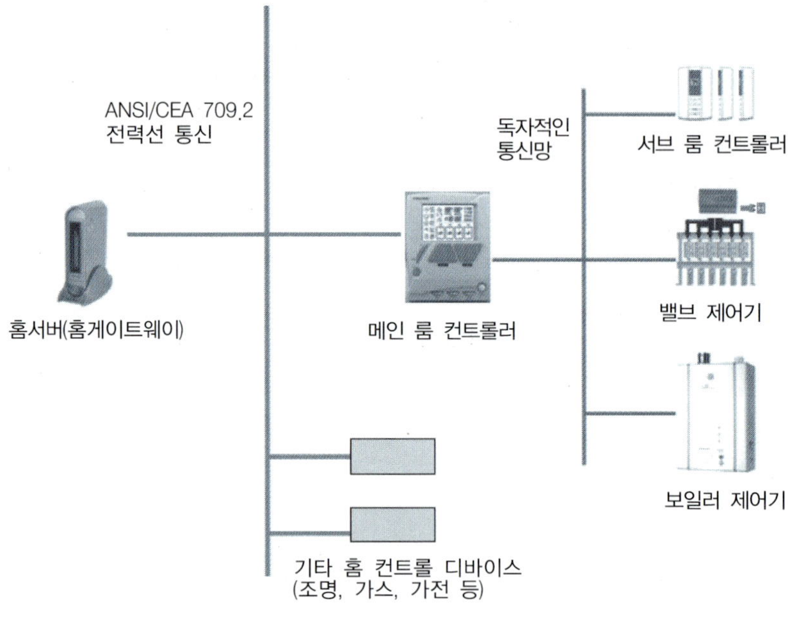

[그림 14-23] 난방 시스템이 독자적인 솔루션으로 구분된 경우

이때의 메인룸 컨트롤러는 난방시스템의 모든 정보를 홈 제어 네트워크에 전달하는 작은 게이트웨이의 역할을 하게 된다. 만일 메인룸 컨트롤러가 Peer-to-Peer 기능 없이 게이트웨이와만 마스터/슬래이브로 모니터링/제어된다면, 메인룸 컨트롤러의 인터페이스를 다음과 같이 구성해 볼 수 있다. 즉, 단일 변수에 난방 시스템에 대한 모든 정보를 표시하는 방법이다.

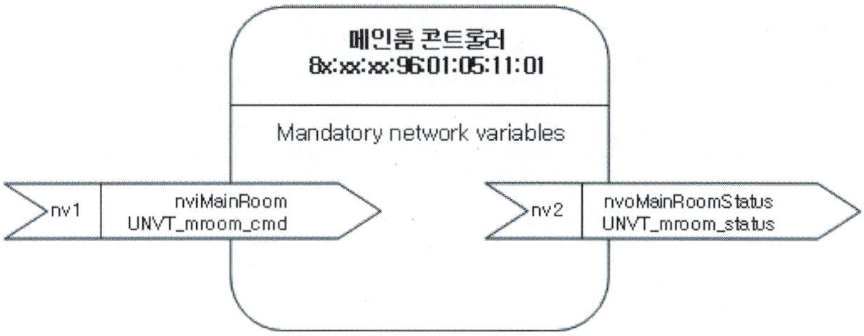

[그림 14-24] 폐쇄적인 난방 시스템에 대한 게이트웨이로서의 메인룸 컨트롤러의 예1

위와 같은 방법은 단일 변수로 모든 난방 관련 정보를 표시하므로, 한 개 트랜잭션에 불필요한 정보가 반복되어서 전력선 통신 시스템에 비효율적인 방식이 될 수 있다. 따라서, 이런 경우 비록 게이트웨이이지만 정보의 단위대로 최적화된 변수를 구성하여 통신의 효율을 도모할 수 있다. 그러한 예는 [그림 14-25]와 같다.

이 경우 메인룸 컨트롤러가 난방 시스템에 대한 게이트웨이 역할을 하지만, 나름대로 개별적인 제어와 상태 모니터링이 가능한 구조가 된다.

하지만 이와 같이 이러한 게이트웨이를 이용한 접근 방식은 전체적인 시스템의 구성에서 볼 때 바람직한 방법은 아니다. 왜냐하면 제어시스템이 계층적이 되므로 메인룸콘과의 인터페이스가 단절되면 다른 난방 시스템과의 통신이 두절되게 된다. 시스템을 이기종 프로토콜로 계층화하는 것은 궁극적으로 바람직한 솔루션이 아니다.

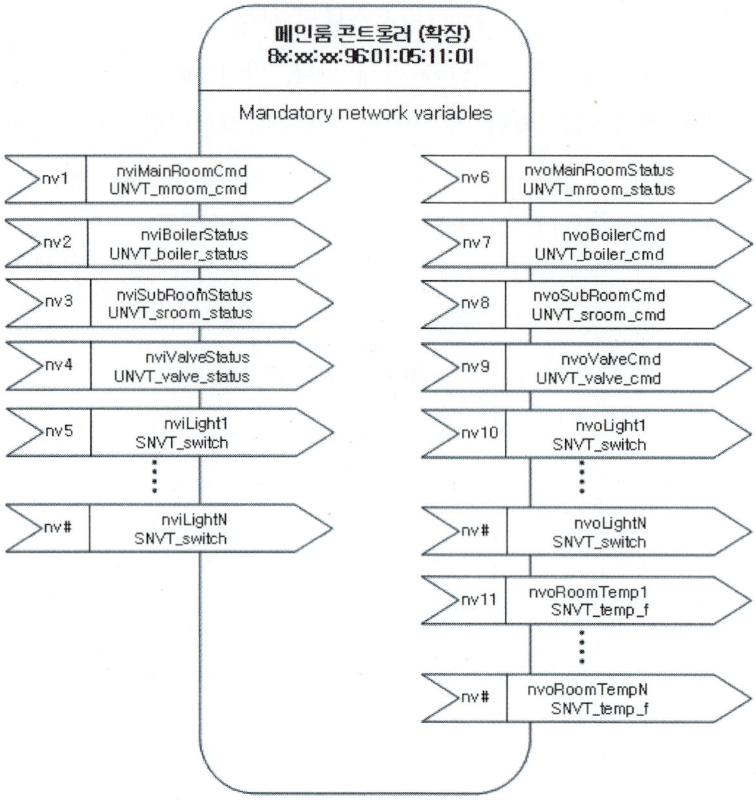

[그림 14-25] 폐쇄적인 난방 시스템에 대한 게이트웨이로서의 메인룸 컨트롤러의 예2

14-4 설치 및 구성 시나리오의 예

ANSI/CEA 709.1 네트워크에서의 설치란 각 디바이스의 논리 주소를 지정하고, 각 디바이스가 갖는 네트워크 변수를 적절하게 연결(바인딩, binding)하는 것을 의미한다. 이러한 작업은 디바이스 개발 단계뿐만 아니라, 현장 설치의 단계에서 유연하게 설정할 수 있다는 것이 ANSI/CEA 709.1 솔루션의 장점이다.

설치방식은 크게 3가지 방법으로 나누어 볼 수 있다. 즉, 툴이나 서버에 의한 설치, 원격에서 홈서버(게이트웨이)를 인터페이스로 하여 설치하는 경우 그리고 개별 디바이스가 스스로 자신을 설치하는 경우이다.

14-4-1 설치툴 또는 홈서버에 의한 설치

로컬에서 전용 설치툴이나 홈서버에 의해 개별 디바이스의 어드레싱, 바인딩과 같은 작업을 하는 방법이다. 이 경우 설치툴이나 홈서버에는 해당 네트워크를 설치할 수 있는 충분한 정보를 미리 알고 있어야 한다. 즉, 디바이스의 타입과 어떤 네트워크 변수가 어느 디바이스와 연동이 되어야 하는지를 미리 알고 있다고 가정한다.

특히 전용 설치툴인 경우는 설치 전문가에 의해 설치 과정을 직관적으로 확인할 수 있다.

이러한 방법의 경우 새로운 타입의 디바이스가 추가 설치되었을 때 어떻게 대처해야 하는지에 대한 프로세스 개발이 필요하다.

14-4-2 원격 설치

홈서버, 즉 홈게이트웨이는 단순히 원격 서버와 모든 정보를 인터페이스하는 역할을 한다. 초기 설치는 원격 서버에서 홈서버를 통해서 이루어진다. 이때는 설치자가 필요없이 탐색(discovery) 방식으로 하거나, 사용자나 설치자가 디바이스의 고유ID(뉴런아이디)를 입력시키는 방법으로 디바이스의 존재를 인식할 수 있다.

만일 신규 디바이스가 연결되는 경우, 신규 디바이스는 자신의 정보(뉴런아이디와 프로그램아이디)를 연결됨과 동시에 홈서버에게 전달하고 홈서버는 이를 원격 서버에 보고한다. 원격 서버는 해당 프로그램아이디에 맞는 설치 정보를 검색하여 홈서버를 이용하여 설치 작업을 수행하게 된다.

신규 디바이스에 대한 인터페이스 정보나 설치 정보는 원격 서버에서 관리되므로 업그레이드와 네트워크 관리가 용이하다.

14-4-3 자가 설치(self installation)

각 개별 디바이스가 스스로 자신의 어드레싱과 바인딩 정보를 설치하는 방법이다. 즉, 디바이스에는 기존의 모니터링/제어를 위한 어플리케이션 외에 자신을 설치할 수 있는 어플리케이션을 포함하고 있다.

홈서버 또는 설치툴, 또는 원격 서버로부터 최소한의 정보(home의 도메인아이디)를 받고 나머지 설치 정보는 이미 hard-coded 된 대로 바인딩 테이블을 작성하거나, 설치자 또는 사용자가 부가적으로 서비스 버튼을 누르게 하는 등의 방법으로 설치 작업을 할 수 있다.

이 방법의 경우 디바이스가 설치를 위해 배려된 프로그램을 이미 갖고 있어야 하지만 설치를 위한 트래픽이 최소화되는 장점이 있다.

실제로 CECED(유럽 가전협회)에서는 홈서버 없이도 홈 컨트롤 네트워크 디바이스들을 설치, 구성될 수 있도록 하는 자가 설치 시나리오를 제정해두고 있으며, 론마크 협회에서는 이 시나리오를 ANSI/CEA 709.1 프로톨에 맞게 매핑하는 작업을 진행중이다.

14-4-4 설치 구성상의 고려 사항

전력선 통신은 RF 솔루션과 마찬가지로 공유 미디어(shared media)를 이용한 네트워킹이라는 점을 유의하여야 한다. 따라서, 이웃 세대의 디바이스가 잘못 설치되지 않도록 confirm할 수 있는 설치 메커니즘을 가져야 한다. 물론, RF 와는 달리 전력선 통신의 경우는 세대마다 블록킹 필터를 설치하여 물리적으로 이웃간의 전력선 통신 interference를 최소화할 수 있는 솔루션이 있지만, 필터의 설치가 항상 가능한 것도 아니고, 필터의 감쇠가 100% 전력선 통신을 차단한다고 볼 수도 없기 때문이다. (필터의 역할은 댁내외간의 전력선 통신 주파수 시그널을 최대한 감쇠시켜서 댁내의 통신 마진을 높여주는 역할이 1차적인 기능이다.)

따라서, 공유 미디어(shared media) 통신에서의 설치는 완벽한 Plug and Play 보다는 Plug-confirm and Play 방식이 바람직한 접근방식이라고 할 수 있다.

또 하나의 이슈는 제한된 대역폭에서 설치 시간을 최소화할 수 있는 솔루션이 요구된다는 것이다. 전력선 통신의 경우는 다른 무선 장비와의 혼선을 최소화하기 위해서 낮은 주파수를 사용하는 것이 바람직하다. 이렇게 주파수를 낮추게 되면 당연히 통신 속도는 낮아지게 되는 것이고, 그래서 전력선 통신이 컨트롤 네트워크에 적합한 통신 매체로 자리매김하고 있는 것이다. 따라서 설치 시간을 간소화할 수 있는 솔루션으로 설치–구성 시나리오를 선택하여야 한다.

14-5 기타 이슈

홈 컨트롤 네트워크의 관점에 있어서 네트워크 자체의 기술과 규격을 검토하는 일 외에도 중요한 것이 홈 컨트롤에 대한 가치를 정립하는 것이다. 즉, 어떤 기능이 구현되어야 하는지를 사용자의 입장에서 파악하는 것이 중요하다. 네트워크 디바이스라 함은 단순히 로컬 제어를 원격으로 가능하도록 했다는 것만으로는 사용자를 만족시킬 수 없다.

디바이스 네트워킹이 구현됨으로써 제품과 서비스에 새로운 가치가 생성될 수 있어야하고, 이러한 솔루션은 사용자의 입장에서 직관적이고, 네트워크 디바이스의 개수와는 상관없이 적절한 퍼포먼스를 보장하는 솔루션이어야 할 것이다. 이와 관련한 몇가지 이슈를 다음과 같다.

14-5-1 모드 제어에 대한 배려

실제적으로 홈 컨트롤 네트워크를 사용하는 사용자가 대부분 애용하는 기능은 바로 "모드(Mode) 제어"이다. 즉, 외출모드, 귀가모드, 취침모드, 극장모드 등등이 그것이다. 이러한 모드 제어는 사용자 입장에서 일괄적으로 원하는 기능을 처리할

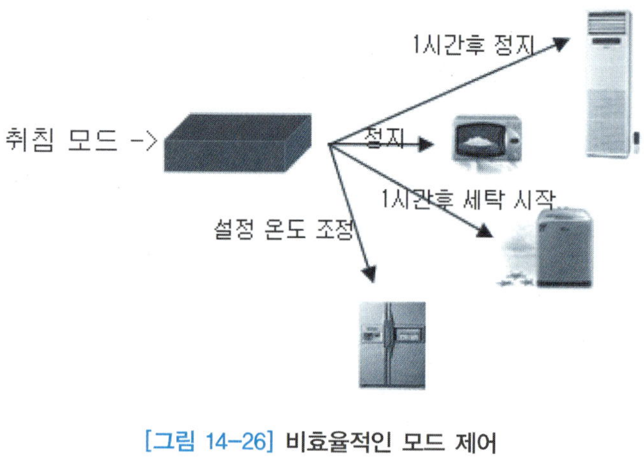

[그림 14-26] 비효율적인 모드 제어

수 있다는 서비스 모델을 제공한다. 만일, 모드 제어에 대한 세부 제어 명령이 모두 홈서버(게이트웨이)에 의해 한꺼번에 처리되는 구조라면, 네트워크의 크기(즉, 네트워크를 구성하는 디바이스의 갯수)에 따라 시스템은 복잡해지고, 제어 개수가 많아질수록 더 넓은 통신 대역폭을 요구하게 된다.

만일, 개별 디바이스가 이미 모드 제어에 대해 각자 취해야 할 행동에 대해 이미 알고 있다면, 홈서버(게이트웨이)는 현재 어떤 모드라는 정보만 멀티캐스트 또는 브로드캐스트의 방식으로 네트워크에 알려주면 된다. 이 경우는 네트워크의 크기와는 상관없이 항상 동일한 트랜잭션으로 모드 제어를 수행할 수 있게 된다. 따라서, 네트워크 디바이스의 진정한 가치는 단순히 네트워킹 그 자체에 있는 것이 아니라 네트워킹을 부여할 만큼 지적(intelligent)이어야 한다는 것이다.

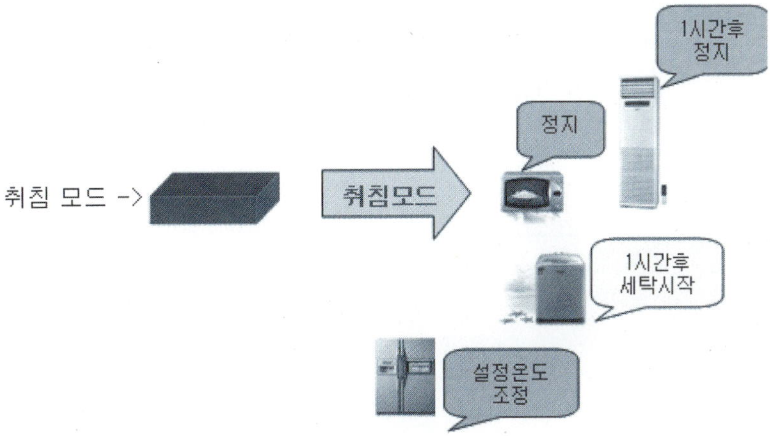

[그림 14-27] 효율적인 모드 제어

(1) 지능형 디바이스

각 디바이스의 전력 사용량을 스스로 레포트할 수 있는 기능이 있다면, 사용자는 이러한 실시간 정보를 바탕으로 에너지 관리 대책을 세워 즉각 실행에 옮길 수 있다.

(2) Peer-to-Peer 서비스의 개발

Flat한 구조의 컨트롤 네트워크의 장점은 바로 다양한 Peer-to-Peer 서비스를 개발할 수 있다는 것이다. 몇 가지 예를 들어보면

- 세탁을 마치면 조명을 깜빡거리게 해서 청각 장애인들도 쉽게 세탁완료 여부를 알 수 있게 한다.
- 에어컨이 감지한 실내 온도 정보를 바탕으로 보일러를 가동 정지한다.
- 메인룸콘이 감지한 온도 정보를 바탕으로 실내기 에어컨의 가동정지 여부를 결정한다.
- 현관 스위치는 조명뿐만 아니라 외출모드 또는 귀가모드를 제어하는 용도로 사용한다.
- 모션 감지기가 집이 비었음을 확인하면 가스와 도어락을 제어한다.
- 침입이 감지되면 원격에 알려주는 것뿐만 아니라, 조명도 번쩍거리게 하고, 가스도 잠그고, 소리를 낼 수 있는 모든 것은 소리를 내게 한다.

14-6 프로파일 정리

이제까지 언급한 ANSI/CEA 709.1 및 ANSI/CEA 709.2 전력선 통신 기반의 홈 컨트롤 네트워크를 구성하는 몇몇 디바이스에 대한 프로파일을 제안하면 다음과 같다. 다음의 프로파일은 난방 시스템을 구성하는 모든 디바이스가 ANSI/CEA 709.1 방식의 통신을 하는 경우에 대한 것이다.

14-6-1 메인룸 컨트롤러

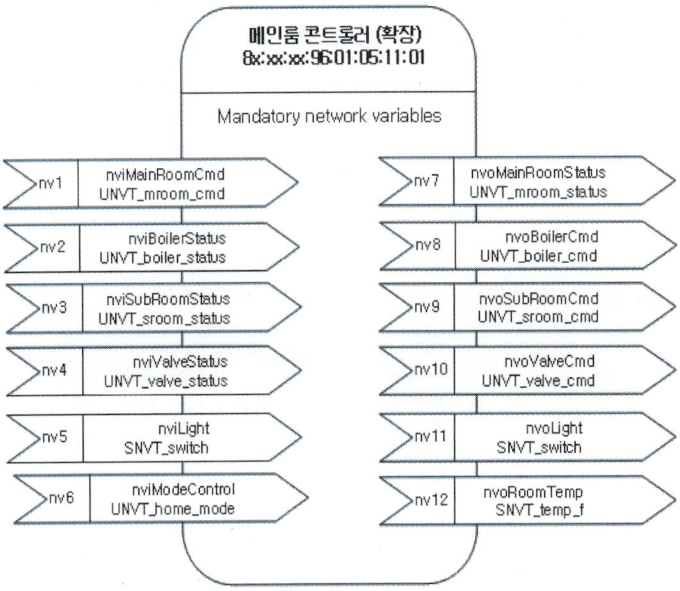

[입력변수]	
nviMainRoomCmd	메인룸콘 제어 정보
nviBoilerStatus	보일러 상태 정보
nviSubRoomStatus	서브룸콘 상태 정보
nviValveStatus	밸브 상태 정보
nviLight	(메인룸) 조명 제어
nviModeControl	모드 설정

[출력변수]	
nvoMainRoomStatus	메인룸콘 상태 정보
nvoBoilerCmd	보일러 제어 정보
nvoSubRoomCmd	서브룸콘 제어 정보
nvoValveCmd	밸브 제어 정보
nvoLight	(메인룸) 조명 상태
nvoRoomTemp	(메인룸) 온도 정보

제14장

14-6-2 서브룸 컨트롤러

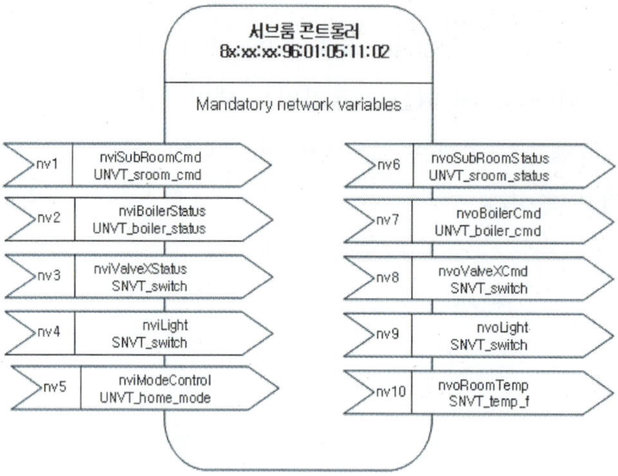

[입력변수]	
nviSubRoomCmd	서브룸콘 제어 정보
nviBoilerStatus	보일러 상태 정보
nviValveStatus	밸브 상태 정보
nviLight	(서브룸) 조명 제어
nviModeControl	모드 설정

[출력변수]	
nvoSubRoomStatus	서브룸콘 상태 정보
nvoBoilerCmd	보일러 제어 정보
nvoValveCmd	밸브 제어 정보
nvoLight	(서브룸) 조명 상태
nvoRoomTemp	(서브룸) 온도 정보

14-6-3 보일러 제어기

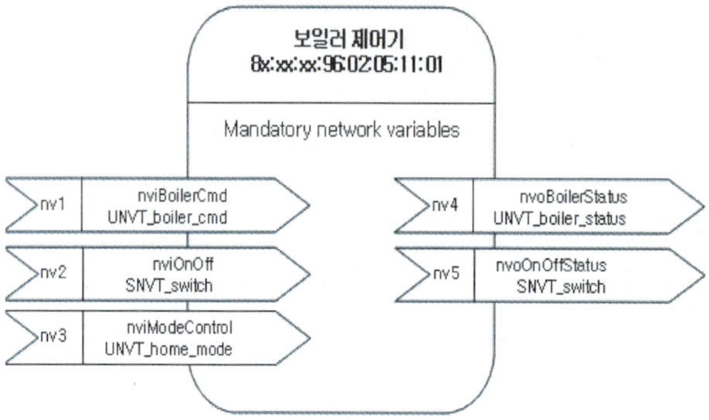

[입력변수]	
nviBoilerCmd	보일러 제어 정보
nviOnOff	보일러 기동/정지 제어
nviModeControl	모드 설정

[출력변수]	
nvoBoilerStatus	보일러 상태 정보
nvoOnOffStatus	보일러 가동/정지 상태

14-6-4 밸브 제어기

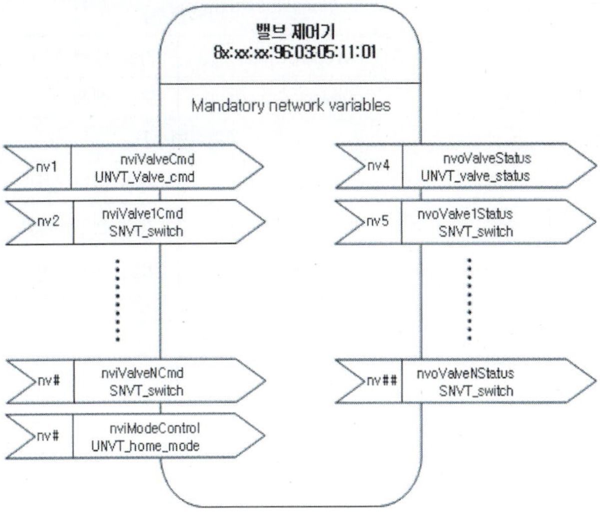

[입력변수]	
nviValveCmd	밸브 전체 제어
nviValve1Cmd	1번 밸브 개별 제어
…	…
nviValveNCmd	N번 밸브 개별 제어
nviModeControl	모드 설정

[출력변수]	
nvoValveStatus	밸브 전체 상태
nvoValve1Status	1번 밸브 상태
…	…
nvoValveNStatus	2번 밸브 상태

14-6-5 조명 스위치

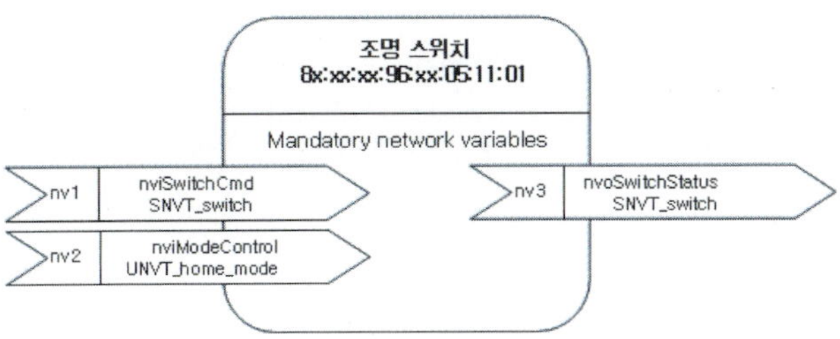

[입력변수]	
nviSwitchCmd	스위치 제어
nviModeControl	모드 설정

[출력변수]	
nvoSwitchStatus	스위치 상태

14-6-6 가스 제어기

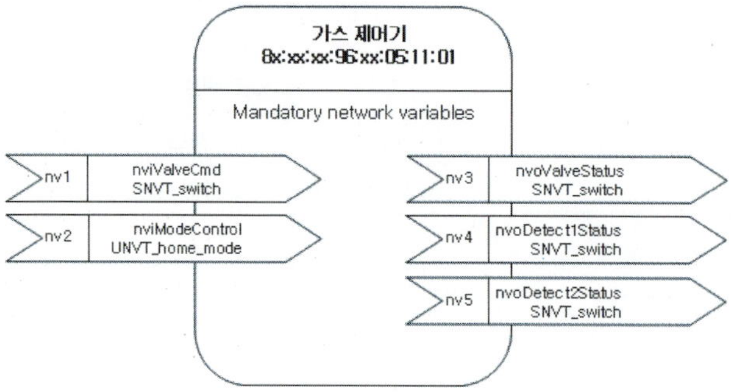

[입력변수]	
nviValveCmd	가스 밸브 제어
nviModeControl	모드 설정
[출력변수]	
nvoValveStatus	가스 밸브 상태
nvoDetect1Status	가스 센서1 상태
nvoDetect2Status	가스 센서2 상태

14-6-7 에어컨

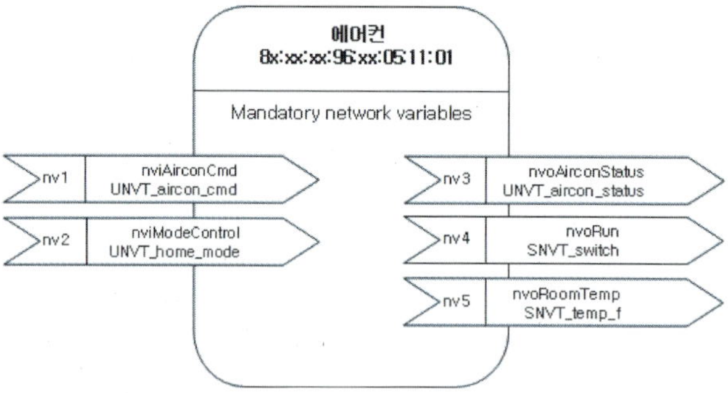

[입력변수]	
nviAirconCmd	에어컨 제어 정보
nviModeControl	모드 설정
[출력변수]	
nvoAirconStatus	에어컨 상태 정보
nvoRun	에어컨 가동/정지 상태
nvoRoomTemp	실내 온도 정보

14-6-8 게이트웨이

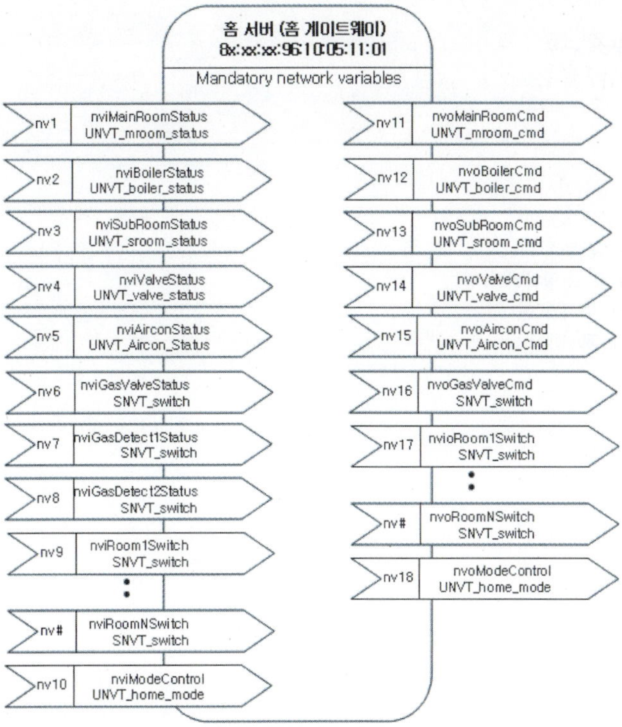

[입력변수]	
nviMainRoomStatus	메인룸 상태 정보
nviBoilerStatus	보일러 상태 정보
nviSubRoomStatus	서브룸 상태 정보
nviValveStatus	밸브 상태 정보
nviAirconStatus	에어컨 상태 정보
nviGasValveStatus	가스 밸브 상태
nviGasDetect1Status	가스감지1 상태
nviGasDetect2Status	가스감지2 상태
nviRoom1Switch	조명1 상태
...	...
nviRoomNSwitch	조명 N 상태
nviModeControl	모드 설정 정보

[출력변수]	
nvoMainRoomCmd	메인룸 제어 정보
nvoBoilerCmd	보일러 제어 정보
nvoSubRoomCmd	서브룸 제어 정보
nvoValveCmd	밸브 제어 정보
nvoAirconCmd	에어컨 제어 정보
nvoGasValveCmd	가스 밸브 제어
nvoRoom1Cmd	조명1 제어
...	...
nvoRoomNCmd	조명 N 제어
nvoModeControl	모드 설정

저자 약력

■ **남 상 엽**

- 공학박사
- 삼성종합기술원 정보시스템연구소 근무
- 모토로라 반도체통신(주) 기술연구소 근무
- 국제대학 정보통신과 교수(현)

■ **이 성 창**

- 미국 Texas A&M University 공학박사
- 한국과학원 시스템공학센터 연구원 근무
- 한국전자통신연구원 선임연구원 근무
- 한국통신학회 디지털홈연구위원회 운영위원장(현)
- 대한전자공학회 통신소사이어티 부회장(현)
- 한국항공대학교 정보통신공학과 교수(현)

■ **김 석 중**

- (주)ED 기술연구소 본부장

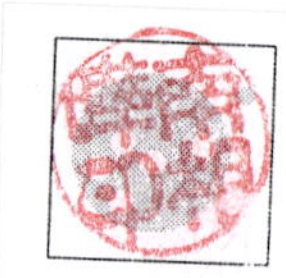

유비쿼터스 홈네트워크 구현 및 응용

2008년 5월 25일 1판 1쇄 발행

저 자 남상엽 · 이성창 · 김석중
발행인 남 승 우

발행처 도서출판 상尙 학學 당堂
서울특별시 동작구 사당3동 220-43
TEL : 02) 595-1692~4
FAX : 02) 595-1394
E-mail : namdoo6@unitel.co.kr
신고 : 2-155호 (1968. 11. 29)

(CD 포함) **정가 20,000원**

ISBN 978-89-85437-07-3 93560

임베디드 토탈솔루션

Embedded Training System

Model : ED-255EK, ED-27x MULTI

특징

- Embedded Linux의 기초에서 고급과정까지 다양하게 실험 실습
- 인텔 PXA255 (400MHz) 고성능 마이크로프로세서 사용
- PXA255/PXA270/PXA272를 이용한 시스템 설계 (ED-27x MULTI)
- 6.4″ TFT LCD, Ethernet 2Port, Serial 3Port, PCMCIA/CF/MMC등 다양한 인터페이스 지원
- FPGA Chip인 Altera Cyclone 120,000Gates를 탑재하여 SoC 과정까지 연동하여 교육
- 안정적인 하드웨어, 풍부한 실습 프로그램 및 이해가 쉽도록 구성된 실습 교재 제공

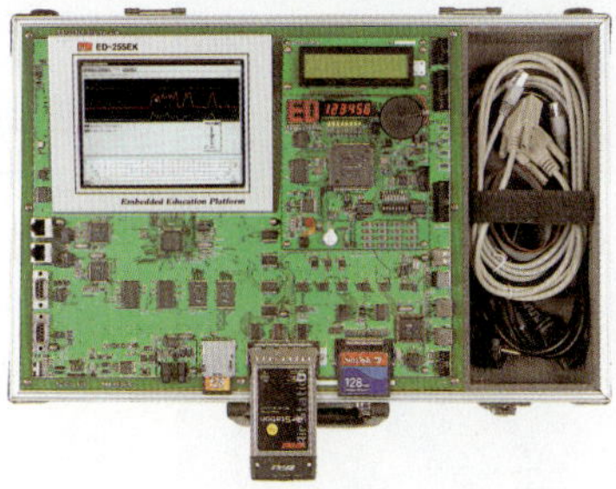

ED-255EK

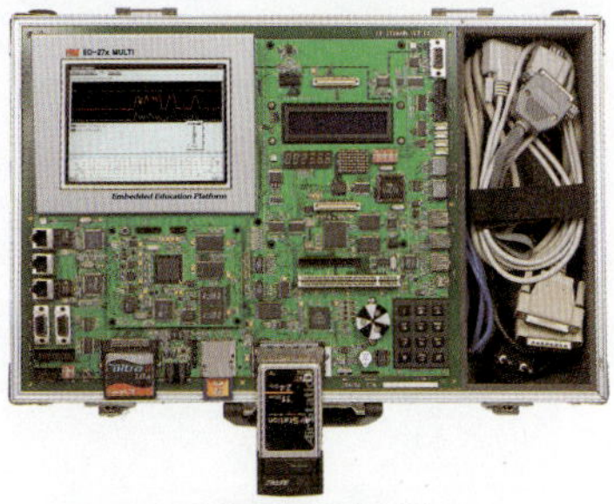

ED-27x MULTI

실험실습내용

- 개발환경 구축 실습, 부트로더 · 커널포팅 실습
- WinCE, Embedded Linux 등의 OS 포팅 실습
- Ramdisk 제작 및 파일시스템 구축 실습
- 다양한 입출력 Device Driver 제작 실습
- 멀티미디어, 네트워크 등 다양한 응용프로그램 개발 실습
- GUI 응용프로그램 제작 실습

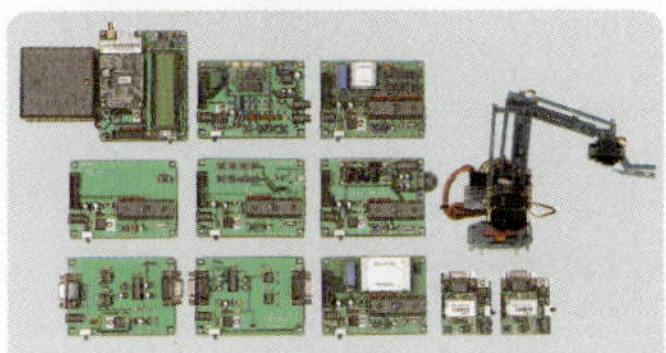

■ Options

ED-255EK 규격

CPU	Intel XScale P×A 255
Memory	FLASH (32Mbyte) SDRAM (128Mbyte) SRAM (1Mbyte)
Display	TFT LCD / Touch-Screen (6.4inch, 16bits Color, 640×480)
Interface	Ethernet (2port), Serial (3port), USB (Host, Client), PS/2 Port PCMCIA, CF, MMC/SD, RTC, IrDA, I²C
Control	Status LED
Audio	Stereo I/O (Cirrus CS4202)
확장 핀	Ext. I/O, App. I/O, Bluetooth I/O, Servo Motor, I2C I/O
Debug	Multi-ICE, JTAG
일반사양	외형크기 : 490(W)×160(H)×320(D)mm
Software	Boot Loader (uboot-1.0.0), Kernel (Linux-2.4.19) File System (Ramdisk : Image, Source) Application : Network Application Source, Qt/Embedded Image, Graphic & Text Display Control Device Driver : AC97 Audio Codec, ADS7846 Touch-Screen, PCMCIA, MMC/SD, CF Card, Ethernet
FPGA Module (기본) I/O Module (Option)	Altera FPGA Cyclone 120,000Gates (FPGA Module) CMOS Camera (FPGA Module), AD/DA 컨버터, Dot Matrix (10×7) 8-Status LED, 4×4 Key Switch, 8P DIP Switch, 20×2 Line Text LCD Stepping Motor, Buzzer
Option Modules	Bluetooth Module, GPS, 음성 인식, Robot Arm, IrDA 송수신, 초음파, RF 송수신, 485 송수신

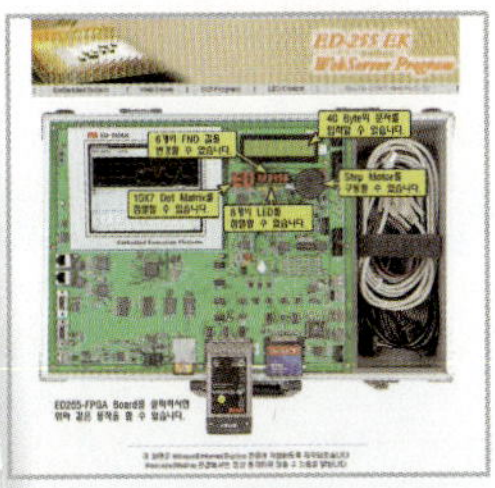

Web Server 프로그램

-Web Server를 통한 원격 제어
-Dot Matrix, LED, Text / Graphics LCD, 7Segment, 스텝 모터 제어

임베디드 시스템 구성도 EMBEDDED SYSTEM

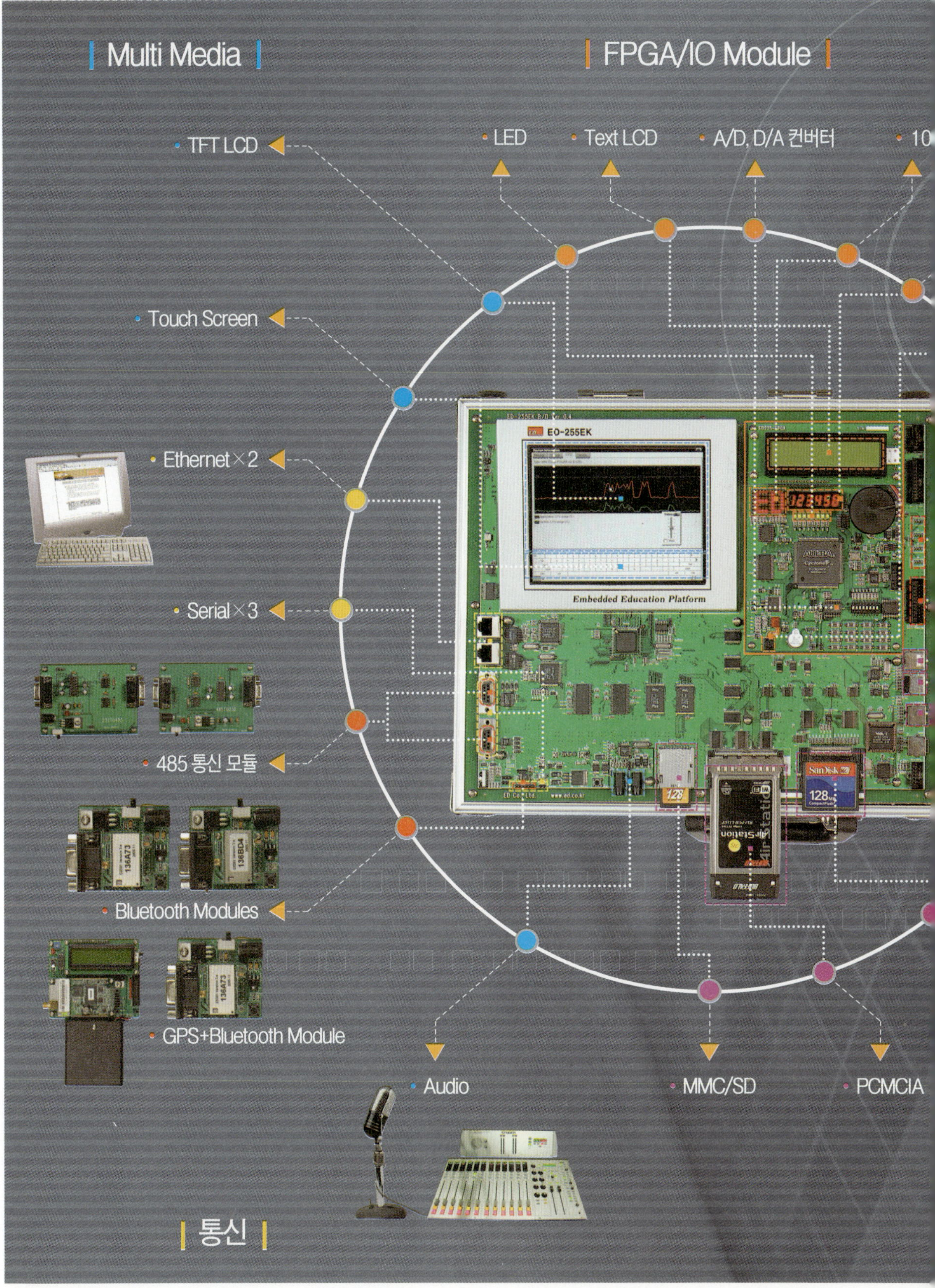

SoC 토탈솔루션

System on a Chip Training System

Model : ED-SoCwinner

특징

- 10만, 40만, 100만 Gates 모두 사용 가능한 통합 Platform으로 구성
- 마이크로 프로세서인 ARM922T를 내장, 쉽고 빠른 OS 탑재가 가능
- Ethernet, UART, IDE, VGA Port, USB, PCMAIA 등의 주변 장치들을 다양한 IP 검증 및 OS를 이용한 디바이스 제어가 가능
- PCI Master / Slave 설계 구현 및 테스트
- 640×480 6.4″ TFT LCD와 CMOS Image Sensor를 이용하여 멀티미디어 장비 구현 가능
- Xilinx Vertex II 3,000,000 ~ 8,000,000 Gate 디바이스가 장착된 확장 모듈을 지원

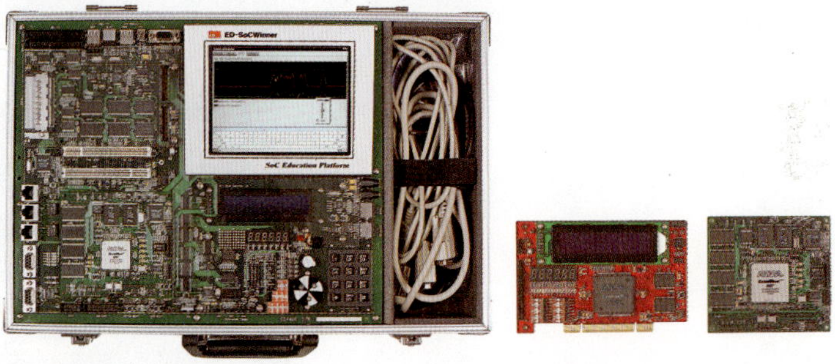

실험실습내용

- H/W와 S/W Co-Verification 및 알고리즘
- AMBA AHB Bus 설계 및 검증
- DMA 설계 및 실습
- CMOS Image Sensor를 통한 영상 처리 실습
- IDE를 이용한 대용량 HDD 제어 실습
- AC97 Codec을 이용한 MP3
- 리눅스 디바이스 드라이버를 설계하여 주변 기기 제어
- 리눅스 OS 포팅
- ARM 프로세서 구조 및 개념
- SDRAM Controller 설계 및 실습
- TFT LCD / VGA 포트를 통한 이미지 처리 실습
- Dual Ethernet 을 통한 네트워크 실습
- AD/DA 컨버터 제어 실습
- 다양한 주변기기를 활용한 IP 설계 및 제어

규격

Excalibur	Device (EPXA4F672C3, EPXA10F1020C2, EPXA1F672C3)
	CPU (ARM922T)
	FPGA 10만/40만/100만 Gates
	SRAM (128kbytes) / DPRAM (64kbytes)
Memory	Flash : 32Mbytes (Max. 64Mbytes), SDRAM : 256Mbytes (Max. 512Mbytes)
TFT-LCD	6.4″ TFT Color LCD
VGA	VGA Port
Serial	UART Port (2ea)
Ethernet	10/100Mbps Ethernet Port (2ea)
PS/2	PS/2 Port 2ea for Keyboard / Mouse
USB	USB 2.0 Host / Client Port (2ea)
RTC	Real Time Clock
Audio	AC97 Audio Codec
CMOS Camera	Hynix CMOS Image Sensor
Character LCD	20×2 Character LCD
ADC / DAC	12bit A/D Converter / 14bit D/A Converter
Dot Matrix	5×7 Dot Matrix (2ea)
7-Segment	6×7-Segment
Keypad	4×4 Keypad / DIP S/W (8 Input DIP Switch)
Step Motor	Step Motor
Buzzer	Buzzer
Expansion	Ubiquitous Sensor Network Board (Option)
	FPGA Daughter Board (Option)
	Application Module Port
Debug	JTAG Port, Multi-ICE Port

RFID 토탈솔루션

RFID Application Trainer
Model : ED-3100

특징

- RFID 리더기에 대한 F/W 프로그램 실습
- Air-interface 등의 실험이 가능하도록 다수의 Test Point 제공
- Anti-Collision 기능 지원
- Application Engineer를 위한 OCX Library 제공
- 범용으로 사용되는 13.56MHz I-CODE Type
- Tag에 Data를 Read / Write 가능
- 컨베이어와 연동되는 미니 플랜트 제공 (창고관리, 공정관리, 주차관리 등)
- 탈부착이 가능한 응용 모듈 (출입통제, 물류관리, 자판기 등)

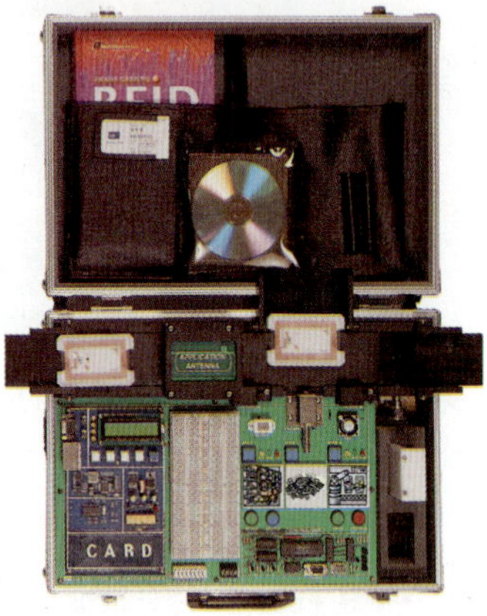

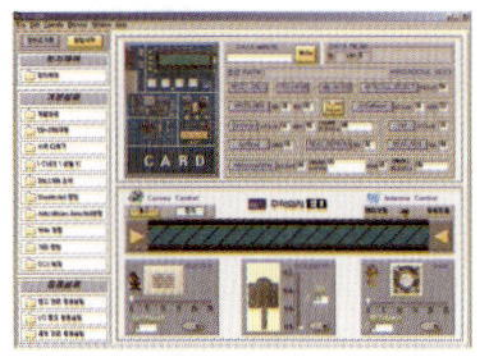

실험실습내용

- 개발환경 익히기 (AVR, JTAG, 컴파일러)
- ED-3100 구성 및 구동법
- 예제를 통한 AVR 장치 학습
- I-CODE1 라벨 IC 학습
- SLRC400 Reader IC 학습
- Unselected 명령어 학습
- Anticollision and Selected 명령
- Write, Selected, Addressed 명령
- 기타명령 (Selected Read, Halt, EAS/Quiet)
- OCX (예제)

규격

RFID Reader	Reader Control CPU	ATMEG128
	Carrier Frequency	13.56MHz ± 1kHz
	Protocol	I-CODE1
	Reading Distance	100mm 내외
	Display	4 Line Character LCD
	입력장치	모드설정용 입력 스위치 4ea
	Interface	RS-232, RS-422
RFID Antenna	2종 (PCB패턴, 플랜트 실습부)	
RFID Tag	13.56MHz I-CODE1 (R/W) : 10ea	
응용모듈	창고관리, 공정관리, I/O확장모드	

유비쿼터스 센서네트워크 토탈솔루션

Ubiquitous Sensor Network Trainer

Model : ED-3120, ED-3160

ED-3120 특징

- 유비쿼터스 센서네트워크 ZigBee (IEEE 802.15.4) 방식 원리 및 개념이해 가능
- 다양한 센서의 장착 및 확장성 확보 (조도센서, 온도센서, 습도센서, 가스센서, 초음파센서)
- 센서네트워크 시스템 교육 및 개발에 필요한 토탈 솔루션을 제공
- 다양한 적응 분야 (운영체제, 네트워크, Security, 로봇, H/W 개발, 센서 응용 등)
- PAN Coordinator에 접수된 화재, 가스누출 등의 경보상황을 PC를 통해
  모바일 SMS로 수신 가능

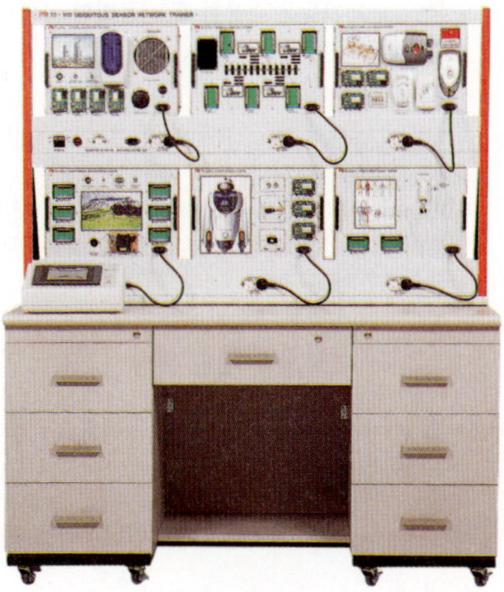

ED-3120

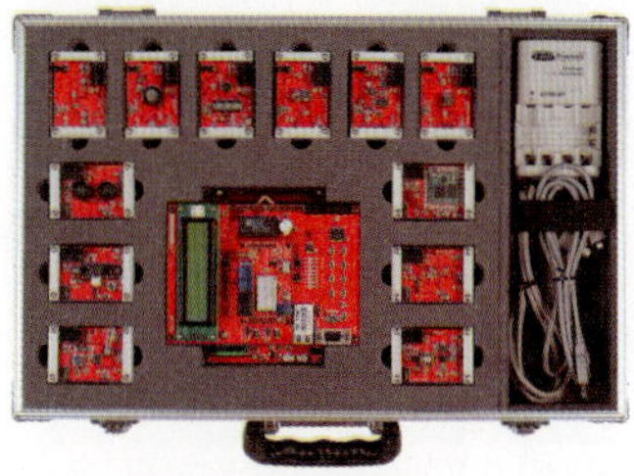

ED-3160

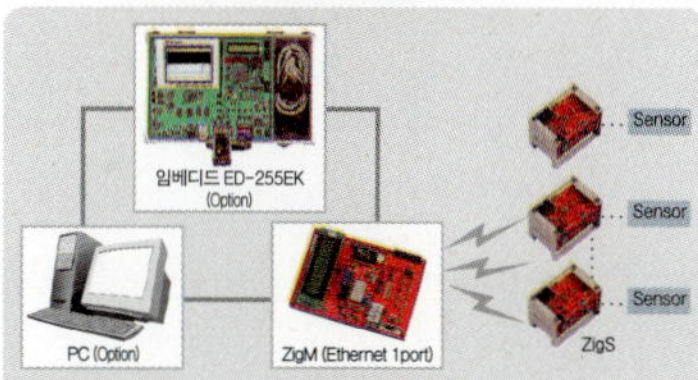

■ ED-3160 구성도

ED-3120 실험실습내용

- 센서 네트워크의 개요
- 센서 네트워크 모듈 하드웨어 이해
- 센서 네트워크 OS의 이해
- 센서 네트워크 환경 구축
- UART를 이용한 통신 프로그램
- 센서 기초 프로그램 (가스, 습도, 온도, 조도)
- 센서 기초 프로그램 (맥박, 체온, 기울기, 방위센서 등)
- RF 응용실습
- 센싱 및 제어 프로그램 및 Multi-hop Routing 프로그램
- Multi-hop을 이용한 제어 프로그램
- 센서네트워크 모니터링
- SMS 전송장치 연동 모니터링
- 센서 네트워크 구축 팀 프로젝트 제안서 작성
- 센서 네트워크 구축 팀 프로젝트 중간보고 및 프로젝트 수정
- 센서 네트워크 구축 팀 프로젝트 최종 보고 및 자료정리
- 팀 프로젝트 결과평가 및 보고회

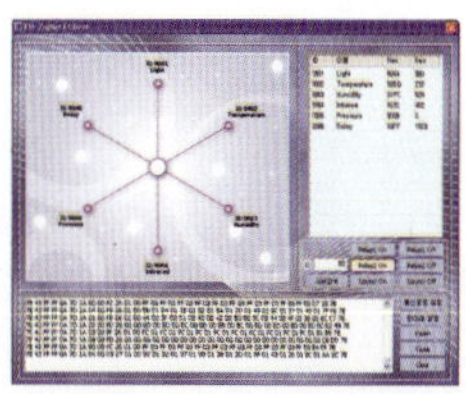

제품문의 : 031-730-7362 www.ed.co.kr